五好园林概论
——从生态型、节约型到运营型园林

王欣国　王　艳　著

WUHAO YUANLIN GAILUN

——

CONG SHENGTAIXING、
JIEYUEXING DAO
YUNYINGXING YUANLIN

东北林業大学出版社
Northeast Forestry University Press
·哈尔滨·

图书在版编目（CIP）数据

五好园林概论：从生态型、节约型到运营型园林 /
王欣国，王艳著. -- 哈尔滨：东北林业大学出版社，
2025.1. -- ISBN 978-7-5674-3692-3

Ⅰ.TU986.3

中国国家版本馆CIP数据核字第2024NU5945号

责任编辑：刘剑秋
封面设计：兰图文化
出版发行：东北林业大学出版社
　　　　　　（哈尔滨市香坊区哈平六道街6号　邮编：150040）
印　　装：广东虎彩云印刷有限公司
开　　本：787 mm×1092 mm　1/16
印　　张：16.5
字　　数：257千字
版　　次：2025年1月第1版
印　　次：2025年1月第1次印刷
书　　号：ISBN 978-7-5674-3692-3
定　　价：69.80元

如发现印装质量问题，请与出版社联系调换。（电话：0451-82113296　82191620）

序

学生时代有"三好学生"评选，成家后有"五好家庭"评比。房地产领域，万科地产2012年提出建设"三好"住宅，即"好房子、好服务、好社区"；2018年，碧桂园地产提出了"五好标准"住房，即"好产品、好质量、好环境、好配套、好物业"；2023年，全国住房城乡建设工作会议上提出"要下大力气建好房子"。工程建设领域，2014年，习总书记指出"要求农村公路建设要因地制宜、以人为本，与优化村镇布局、农村经济发展和广大农民安全便捷出行相适应，进一步把农村公路建好、管好、护好、运营好"，简称"四好农村路"；2014年，中建五局提出要建设"六好六满意项目"。而新的时期，同样需要"好园林"。

何为"好园林"？其概念兼有宽广的内涵和外延。"一千个读者，有一千个哈姆雷特。"但不管怎么解读，莎士比亚的哈姆雷特就在那里，那是整体的、抽象化的哈姆雷特。"好园林"同样是这样，每个老百姓都有他心目中的"好园林"。好园林的本质内核是一致的，一定有共性的标准，而外延是无比丰富的，随着时代的发展而不断变化。

2011年，岭南生态文旅股份有限公司董事长尹洪卫提出坚持"四品精神"，建设"四好园林"。"四品"即"品德、品质、品位、品牌"。品德是对社会、对客户负责，厚德务实、不越红线；品质是保持工匠精神，精益求精，铸造精品；品位是要发扬中国园林艺术，同时兼收并蓄，与时俱进；品德、品质和品位三者互补互融，最终构筑成岭南品牌。"四好"即"好干、好看、好用、好管"。

岭南生态文旅股份有限公司在经营和项目管理过程中始终坚持"四品"精神与"四好"理念，打造了一批标杆项目。其中，自贡釜溪河复合绿道示范段工程是代表之一，该项目荣获2014年度中国风景园林学会优秀园林工程大金奖。项目全过程贯彻生态型、节约型园林理念，通过深化设计使得整体造价降低一半以上，同时融绿色产业于复合绿道空间布局中，以最合理的投入获得了最适宜的综合效益，为釜溪河筑起了一道生态屏障，成为川南地区一道靓丽的风景线。

在"四好园林"的基础上，笔者综述和整理行业学者和前辈的研究成果，总结自己多年来的实践和思考，提出"五好园林"理念，即"好看、好用、好养、好省、好玩"，以契合高质量发展的时代要求，更有利于实现园林的综合价值。

第一章，绪论，综合阐述了新中国成立后现代园林的发展，以及从园林城市到生态园林城市，从生态园林城市到公园城市的发展历程和建设成就。第二章，五好园林的理论基础，对生态型园林、节约型园林、运营型园林的形成和发展进行了总结，并对运营型园林给出了初步定义。第三章，五好园林的基本概念，对五好园林的基本要求、基本原则和构建要点进行了汇总和提炼，限于研究深度和时间，五好园林的评价体系和标准还需进一步梳理。第四至第八章，基于五好园林的五大要素，每个要素下面又提炼出三个技术要点进行分析。

不觉已从业十五年，时代的湍流，惊涛拍岸。行业经历了大起大落，企业正在大浪淘沙。行业需要总结，从业人员更需要深刻复盘。行业低潮期，在"活下来"之外，还应该多思考以下问题。

技术上，传统园林和现代园林如何兼容并蓄，发展创新？管理上，策划、规划、设计、建设、运营全过程如何更好地融合创效？营销上，到底依靠的是时代的红利，还是企业的硬实力？发展上，如何转型升级，而不是转行降级？本质上，在高质量发展时代，行业的核心价值和企业的核心竞争力到底是什么？如何形成新质生产力？等等。

稻盛和夫所著《在萧条中飞跃的大智慧》或许能够给我们带来启示。企业的发展如果用竹子的成长做比喻的话，克服萧条，就好比造出一个像竹子那样的"节"来。经济繁荣时，企业只是一味地成长，没有"节"，成了单调脆弱的竹子。但是由于克服了各种各样的萧条，就形成了许多的"节"，支撑企业再次成长，并使企业变得强固而坚韧。应对萧条的五条策略包括全员营销、全力开发新产品、彻底削减成本、保持高生产率、构建良好的人际关系。而预防萧条只有一条策略，就是平时保证足够的高利润和留存，才会经得起任何冲击。

从高歌猛进到艰难前行，从烈火烹油到黯然沉寂，从捷报频传到节节失利，洗尽铅华始见真，归来依旧香如故。衷心希望一批优秀的园林企业能够浴火重生，凤凰涅槃，从低谷中爬出，从灰烬中崛起，成为行业转型升级的榜样，引领企业走向新的未来！

王欣国

2025 年 1 月 12 日

目　录

第一章　绪　论

1949 年以来，现代园林的发展可以分为四个阶段：1949—1979 年为起步发展期，1980—2000 年为全面发展期，2001—2018 年为蓬勃发展期，2019 年至今为转型发展期。1981 年全国建成区公园绿地面积 2.16 万公顷，人均公园绿地面积 1.5 平方米。截至 2022 年末，全国城市公园数量已达到 24 841 个，公园绿地面积 86.85 万公顷，人均公园绿地面积达到 15.29 平方米，我国园林绿化建设事业取得重大成就，人居环境持续向好。

以上海为例，截至 2021 年底，上海全市绿地面积达 17.12 万公顷，人均公园绿地面积达 8.8 平方米，全市共有公园 532 座，公园数量是 2011 年的 3.5 倍，规划到 2025 年底公园总数超过 1 000 座。而 1949 年上海人均公共绿地面积为 0.132 平方米，相当于一双鞋的面积；至 1993 年，人均公共绿地面积 1.15 平方米，绿化覆盖率 13.2%，这略大于一张报纸的面积；至 2003 年，人均公共绿地面积 9.16 平方米，绿化覆盖率 35.2%；至 2011 年，人均公共绿地面积 13.1 平方米，绿化覆盖率 38.2%，相当于一间房的面积。人均公共绿地面积从"一双鞋"到"一张报纸"升级至目前的每人"一间房"。

20 世纪以来，中国城市发展历程中相继出现了"园林城市""生态园林城市"和"公园城市"。1992 年我国出台"园林城市"建设方案，并逐步形成绿化覆盖率、人均公共绿地面积、公园绿地服务半径覆盖率等评选指标；2007 年提出创建"生态园林城市"，这是"园林城市"的升级版，各项评选指标要求都有提升，同时全面统筹城市园林绿化的生态功能、经济效益和社会价值，形成可持续的城市绿色发展模式；"公园城市"突破了单一园林绿地的概念，不再单纯追求扩大城市绿地规模和提高城市园林绿化指标，而是统筹兼顾绿地与生产、生活，使其有机融合。

第一节　现代园林的发展

中国园林有着悠久的历史与精深的文化传统。20 世纪初叶，中国园林开始了艰难的现代化探索。但是，内忧外患的格局困扰中国半个多世纪，无论是在理论上还是在实践上，无论是在广度上还是在深度上，直到 1949 年新中国成立后才得以更多地体现和表达。新中国成立后，我国园林进入新的历史发展时期，大致可以划分为四个阶段。

一、起步发展期：1949—1979 年

新中国成立后的 30 年，园林发展虽然历经曲折，但仍然有较大的发展，围绕"中而新""古为今用、洋为中用""两条腿走路"等创作理论，不断推进建设有中国特色的社会主义新园林。

缘于历史的过程和政治、经济条件，在整个 20 世纪 50 年代，特别是第一个五年计划期间（1953—1957），"苏联是我们的榜样"成为最流行的口号，"苏联经验"则是各行各业效仿的对象。园林领域自然也不例外。基于传统园林艺术传承的"造园专业"于 1956 年 8 月被改为"城市与居民区绿化专业"。在当时"百废待兴"的大地上，"绿化"而非"造园"才是时代的需要，"造园"则是以"绿化"为前提和基础的。正如 1956 年 11 月召开的全国城市建设工作会议，在谈到城市绿化工作的方针与任务时指出："在国家对城市绿化投资不多的情况下，城市绿化的重点不是先修大公园，而首先是要发展苗圃，普遍植树，增加城市的绿色，逐渐改变城市的气候条件，花钱虽少，收效却大。在城市普遍绿化的基础上，在需要和投资可能的条件下，逐步考虑公园的建设。不要把精力只放在公园的修建上，而忽视了城市的普遍绿化，特别是街坊绿化工作。这是当前城市绿化工作的主要方针和任务。"

20 世纪 50 年代，对我国"造园专业"的改名可被视作是学习苏联浪潮推动下对本土园林传统进行革新的一种尝试，这也决定了当时行业的名称——"园林

绿化行业"，"绿化"则是它最主要的任务；而20世纪90年代以后对"风景园林"这一名称的普遍认同，反映了园林传统在新的历史发展阶段的回归，以及它在新时期的生命力与感召力。

二、全面发展期：1980—2000年

在改革开放前和初期的计划经济体制下，除部分大院、厂矿等单位自行组织开展辖区内的园林绿化工作外，地方政府及其下属行业管理部门和事业单位承担城市园林绿化规建管养的全过程，几乎是城市园林绿化事业的唯一主体。

改革开放后，国家治理理念发生了巨大变化，由计划经济向社会主义市场经济转型，重新调整和界定了政府、市场和社会之间的相互关系，呈现出从一元治理到多元治理、从集权到分权、从人治到法治、从封闭到开放、从管制政府到服务政府的特征。计划经济时代下的全能政府理念逐步转变，经济调节、市场监管、社会管理、公共服务成为政府的主要职能，市场和社会主体更多参与国家治理。同时，我国城市化进程随即开启，园林绿地行业市场规模不断扩大，获得了巨大发展。伴随市场经济体制转型、城乡建设规模不断扩大、房地产行业快速发展、政府购买服务的方式普遍施行，规划设计、施工管养、工程监理、苗木和材料供应等园林绿化行业各类企业不断涌现，并获得巨大发展，加之政府和事业单位机构改革逐步开展，大量体制内单位转入市场，各类市场主体数量不断增加，规模不断扩大。

1979年2月23日，第五届全国人民代表大会常务委员会第六次会议决定每年的3月12日为我国的植树节，使植树活动制度化，也使植树绿化步入持续发展的轨道，城乡绿化取得了丰硕的成果。1982年国家城市建设总局召开了第四次全国城市绿化工作会议，确立继续把普遍绿化作为城市园林绿化工作的重点，继续加强苗圃建设。北京郊区林木覆盖率由新中国初期的1.3%提高到1990年的28.2%，市区人均公共绿地面积由3.6平方米提高到6.14平方米。城市绿化作为城市的一项基础设施，对其环境生态保护、改善人居环境的"服务功能"的认识在新中国成立后一度受"先求其有，后求其精"思想的局限，而在新时期得到进

一步的发展。20 世纪 80 年代初的《北京城市建设总体规划方案》提出要把北京建设成为清洁、优美、生态健全的文明城市。

1990 年，我国提出了人均公共绿地面积达 4 平方米的目标。1992 年 6 月 22 日国务院颁布的《城市绿化条例》是我国第一部直接对城市绿化事业进行全面规定和管理的行政法规。住房和城乡建设部于 1992 年制定了《园林城市评选标准（试行）》。1994 年 1 月 1 日起实施的《城市绿化规划建设指标》，提出了人均公共绿地面积、城市绿化覆盖率、新建居住区绿地占居住区总用地比率等指标。1995 年颁布的《城市园林绿化企业资质标准》为行业企业发展建立了良性的轨道。1996—1998 年，建设部连续召开了创建国家园林城市暨城市绿化工作会议，提高了对园林城市重大意义的认识，加快了园林城市的建设。1990—1999 年，城市绿化覆盖率平均以每年 1% 的速度增长，至 1999 年全国建成区绿化覆盖面积已增至 59.35 万公顷，这一数字是 1990 年的 2.4 倍。2000 年，发布的《中共中央关于制定国民经济和社会发展第十个五年计划的建议》以及 2001 年《国务院关于加强城市绿化建设的通知》对我国园林绿化建设起到了纲领性指导作用。

1995 年 7 月建设部颁布实施《城市园林绿化企业资质管理办法》和《城市园林绿化企业资质标准》。政策的驱动使中国民营园林企业相继诞生。据统计，这一时期全国具有一定规模的园林企业总量超过 5 万家。但同时也存在管理不规范、企业规模小等现象，一般营收不会过亿；景观设计尚未形成气候，很少有企业专门从事景观设计业务；企业各自为战、野蛮生长，初期城市园林建设和养护项目基本上都是由大型国企或者园林主管部门承接；市场正处于发育阶段，大的合同和标的很少，极少出现千万以上的项目；企业一般在一个区域内经营和发展，极少出现跨区域经营等现象。

三、蓬勃发展期：2001—2018 年

2001 年，国务院召开全国城市绿化工作会议，并下发了《关于加强城市绿化建设的通知》，提出今后一段时期的工作目标和主要任务是：全国城市规

划建成区绿地率到 2005 年达 30% 以上，至 2010 年达 35% 以上；绿化覆盖率到 2005 年达 35% 以上，至 2010 年达 40% 以上；人均公共绿地面积到 2005 年达 8 平方米以上，至 2010 年达 10 平方米以上；城市中心人均绿地面积到 2005 年达 4 平方米以上，至 2010 年达 6 平方米以上。该通知使得各级政府对城市绿化工作的重视程度大大提高，园林行业进入了一个新的历史时期。

由于政策的推动，我国园林绿化事业在 2001 年开始迅速发展，我国城镇化水平不断提高。同时，城市居住舒适感和房地产消费升级的要求刺激了园林绿化率不断上升。2012 年 11 月住建部发布了《关于促进城市园林绿化事业健康发展的指导意见》（以下简称《意见》），明确提出了城市园林绿化的发展目标：到 2020 年，全国设市城市要对照《城市园林绿化评价标准》完成等级评定工作，达到国家 II 级标准，其中已获得命名的国家园林城市要达到国家 II 级标准。《意见》认为，促进城市园林绿化事业健康发展具有重要性和紧迫性，要积极推进城市园林绿化工作。党的十八大报告提出要建设"美丽中国"，并将"生态文明建设"写入党章，凸显决策层对生态环保的重视已上升到空前高度。党的十八大后关于生态建设的规划与政策陆续推出，园林行业进入以生态建设为主导的新一轮高速发展时期。

2009 年 1 月，我国园林企业数量总计达到 16 000 家左右，园林规划设计院和设计公司数量达 1 200 多家，全国获得城市园林绿化一级资质的企业有 216 家。到 2015 年 12 月 31 日，全国城市园林绿化企业一级资质企业共有 1 348 家。2017 年 4 月 14 日，住建部官网正式发布通知，取消城市园林绿化企业资质。

2018 年之后，很多传统园林企业开始寻求与市政建设类企业进行整合，借以实现短期内突破资质瓶颈。这一时期企业快速发展，但竞争日趋激烈；行业资质管理越来越规范，资质在企业竞争中显得越来越重要；园林绿化总体业务量逐年快速增加，单项业务规模越来越大，不断出现数千万甚至数亿元的合同标的；行业高度分散，但集中度越来越高；园林景观设计企业也逐渐发展起来；行业内出现了跨区域经营、设计施工一体化企业和营业额数亿元的规模企业。

2009 年，园林行业第一股东方园林成功 IPO（首次公开募股），园林企业开始被资本市场所接受。之后棕榈园林、普邦园林、铁汉生态等企业成功登陆资本市场。2012 年中，IPO 暂停，园林行业企业登陆资本市场的势头被遏制，一些企业 IPO 申请被迫撤回。2014 年，IPO 重启和新三板的扩容，岭南园林、文科园林、美晨生态等登陆资本市场。园林行业逐渐出现了一些品牌企业，这些企业从资质竞争转向了品牌竞争，注重客户服务和产品品质，注重企业文化建设和员工培训工作。他们从区域走向全国，从单一的施工转向为设计施工一体化，参与各地区的竞争，逐渐发展成为全国性的综合性园林企业。另一方面，资本市场上园林企业整合并购的案例层出不穷，先后有东方园林收购上海尼塔，棕榈园林并购贝尔高林，华塑控股并购麦田园林，蒙草抗旱并购普天园林，鹏鹏股份并购华宇园林，美晨科技并购赛石园林，普邦园林参股泛亚景观，天广消防并购中茂园林，深华新并购八达园林，岳阳林纸并购凯胜园林。一时间，园林行业并购潮来袭，成为资本市场一道靓丽的风景线。

市场也在发生着深刻变化。行业的地域界限被彻底打破，品牌企业在全国各地参与竞争；越来越多的政府采取 BT（（Build-Transfer，建设 - 移交）模式或者 Ppp Public-Private-Partnership 政府和社会资本合作模式的方式将多个园林项目打包给上市公司或品牌企业；地产公司也希望通过园林品牌企业获得更高的产品品质，提升楼盘形象和价格，以此促进销售。同样发生着变化的是园林行业的竞争格局。上市公司通过品牌和综合实力赢得市场，并在和客户谈判时获得优势。他们在高端市场和大项目市场中进行竞争，由于项目众多而参与企业较少，所以竞争并不激烈。他们在与非上市公司竞争中处于优势地位，从而不断提高行业集中度。

实业资本一旦与金融资本相结合，就会产生巨大的能量和盈利空间。园林绿化行业与金融资本的结合，对行业产生深远而巨大的影响。随着城镇化的发展，越来越多的企业跨越十亿营业额的门槛，向数十亿甚至百亿规模迈进。

四、转型发展期：2019 年至今

2019 年，可能是过去十年里最差的一年，也可能是未来十年里最好的一年。

公开数据显示，2016—2018 年，东方园林中标的 PPP 项目总额高达 1 500 亿，一度成为"PPP 第一股"。2018 年、2019 年，该公司营业收入分别为 132.93 亿元、81.33 亿元，相应的净利润分别为 15.96 亿元、0.52 亿元；2020 年实现营业收入 87.26 亿元，净利润由盈转亏，为亏损 4.92 亿元；2021 年实现营业收入 104.87 亿元，归属于上市公司股东的净亏损 11.58 亿元；2022 年实现营业收入 33.73 亿元，归属于上市公司股东的净亏损 58.52 亿元；根据业绩预告，2023 年实现营业收入约 5.69 亿元，归属于上市公司股东的净利润亏损约 50.83 亿元。

中国风景园林学会和《中国花卉报》社组织开展的全国城市园林绿化企业 2019 年度经营业绩统计数据，披露了部分园林企业 2019 年度经营业绩。总体分析，营收 30 亿元以上的企业数量从 2018 年的 9 家降至 2019 年的 6 家；企业最高营业收入从 133 亿元降至 81 亿元。园林行业整体营业额减少的原因是多方面的，包括经济下行导致的投资增速下降或缩减，影响到了房地产、市政市场的绿化建设投资，而园林行业是靠投资推动的，特别是基础设施的建设投资。同时随着园林资质的取消，大量非园林企业涌入，导致"僧多粥少"，从 2018 年以来，随着政府对 PPP 项目的政策调整逐步落地，同时受"去杠杆"等金融政策的影响，银行收紧企业融资，PPP 项目落地放缓，垫资严重。

园林企业的应对之策，一是向新领域转型，二是转让控股权给更有实力的股东方。

向新领域转型的有天域生态锁定生态农牧赛道，将生猪养殖领域培育为新方向，公司位于上海市崇明区的生猪养殖场已投产；奥雅股份通过控股绽放科技，同时接手蛇口价值工厂大筒仓项目，打造了中国首个工业遗址数字艺术馆与元宇宙体验空间；山水比德与深圳童话爸爸文旅科技、华付信息开展战略合作，联手打造大型文旅综合体项目，实现公司在元宇宙主题乐园以及文化旅游业务的战略布局；汇绿生态 2022 年 9 月收购了中科博胜 30% 的股权，该公司生产高纯石英砂材料，为光伏产业提供核心原材料，中科博胜高纯石英砂产品量产进程的推进，有望为汇绿生态带来新的利润增长点，打造第二成长曲线；乾景园林更名为国晟科技，随着公司控制权及实际控制人的变更，以及公司光伏板块和园林板块的融合，公司的主营业务发生了重大变化，由园林行业发展为"园林＋光伏"双主业。

同时易主国资成为主流。2019年棕榈股份、东方园林先后易主地方国资背景股东；2021年，节能铁汉控股股东变更为中国节能环保集团，其成为国资委旗下公司；美晨生态的控股股东变更为潍坊城投，潍坊市国资委成为实际控制人；文科园林易主佛山市国资委。

当下，园林行业正面临前所未有的寒冬。无论是投向新领域，还是变更控股权，底层逻辑都是指向转型。而在中国经济大转型的背景下，也诞生了很多新赛道，不论是生态农业、文化旅游，还是虚拟经济，抑或新能源，前景都很广阔。跳出基本面趋弱的园林行业，拥抱长期高景气度的新兴产业，打造具有想象空间的第二增长曲线，同样是一次艰难的"二次创业"。

第二节 从园林城市到生态园林城市

20世纪以来，中国城市发展历程中相继出现了"园林城市""生态园林城市"和"公园城市"。

1992年原建设部出台"园林城市"建设方案，将"满足人的需求和保护城市山水格局"作为重要要求纳入绿地建设，提出"人居生态环境清新舒适、安全宜人的城市"的目标，而后逐步形成绿化覆盖率、人均公共绿地面积、公园绿地服务半径覆盖率等评选指标。

2004年提出创建"生态园林城市"，这是"园林城市"的升级版，各项评选指标要求都有提升，同时全面统筹城市园林绿化的生态功能、经济效益和社会价值，形成"可持续"的城市绿色发展模式。从辩证认知和递进关系的视角解读，"园林城市"更多地强调园林绿化，是一个美化过程，主要针对形态问题；"生态园林城市"在美化之外有了新的诉求，要求城市建设必须符合生态学的规律和人居建成环境的生态特征。

2022年，住建部印发了新的国家园林城市申报与评选管理办法，新的标准从"生态宜居、健康舒适、安全韧性、风貌特色"4个方面开展评价，强调要落实新发展理念，推动城市高质量发展，进一步发挥国家园林城市在建设宜居、绿色、韧性、人文城市中的作用。

一、园林城市的提出与发展

欧美国家提出的花园城市及20世纪80年代以来我国沿海城市提出的生态城市、森林城市和山水城市等，是我国园林城市的前身。特别是钱学森提出的山水城市，从1984年构建园林城市的设想第一次被提出到1992年再次呼吁建设山水城市，钱学森多次发文并与行业专家信件交流，促进了我国园林城市建设理论雏形的出现。

园林城市于1992年第一次被提出，住建部根据国家环境整治和城市发展的需求，组织专家研究论证，提出创建园林城市并制定园林城市的标准。随着《国务院关于加强城市绿化建设的通知》和《城市园林绿化标准》等政策条例的出台，园林城市理论与标准在实践中得到增加和修订，1992—2010年共进行了5次修订。2005年的标准指出园林城市就是通过有力地组织管理，在全市范围内进行科学、系统、有效的园林绿化和市政建设工作，从而形成具有文化和民族特色、生态状况良好、环境优美的城市。2010年的标准是鼓励园林城市向更高级别的生态园林城市发展，园林城市的概念随着时代的变化而变化，园林城市的要求已经逐渐从绿化量和特色建设提高到结构和功能的综合要求上。2022年住建部印发了修订后的《国家园林城市申报与评选管理办法》。

作为城市建设的一个重要内容，园林城市是住建部在城市环境综合整治等需求上提出的，与传统园林有着密切的联系，其建设要求也从量的建设提高到结构和功能上。园林城市是绿化建设和人的审美结合构建的城市，涉及社会、经济和自然的协调发展较少，在生态环境功能及污染控制方面有所欠缺。园林城市侧重于研究城市绿地的平面结构特征，点线面等分别指代绿地的类型，描述绿地的平面结构关系，具有明显的注重形态的特征。

国家园林城市评选每两年开展一次，偶数年为申报年，奇数年为评选年。申报国家生态园林城市，须获得国家园林城市称号2年以上。国家园林城市命名有效期为5年。已获命名的城市到期前按要求提出复查申请；未申请复查的，称号不再保留。通过复查的城市，住建部继续保留其国家园林城市称号；对于未通过复查且在一年内整改不到位的，撤销其称号。保留称号期间发生重大安全、污染、破坏生态环境、破坏历史文化资源等事件，违背城市发展规律的破坏性"建设"和大规模迁移、砍伐城市树木等行为的，给予警告直至撤销称号。被撤销国家园林城市称号的，不得参加下一申报年度申报评选。

1992年，北京、合肥、珠海等三座城市首批园林城市创建成功。到2019年，全国共进行20批评选。从数据上看，在全国297座地级市中，仅有75座地级市的绿化没达到标准，其余均符合国家园林城市的创建标准。从分布上看，在2019年仍未达标的城市中，除阜阳、亳州和南平分布在华东地区外，其余大多在华北、东北、西北等地区。

二、生态园林城市的提出与发展

从城市出现开始，生态城市的思想（即现代生态城市思想）就开始出现并不断更新完善，其过程可归纳为以下四个阶段。

第一个阶段为20世纪以前，这一阶段属于生态城市思想萌芽阶段，典型代表有16世纪美国托马斯·莫尔的《乌托邦》、古希腊柏拉图的《理想国》和中国古代的"天人合一"思想等。

第二个阶段是20世纪初到20世纪40年代，这是现代城市生态学与城市建设的初步融合阶段。城市生态问题受到关注，生态专家的探索形成生态城市建设理论及模式框架。对现代生态城市思想影响较大的是比尼泽·霍华德的"田园城市"理论，这一理论强调城市与自然平衡发展。

第三个阶段是20世纪40年代到20世纪80年代，世界经济复苏，城市化问题凸显，生态城市理论受到高度重视，如赖特的《不可救药的城市》、赛尔特的《我们的城市能否存在》、英国戈德·史密斯等的《生存的蓝图》、蕾切尔·卡森的《寂静的春天》、罗马俱乐部的《增长的极限》。1971年，联合国教科文组织发起了"人与生物圈（MAB）"计划，生态城市第一次被提出。该计划把城市当作一个系统进行研究，内容涉及城市气候、生物演替过程、人类活动及污染管理等多方面。1972年，联合国在斯德哥尔摩召开了人类环境会议。这些成果警示了环境破坏的后果，引起了学者及大众对环境的关注与担忧，进一步推动了生态理论在城市建设中的运用。

第四个阶段是20世纪80年代至今，这是生态城市理论与生态城市建设实践的高速发展阶段。如美国伯克利加州大学在20世纪80年代多次组织了城市生态学国际或者地区会议，特别是20世纪90年代起，每两年一届的国际生态城市讨论会陆续在美国、澳大利亚、塞内加尔、巴西和中国等地区召开，各地区代表性生态城市逐渐涌现，极大地完善了生态城市的内涵与方法体系。

国内外有很多学者对生态城市进行了定义。英格兰 Edward Howard 强调城市与自然平衡发展，苏联生态学者 Yanistky 认为，生态城市是人的创造力与生产力的最大限度发挥，是技术与自然充分融合的理想城市模式，美国 Richard Register 提出紧凑、节能、充满活力并与自然和谐共处生态健康的城市概念。国内对生态城市的定义很多，共同点都是强调生态城市的可持续性，认为生态城市是经济、社会和自然协调发展的城市，生态城市不是一个封闭的城市，是由社会、经济和自然构成的复合生态系统，该城市生态系统应该具有较高的生活经济水平、优美舒适的生态环境及和谐的社会关系，同时整个系统对外部干扰小，内部能够协调、可持续发展。

2004 年 6 月，住建部在"国家园林城市"的基础上提出创建"生态园林城市"的要求，并颁布了《关于印发创建"生态园林城市"实施意见的通知》和《国家生态园林城市标准（暂行）》。

意见指出："在我国全面建设小康社会的过程中，在创建'园林城市'的基础上，把创建'生态园林城市'作为建设生态城市的阶段性目标，就是要利用环境生态学原理，规划、建设和管理城市，进一步完善城市绿地系统，有效防治和减少城市大气污染、水污染、土壤污染、噪声污染和各种废弃物，实施清洁生产、绿色交通、绿色建筑，促进城市中人与自然的和谐，使环境更加清洁、安全、优美、舒适。"

"开展创建'生态园林城市'必须坚持以下原则：第一，坚持以人为本的原则。城市是人群高度集中的地方，城市建设必须代表最广大人民群众的根本利益，注重城市经济和社会的协调发展，注重城市的可持续发展，满足人们对生活、工作、休闲的要求，建设良好的人居环境。第二，坚持环境优先的原则。要按照环境保护的要求，深化城市总体规划的内涵，做好城市绿地系统规划，使城市市区与郊区甚至更大区域形成统一的市域生态体系。确定以环境建设为重点的城市发展战略，优化城市市域发展布局，形成与生态环境协调发展的综合考核指标体系。在城市工程建设、环境综合整治中，从规划、设计、建设到管理，从技术方案选择到材料使用等都要贯彻生态的理念，坚持环境优先的原则，要开发新技术，大力倡导节约能源、提高资源利用效率。第三，坚持系统性原则。城市是一个区域中的一部分，城市生态系统也是一个开放的系统，与城市外部其他生态系统必然进行物质、能量、信息的交换。必须用系统的观点从区域环境和区域生态系统的角度考虑城市生态环境问题，制定完整的城市生态发展战略、措施和行动计划。在以城市绿地系统建设为基础的情况下，坚持保护和治理城市水环境、城市市容卫生、城市污染物控制等方面的协调统一。第四，坚持工程带动的原则。要认真研究和制订工程行动计划，通过切实可行的工程措施，保护、恢复和再造城市的自然环境，要将城市市域范围内的自然植被、河湖海湿地等生态敏感地带的保护和恢复，旧城改造、新区和住宅小区建设，城市河道等水系治理、城市污水、垃圾等污染物治理，水、风、地热等可再生能源的利用等措施，列入工程实施。充分扩大城市绿地总量和减少污染物排放，不断改善城市生态环境。第五，坚持因地制宜的原则。我国幅员辽阔，区域经济发展与生态环境状况等有所不同，创建'生态园林城市'必须从实际出发，因地制宜地进行。建设'生态园林城市'不能急功近利，要根据城市社会经济发展水平的不同阶段，制定切实可行的目标，促进城市经济、社会、环境协调发展。"

生态园林城市是在园林城市基础上提出的，是园林城市的高级阶段，两者都融合了园林审美建设思想，吸纳了部分生态城市理念，是中国化的城市建设模式和建设生态城市的阶段性目标。其申报条件是必须先获得"园林城市"称号，其创建指导思想、指标考核范围、标准要求都高于园林城市，因此生态园林城市是园林城市的高级层次。从定义上看，生态园林城市不仅强调生态状况良好和环境优美，更进一步强调空间分布及结构的合理性，同时要求功能的完善性和环境的宜人性。从评价指标上来看，国家生态园林城市在综合管理、绿地建设、建设管控、生态环境、节能减排、市政设施、人居环境和社会保障多个方面都有所提供或者新增。

2016年1月29日，住建部首次命名徐州、苏州、珠海、南宁、宝鸡、昆山、寿光（县级）7个城市为国家生态园林城市。2017年10月，命名浙江省杭州市，河南省许昌市、江苏省常熟市、张家港市（县级）4个城市为国家生态园林城市；2019年获评城市包括江苏省南京市、太仓市、南通市、宿迁市，浙江省诸暨市，福建省厦门市，山东省东营市，河南省郑州市。

第三节　从生态园林城市到公园城市

2018年2月11日，习近平总书记在视察四川成都天府新区时强调：天府新区是"一带一路"建设和长江经济带发展的重要节点，一定要规划好、建设好，特别是要突出公园城市特点，把生态价值考虑进去，努力打造新的增长极，建设内陆开放经济高地。"公园城市"在应对城市发展问题上具有前瞻性和先进性，已成为新时代城市发展新命题，上升为一种城市发展高级形态，为推动城市绿色高质量发展提供了新的建设方向和重要指引。

《成都市美丽宜居公园城市建设条例》将"公园城市"定义为"以人民为中心、以生态文明为引领，将公园形态与城市空间有机融合，生产生活生态空间相宜、自然经济社会人文相融、人城境业高度和谐统一的现代化城市，是开辟未来城市发展新境界、全面体现新发展理念的城市发展高级形态和新时代可持续发展城市建设的新模式"。

《公园城市公园场景营造和业态融合指南》将"公园城市"定义为"坚持以人民为中心、以生态文明为引领，将公园形态与城市空间有机融合，生产生活生态空间相宜、自然经济社会人文相融合的复合系统，是山水人城和谐相融的新时代可持续发展城市建设的新模式"。

2022年，经国务院批复的《成都建设践行新发展理念的公园城市示范区总体方案》中提出"将绿水青山就是金山银山理念贯穿城市发展全过程，充分彰显生态产品价值，推动生态文明与经济社会发展相得益彰，促进城市风貌与公园形态交织相融，着力厚植绿色生态本底、塑造公园城市优美形态，着力创造宜居美好生活、增进公园城市民生福祉，着力营造宜业优良环境、激发公园城市经济活力，着力健全现代治理体系、增强公园城市治理效能，实现高质量发展、高品质生活、高效能治理相结合，打造山水人城和谐相融的公园城市"。

一、公园城市与相关概念的辨析

（一）公园城市与花园城市

1898 年，英国学者埃比尼泽·霍华德在《明日田园城市》一书中，首次从社会改良的角度提出"花园城市"理念，即乡村景观与城市繁荣相结合的首个现代城市规划理论，成为近代城市规划的思想起源。

就发展模式和城市理念而言，"公园城市"与"花园城市"存在很大的不同。"花园城市"的建设模式是放射状同心圆结构，由一个核心、六条放射线和几个圈层组合而成，由内向外每个圈层分别是绿地、市政设施、商业服务区、居住区和外围绿化带，最后在一定距离内配置工业区。整个城市区域被绿化建设分割成不同的城市单元，每个单元都有一定的人口容量限制，规模较小，新增人口继续沿放射线向外扩展。因此，花园城市是将乡村景观与城市特色结合的小型复合城市。

而"公园城市"发展模式旨在探索城市可持续发展路径，整个城市自然、生产、生活空间布局合理、互动协调发展。城市生态景观系统也并非简单的绿地覆盖，而是自然有机融入城市系统的各方面和全过程，是兼具美学价值、生态价值和经济价值的绿地循环系统。公园城市重塑了人类、自然与社会的共生关系，是城市发展新模式。"公园城市"作为全面体现新发展理念的城市高级形态，高度肯定政府在城市规划建设中的领导作用，由各级政府统筹谋划、整体推进，市场主体、人民大众、社会组织等广泛参与，有其内在驱动力和现实发展的可行性。

（二）"公园城市"与"生态城市"

1971 年，联合国教科文组织在第 16 届会议上提出"生态城市"理念，从开始在城市中运用生态学原理发展为集城市自然、经济、社会生态观于一体的综合城市生态理论。20 世纪 90 年代后期，"生态城市"被国际公认为 21 世纪城市建设的方向。生态城市从广义上讲是一个经济高度发达、社会繁荣昌盛、人民安居乐业、生态系统良性循环的城市发展模式，在对城市的生态韧性要求和社会公共属性方面与"公园城市"有共通之处。

"公园城市"与"生态城市"本质要求相同，目标都是实现人与自然、城市与自然和谐相处。"生态城市"具体表现为经济生态化、社会生态化和自然生态化的和谐统一。经济生态化表现为生产、消费、交通、能源等实现低碳型节约型可持续发展；社会生态化表现为人们拥有良好的生态环境自觉意识，人口素质、生活质量、健康状态等与经济发展同步提高，人人平等自由，充分享有各项权利；自然生态化表现为在开发建设过程中充分考虑自然资源承载能力，保护自然、尊重自然规律，使自然生态得到最大限度的保护和发展。

"生态城市"具有最宽泛的可持续发展内涵，包含一切生态关系和谐发展的总和，而"公园城市"体现了生态城市的核心要义，可以说是"生态城市"的一种具象表现形式。"生态城市"中"生态"包含了生产、生活、环境、文化各方面的生态建设，要求整个城市系统全面实现生态化发展，因而是一个十分复杂的系统工程，规划和建设难度极大。而"公园城市"则以新发展理念为指导，以公园绿地系统建设为载体，推进建设创新、开放、绿色、宜居、共享、智慧、善治城市，形成公园形态与城市空间有机融合、生产生活生态空间相宜、自然经济社会人文相融的复合系统。由于定义清晰，规划明确，因此在实施建设过程中更具操作性和可行性。

(三)"公园城市"与"生态城市"

20世纪80年代开始，我国城镇化进入快速发展期，到90年代粗放式经济发展带来的环境问题开始集中暴发，城市生态环境保护逐渐受到更多的重视。这一阶段，基于经济发展与生态环境保护的关系发生转变，在城市规划建设过程中，保护山水格局和提升人居环境成为打造城市绿色空间的重要目标。1992年，建设部首次提出"园林城市"建设方案。进入21世纪后，随着我国经济持续高速增长，城市发展与生态环境之间的矛盾日益突出。建设部更加重视园林城市建设，2004年启动"国家生态园林城市"创建工作。

"公园城市"理念吸收借鉴了"山水城市""园林城市""生态园林城市"等概念的"内核"，强调城市景观的改造与升级，以提高绿化率为主，突出城市绿化功能，目的是通过扩大城市园林绿化规模，改善城市生态环境。作为园林城市的升级版，"生态园林城市"兼具生态城市的科学内涵和园林城市的美学形态。在园林城市绿化指标的基础上，生态园林城市更加注重城市生态功能的完善、城市建设管理综合能力的提升和为人民服务水平的提高,与以往城市绿化改善相比,具有一定的先进性。

"公园城市"突破了单一园林绿地的概念,不再单纯追求扩大城市绿地规模和提高城市园林绿化指标,而是统筹兼顾绿地与生产生活有机融合,从工业逻辑回归人本逻辑,从生产导向回归生活导向,追求高质量发展下的高品质生活,最终建立以绿色经济为导向的公园城市体系,逐步实现碳达峰、碳中和目标下的城市生产生活方式绿色低碳转型。

"公园城市"在经营城市的理念方面也在以往以建设绿化为主的基础上做出了重要革新。"公园城市"进一步突出"以人民为中心"的发展思想,组织方式由"建设城市"转变为"经营城市",不仅是扩建"城市中的公园""城市中的绿地",更是以生态文明理念管理城市、经营城市,不断推动城市治理模式现代化,以促进城市高质量发展。

(四)"公园城市"与"森林城市"

"森林城市"作为生态城市的一种发展模式,国外对其研究与建设起步较早,最早发端于"城市森林"建设。1962年,美国肯尼迪政府在一项户外娱乐资源调查中,首先使用了"城市森林"(urban forest)这一名词。综合诸多学者对城市森林范围的界定,可以将城市森林定义为城市及城市周边区域树木、林木和相关植被,包括城区、近郊和远郊的所有对城市生态环境产生显著影响的植被区域,具有释氧固碳和游憩休闲等功能,同时在城市气候调节、水土保持、保持生物多样性和保障生态安全等方面发挥重要作用。可以看出,城市森林是自然属性,具有较高的生态系统价值,对构建城市整体生态系统具有重要作用。森林城市是城市的经济、社会、政治、文化属性与自然属性的和谐统一,以城市森林为基础,形成以森林和树木为主体,城乡一体、自然与社会融合的城市复合系统。

从2004年起,全国绿化委员会、国家林业局启动"国家森林城市"评定工作,2019年出台的《国家森林城市评价指标》主要从森林网络、森林健康、生态福利、生态文化、组织管理五个方面提出了要求。截至2022年11月,我国国家森林城市增至219个。在全球气候变暖的趋势下,森林碳汇作为城市减排的重要补充,对城市绿色低碳发展起着重要作用。

"公园城市"与"森林城市"最大的区别在于城市建设侧重点不同。"森林城市"主要以"城市森林"为主要内容，试图通过森林复合系统的建设使城市生态系统得到增强和优化；而"公园城市"为增强城市韧性、提高可持续发展能力，推动包含森林、公园、绿地、建筑、生产、生活方式在内的所有载体绿色化，通过融合建设从根本上推动城市绿色低碳转型，在"森林城市"的基础上将节能减排的内涵与措施深化拓展。

二、公园城市的基本理念

成都作为公园城市"首提地"和"示范区"，成都的公园城市实践突破单一的绿色生态建设方式，着眼于生态文明引领的系统治理，推动高质量发展、创造高品质生活、实现高效能治理，坚持以人民为中心，坚持生态优先、绿色发展，将公园形态与城市空间有机融合，从理论探索、规划制定、政策法规、指标评价体系构建，到多层次、多类型的公园城市示范场景营造，使系统治理的战略谋划与充满活力的实践创新相得益彰。"公园城市"的提出源自当代需求，建设"公园城市"更是面向未来的前瞻性实践，理念创新探索成为公园城市建设的起点。

(一) 坚持"三个转变"理念

（1）从"产城人"到"人城产"转变。坚持以人民为中心，实现从经济逻辑转向人本逻辑，营建满足全龄化人群、多样化需求的公园城市场景，以优质的人居环境引才兴业，实现城市高质量发展。

（2）从"城市中建公园"向"公园中建城市"转变。既要布局全域公园体系，也要突破传统意义公园体系的范畴，发挥生态保护修复的基础性、生态空间系统的主体性、生态场景营建的引领性、公园形态与城市功能的融合性作用，将全域生态整体保护、修复、营建为一座"大公园"，在公园化的生态基底中营造城市，实现生态空间与城市空间的嵌套耦合、公园形态与城市功能的有机融合。

（3）从"空间建造"向"场景营造"转变。突破基于单一物质空间的建造理念，从人的需求出发，改变传统园林绿化"填空式"建设方式，通过生态与城市产业、文化、生活协同融合建设，实现空间渗透、功能复合、业态多元、场景叠加、价值转化，营建"人城境业"高度和谐统一的公园城市场景。

（二）坚持"景观化、景区化、可进入、可参与"理念

"景观化"强调将尊重自然、顺应自然的生态文化理念融入公园城市建设，既要彰显成都生态文化特色，又要强化设计创意，实现生态性、文化性与艺术性人和融合统一，用设计点亮生活，体现公园城市美学价值。"景区化"着眼于场景品质化、设施标准化、管理规范化，引导公园城市成为一个大公园、大景区。"可进入"体现可达性、开放性、普惠性，推动绿色网络体系与城市交通接驳，与公共设施相连接，与生活社区相融合，让市民在家门口就能享受绿色福祉。"可参与"围绕公园城市建设的初心，满足人民对美好生活的向往，让全类型、全龄化人群的多层次、多样化需求得到满足，公园、绿道等建设从深度研究服务人群的需求出发，科学、合理、规范地融入基础性、常态性、延展性功能设施或户外活动场景，增加参与性，引领和塑造绿色生活方式。

（三）坚持"政府主导、市场主体、商业化逻辑"运营理念

坚持政府主导，发挥整体谋划、科学组织、有效管控、整合资源、凝聚力量的作用，统一组织开展研究、策划和规划，保障公园城市建设的系统性、科学性和可持续性。坚持以市场为主体，组建市级平台公司建设重大生态项目，招引领军企业、专业企业参与，探索政府、社会合作共营模式。坚持商业化逻辑，融合绿色生态，叠加多元场景，植入特色业态，激活新兴消费。例如，新都区天府沸腾小镇开展"绿道＋火锅"创新运营模式。

（四）坚持"场景营城"理念，探索生态价值转化机制

由不同舒适物设施、活动、服务、人群等集合而成，以及集合中蕴含的文化价值观与生活方式等共同构成了场景。场景营城理念是借鉴运用场景理论对公园城市营城模式的创新性探索，成都坚持把公园城市作为发展新经济、培育新消费的场景媒介，实施"绿色＋"策略，加快培育山水生态、天府绿道、乡村田园、城市街区、天府人文和产业社区六大公园场景，科学植入多元复合功能，推动生态场景与消费场景、人文场景、生活场景渗透叠加，塑造公园城市场景品牌。同

时，践行"绿水青山就是金山银山"理念，创新探索生态价值转化机制。创新性提出了公园城市六大价值：绿水青山的生态价值、诗意栖居的美学价值、以文化人的人文价值、绿色低碳的经济价值、简约健康的生活价值、美好生活的社会价值，并将公园城市作为生态价值转化的重要载体，通过场景营城理念的实践，探索以城市品质的提升平衡建设投入、以消费场景营造平衡运营管护的机制，进而探索公园城市营城新理念的价值实现机制和公园城市可持续发展机制。

三、场景赋能公园城市生态价值转化

（一）优化场景供给

积极探索"生产、生活、生态"相统筹的公园城市发展空间，深入研究生态建设投入产出机制以及生态价值动态转化的内在规律，着眼于经济发展新业态、新模式，打造场景供给的创新机制、创新平台，大力开展生态场景建设与新经济、夜间经济、周末经济关系研究，探索生态消费场景营造新路径，不断完善公园生态场景与消费业态融合指引，不断完善以城市品质价值提升平衡建设投入、以消费场景营造平衡管护费用的新机制，形成了可复制、可推广的生态投入产出机制和生态聚人、永续发展的新模式。

一是不断优化产业社区公园场景供给机制。以产城融合、功能完备、职住平衡、生态宜居、交通便利为抓手，积极推动蓝绿空间体系与生产生活空间渗透融合，把产业功能区建成城市公园场景、生态招商载体和新型生活社区。二是不断推动乡村郊野公园场景供给变革。在乡村的价值重新被人们认识和发掘之后，通过文旅产业赋能为乡村生态农业引流，实现人才、产业等城乡优质资源的双向流动。乡村郊野公园成为文旅商复合体系，催化生产要素在乡野中实现市场交换，不仅生物多样性持续得到增益，乡村的自然风貌、生活品质、产业发展亦能增效。三是不断提升城市绿道场景供给质量。以区域级绿道为骨架，城市级绿道和社区级绿道相互衔接，构建天府绿道体系，串联城乡公共开敞空间、丰富居民健康绿色活动、提升公园城市整体形象。突出运动时尚主题，创新多元化运动场景。随着一线城市进入竞争激烈的存量市场，为拓展利用更多的户外运动空间，不断制造新的兴奋点，成都依托环城绿道体系，建设的一系列时尚运动公园场景逐渐受到青睐。

（二）提升场景美学

建设生态文明，归根到底是要建设"天更蓝、地更绿、水更清"的美丽中国。公园城市的生态价值有多重内涵。建设公园城市必须更加注重场景美学，要秉持生态思维统筹生产、生活空间布局，顺应生态原则、创新天府文化、活化城市表达，以引领时代的创意设计和独具匠心的美学表达诠释城市特质、刷新城市"颜值"，促进文化传承和生态永续。

在实践中，成都创新流程即"创新策划—规划设计—投资建设—场景营造—生态产品开发—生态价值转化"，充分借鉴了东京、伦敦等先进城市营城理念，实现生态价值创造性转化引领营城模式变革。以"路—园—街""山—水—林""会—展—馆"等多维度生态场景营造提升策划与设计水平，实现绿城融合。

首先，积极营造多彩生活场景。打造"回家的路""上班的路""旅行的路""儿童乐园"等生活场景。例如，"回家的路"聚焦市民回家的"最后一公里"，实施形态修补、业态提升、文态植入、生态修复和心态改善，构建慢行优先、绿色低碳、活力多元、智慧集约、界面优美的社区绿道网络体系。在绿道建设中，利用街边开阔地带设置休憩驿站，秉承小型化、便利化的布局特色，突出书店、花店、商店、咖啡馆"三店一馆"的基本生活服务配置，营造温馨生活场景，让市民走一条可享生态、文化、休闲多重体验的绿道。

其次，持续保护诗意山水场景。遵循"全面保护、科学修复、合理利用、持续发展"的方针，顺应生态原则修复生态多样性。通过山水生态公园场景的营造，发挥成都生态资源丰富、自然环境良好、城市绿化完善的优势，打造近看有质、远看有势、绿意盎然的山水生态公园场景，推动绿色空间体系与城市相融合，让"可见"变为"可进"，营造"探险的山""观景的山""养生的山""漂流的水""灌溉的水""雪域的水""原始的林""多彩的林"等消费场景，实现生活生态空间有机融合，形成人城园和谐统一、生态景观优美生动的开放性绿色公园城市。

最后，不断生产创意生活场景。一方面，成都下决心拆除实体围墙，实现从临街景观直接步入公园，极大地增强了公园的可进入性。另一方面，成都注重向自然借力，大力调整绿化物种结构，用鲜花美果增色增彩，植物栽植以营造花境为主，打造出多个形态优美、色彩缤纷、季相分明的多样性植物群落景观，构筑多层次空间美景，营造城市全域公园景观场景，实现场景中阳光、水、空气、花、草、木、休憩、工作等要素的和谐共生。

（三）场景重塑生态价值

成都公园城市场景营造重点关注生态投资和价值转化的新模式。在公园城市场景营造的实践过程中，成都始终坚持短期利益与长远发展"综合平衡"，优质生态与高端产业"互促共进"，示范引领和梯次建设"远近协同"，公益属性与商业价值"两相兼顾"，依法依规和创新发展"先立后破"，不断强化生态转化实践中的场景思维和场景逻辑，努力在场景营造过程中实现市民生活品质改善、城市美誉度提升、土地资源增值、消费业态集聚的综合效应。

一是持续提升场景营造的能力水平，增强生态价值转化的科学性、有效性。突出场景统筹策划能力，坚持以未来视角、公共视角和消费视角开展场景研究，"走出去"学习国内外先发城市在场景营造方面的先进经验，注重场景营造与城市规划之间的统筹衔接，着手实施城市场景创新计划。突出场景政策整合能力，坚持将场景理念融入公共政策思考，对变化多样的场景问题进行政策回应，根据不同类型的群体和个人需求不断调整完善政策，以场景培育为重点组织城市机会清单，建立应用场景营造的政策工具包和发布机制。突出场景产品发布能力，以"公园+""绿道+""林盘+""森林+"等成体系策划包装生态场景，推动产品加速孕育、快速创新、升级迭代，通过策划主动释放场景驱动的城市机遇。突出场景市场运作能力，善于挖掘场景营造的市场潜力，处理好政府主导与市场运作在场景营造中的关系，创新形成兼顾公共性和经济性的市场化场景运营体系，推动社会资本和社会组织更好地参与城市场景营造。

二是不断推动场景营造的多元参与，提升生态价值转化的系统性、广泛性。坚持政府主导，充分发挥公园城市建设总体设计和系统谋划作用，统筹推进项目策划、征地拆迁、资金保障等工作，确保公园城市建设衔接顺畅、保障有力和推进有序。坚持市场主体，注重发挥国有企业平台功能、领军企业专业优势、社会力量创新活力，鼓励支持并引导专业化市场主体、农村集体经济组织等全面参与生态建设，提升生态项目的自我"造血"能力。坚持商业化逻辑，以公园场景为载体，创新企业自主经营、国有资产租赁、多元复合经营等合作共营模式，共同开展场景营造、功能叠加、业态融合，以生态产品思维持续放大生态资源的增值效应，进一步激发生态价值转化。

参考文献

[1] 柳尚华. 中国风景园林当代五十年 [M]. 北京：中国建筑工业出版社，1999.

[2] 赵纪军. 新中国园林政策与建设60年回眸（一）"中而新" [J]. 风景园林，2009（1）：102-105.

[3] 赵纪军. 新中国园林政策与建设60年回眸（二）苏联经验 [J]. 风景园林，2009（2）：98-102.

[4] 赵纪军. 新中国园林政策与建设60年回眸（三）绿化祖国 [J]. 风景园林，2009（3）：95-98.

[5] 赵纪军. 新中国园林政策与建设60年回眸（四）园林革命 [J]. 风景园林，2009（5）：75-79.

[6] 赵纪军. 新中国园林政策与建设60年回眸（五）国家园林城市 [J]. 风景园林，2009（6）：88-91.

[7] 朱建宁，方岚，刘伟. 生态园林的思想内涵与规划设计实践 [J]. 中国园林，017，33（8）：34-39.

[8] 谢长坤，梁安泽，车生泉. 生态城市、园林城市和生态园林城市内涵比较研究 [J]. 城市建筑，2018（33）：16-21.

[9] 张云路，关海莉，李雄. 从园林城市到生态园林城市的城市绿地系统规划响应 [J]. 中国园林，2017，33（2）：71-77.

[10] 成实，成玉宁. 从园林城市到公园城市设计：城市生态与形态辩证 [J]. 中国园林，2018，34（12）：41-45.

[11] 王忠杰，吴岩，景泽宇. 公园化城，场景营城："公园城市"建设模式的新思考 [J]. 中国园林，2021，37（增刊）：7-11.

[12] 陈明坤，张清彦，朱梅安，等. 成都公园城市三年创新探索与风景园林重点实践 [J]. 中国园林，2021，37（8）：18-23.

[13] 李雄，张云路. 新时代城市发展的新命题：公园城市建设的战略与响应 [J]. 中国园林，2018（5）：38-41.

[14] 朱勇，杨潇，徐勤怀. 公园城市理念下公园生态价值转化规划研究 [J]. 城市规划，2022（10）：78-88.

［15］刘滨谊. 公园城市研究与建设方法论［J］. 中国园林，2018，34（10）：10-15.

［16］霍华德. 明日的田园城市［M］. 金经元，译. 北京：商务印书馆，2011.

第二章　五好园林的理论基础

在我国，"生态型园林"（ecological garden）的概念最早出现于 1986 年 5 月中国园林学会城市园林和园林植物学术委员会在温州联合召开的"城市绿地系统、植物造景与城市生态"学术讨论会上。

"节约型园林"这一概念是在建设"节约型社会"的背景下，由建设部在 2007 年 8 月 30 日出台的《关于建设节约型城市园林绿化的意见》中首次提出，旨在扭转当时的园林绿化建设方向，促进园林绿化行业的可持续发展。

"运营型园林"同样是在新时代高质量发展要求下应运而生的，在生态型、节约型园林的基础上，通过营造多类场景、植入特色业态、组织节会活动、完善配套服务等，实现公益与商业有机融合，重塑园林活力和价值。

第一节 生态型园林的形成和发展

一、生态型园林的定义

生态型园林，也称为生态园林，早在17世纪的英国，就出现了生态园林的雏形——自然风景园林。当时虽没有生态园林的理论概念，但却有了主张返璞归真、重现自然风景的文艺思想。荷兰生物学家蒂洛和园艺师派克斯于1925年，在海尔勒姆附近的布罗门代尔2公顷的土地上建设了一座自然景观园林，不予任何人工干预，任由野生的植物、动物自生自灭。该公园不仅有森林、草地和群落生境，还生活着瑞典南部的250种鸟类和1000余种昆虫。随后美国的詹逊首次提出了以自然生态学的方法来代替以往单纯从视觉景象出发的园林设计。几年间他先后在芝加哥园林里设计出了模拟植物自然生长、演变的自然景观，又围绕美国中西部典型的大草原风景进行了研究。1973年，詹逊和赖特在伊利诺伊州的春田城建造了以单一和混生的草类为主的林肯纪念园，这些可算是生态园林的开端。其后Helgn Briemie（1981）从保护生物物种的角度出发，R. Hansen（1981）从生境类别的角度出发分别提出了发展生态园林的观点。植物群落营建的生态园林，不仅能调节城市生态，更可使人们在欣赏自然美和植物美时加入科学的理解以及追求现代审美观点。

在我国，"生态型园林"（ecological garden）最早出现于1986年5月中国园林学会城市园林和园林植物学术委员会在温州联合召开的"城市绿地系统、植物造景与城市生态"学术讨论会上。生态园林的概念一经提出，很快就得到全国各地的广泛响应和积极探索。历经30多年的发展，"生态园林"一词不仅早已深入人心，而且出现了大量有关生态园林的研究论著和实践案例。然而，关于生态园林的概念，至今尚未形成一个公认的、具有可操作性的定义，人们对生态园林的理解往往见仁见智、莫衷一是，许多实践案例也缺乏明确的说服力，甚至是纯粹的概念炒作。

从现有的研究成果中不难发现，生态园林的定义都十分宽泛，如"以人、社会与自然的和谐为核心，用生态学原理研究植物个体和群落与环境的关系，以及植物群落的发展、组成、特性及其相互作用，扬其共生，避其相克，形成有规律的人工生态经济系统"。这类定义大多从生态学的角度出发，简单地阐释了生态学对园林的影响以及植物群落的营造原则，并未触及园林的规划设计思想与方法，同时极易对生态园林发展方向产生片面的引导。在实践中，"建设多层次、多结构、多功能、科学的植物群落，建立人类、动物、植物相联系的新秩序，达到生态美、科学美、文化美和艺术美"成为生态园林的建设目标。但是，这种概念化、理想化的目标不仅对实践缺乏指导，而且很多概念本身就含糊不清，以为"多栽树少种草"，或者营造"顶级植物群落"就是生态园林了。"生态美"也常与"自然""荒野""野趣"等概念混为一谈，或者强调园林的生态、环境功能，以及生态、环境工程技术在园林中的应用。凡此种种，表明"生态园林"的概念对园林规划设计的影响依然停留在表象上或技术上，尚未在思想和方法等深层次上产生作用。

程绪珂认为，生态园林建设要遵循生态学和景观生态学原理，以植物为主体，发挥园林的多种功能，并以生态经济学原理为指导，使生态效益、社会效益、经济效益融为一体，实现同步发展。建成园林化的面貌，不仅在可能条件下生产各类园林产品，而且要保护生物多样性，为人类创造出最佳、清洁、舒适、优美、文明的现代化生态环境。

鲁敏提出，生态园林是在传统园林的基础上，遵循生态学和景观生态学原理，应用现代科学技术和多种学科之间的综合知识，以植物为主体，创造具有复合层次、合理生态结构、功能健全的、新型的、稳定的模拟自然生态系统的人工植物群落；从而达到生态上的科学性，配置上的艺术性，功能上的综合性，风格上的地方性，经济上的合理性，生物种类上的多样性；使生态效益、社会效益和经济效益融为一体、同步发展，达到最高水平；为人类创造清洁、舒适、优美、和谐和富有生命力的最佳生态系统；形成城市区域内完善的生态园林绿地系统。

李洪远认为，生态园林的概念有狭义与广义之分。狭义的生态园林又称为生态公园、生态园、自然园、自然观察园等，是20世纪70年代以来，欧洲、美国、日本等地模仿自然生态环境而建造的公园或园中园，其基本理念是创造多样性的自然生态环境，追求人与自然共生的乐趣，提高人们的自然志向，使人们在观察自然、学习自然的过程中，认识到生态环境保护的重要性。广义的生态园林或称为区域性园林，是一个城市及其郊区的区域范围的自然生态系统或绿地系统。其概念范围大于生态公园，小于宏观的生态绿化。其基本理念是在城市及市郊范围内建立人与自然共存的良性循环的生态空间，保护和修复区域性生态系统，遵循生态学原理，建立合理的复合型的人工植物群落，保护生物多样性，建立人类、动物、植物和谐共生的城市生态环境。

裴劲松认为，生态园林概念具有丰富而深刻的内容，而不是生态与园林这两个词的简单组合。生态园林是遵循生态学、景观生态学以及园林等环境科学的基本原理，以植物为主体，其他成分为辅助，建成既有园林外貌，又有科学内涵，具有多种功能与效益的、景观优美舒适清洁、生物和谐共荣的生态环境或生态系统。

张国文提出，发展生态园林的基础是生态学，目标就是通过发展生态园林达到人与自然的协调关系，追求人与自然关系的和谐，谋求持续发展，解决人类不断增长与自然有限供给能力之间的矛盾，恢复生态系统的良性循环，保证社会经济的持续高速发展和人民生活稳步提高，从而促进城市生态的建设和发展。

翁奕城认为，生态园林是城市园林建设的方向。城市的园林绿化建设应向生态方向发展，强调生态学原理在城市园林绿地建设中的运用，大搞生态园林绿地。所谓生态园林，即遵循生态学和景观生态学原理，建设多层次、多结构、多功能的植物群落，建立人类与自然的新秩序，并以生态学原理为指导，使园林的生态效益、社会效益、经济效益得以协调发展。

一些专家提出共同的观点，即区域性的生态园林，是城市及其郊区的区域生态性和连接性的绿色生态网络，包括农田、林业、公园、风景名胜区、自然保护区、休养度假胜地、沼泽地、采矿及其他迹地景观等。把园林绿化的范围扩大到城乡原野，建立人与自然共存的良性循环空间，保护和修复区域性生态系统，建立科学的人工植物群落，保护生物多样性，构建植物－动物－微生物共生的环境，增强人们的自然意识，将园林景观文化、艺术、生态相融合，以达到最佳效果。

综合来看，生态园林是在继承和发展传统园林的经验的基础上，吸取世界各国风景园林有益的经验，遵循生态学的原理，建设多层次、多结构、多功能、科学的植物群落，建立人、动物、植物相联系的新秩序，达到生态美、科学美、文化美和艺术美的平衡。

目前国内对生态园林的理解概括起来可以从三个方面来阐述：一是以园林及绿地的"生态功能"为出发点，此观点认为生态园林应该最大限度地发挥其生态和环境效益，从生态学的本意出发，把生态园林理解为园林绿地中动植物、环境与游人的和谐关系；二是以园林和绿地的"生态美学"为出发点，此观点认为生态园林应该具有"生态美""自由美""乡土化"等的美学形式，同时强调乡土植物和野生植物的使用；三是以园林建设的"生态技术"为出发点，生态园林的建设应该注重生态工程的技术以及对环境友好的材料的使用，同时要求进行节能降耗和环境保护相关理念的贯彻，还包括对自然资源的有效利用等。

二、生态型园林的构建原则

（一）遵循生态平衡原则

生态平衡是生态学的一个重要原则，其含义是指处于顶极稳定状态的生态系统，此时系统内的结构与功能相互适应与协调，能量的输入和输出之间达到相对平衡，系统的整体效益最佳。在这个系统中，乔木、灌木、草本和藤本植物被因地制宜地配置在一个群落中，种群间相互协调，有复合的层次和适宜的季相色彩，不同生态特性的植物能够充分利用阳光、空气、土地空间、养分、水分等，构成一个和谐有序、稳定的群落。

生态位是指某个物种在生态系统中的作用和其在时间与空间上的地位，可反映出物种之间的关系。在进行生态园林的建设时，首先要充分考虑植物的生态位，合理选择并配置植物的种类，从而避免其发生种间的直接竞争，以形成结构适宜、功能完善、种群稳定的复层类群落构造，充分利用种间的互补原则，在形成优美景观的同时，充分应用自然环境。其次要求依据不同的地区特点建设不同的动植物群，例如，山体上的生态园林要选择耐旱的树种；水边的生态园林建设要选择耐水耐湿的植物，与水景相协调；而在医院及疗养院周围就要配置杀菌功能的树木植被类型。

应充分考虑物种的生态位特征，合理选配植物种类，避免种间直接竞争，形成结构合理、功能健全、种群稳定的复层群落结构，以利种间互相补充，既充分利用环境资源，又能形成优美的景观。在特定的城市生态环境条件下，应将抗污吸污、抗旱耐寒、耐贫瘠、抗病虫害、耐粗放管理等作为植物选择的标准。如在上海地区的园林绿化植物中，槭树、马尾松等生长状况不良，不宜大面积种植；而水杉、池杉、落羽杉、女贞、广玉兰、棕榈等适应性好、长势优良，可以作为绿化的主要种类。

利用不同物种在空间、时间和营养生态位上的不同来配置植物。如杭州植物园的槭树、杜鹃园就是这样配置的。槭树树干直立高大、根深叶茂，可吸收群落上层较强的直射光和较深层土壤中的矿质养分；杜鹃是林下灌木，只吸收林下较弱的散射光和较浅层土中的矿质养分，较好地利用槭树林下的萌生环境；两类植物在个体大小、根系深浅、养分需求和物候期方面有效差异较大，按空间、时间和营养生态位分异进行配置，既可避免种间竞争，又可充分利用光和养分等环境资源，保证了群落和景观的稳定性。春天杜鹃花争妍斗艳，夏天槭树与杜鹃乔灌错落有致、绿色浓郁，组成了一个清凉世界，秋天槭树叶片转红，在不同的季节均给人以美的享受。

在进行生态园林的建设时，不论是基于美学还是自然环境，都要实现生物的多样性，包括依据地区的特征，将乡土化植物与新奇植物的种植相结合。例如，风铃花和雪柳等结合形成的小径，不仅能够吸引人类，更能够吸引大量的鸟类与昆虫，也更有利于动植物群的形成。多样性能够增强群落的抗逆性与韧性，同时有助于维持生态环境的稳定。优先选择乡土树种，在此基础上引入新培植的且易栽培的树种，另外可以驯化富有观赏价值的野生物种，从而丰富生态园林中的植物品种，吸引动物，形成丰富多彩的园林景观。

（二）遵循互惠共生原则

首先要保证物种多样性。群落中物种的丰富度、变化程度或均匀度，反映了群落的动态性与稳定性，以及不同的自然环境条件与群落的相互关系。生态学家们认为，在一个稳定的群落中，各种群对群落的时空条件、资源利用等方面都趋向于互相补充而不是直接竞争，系统愈复杂也就愈稳定。因此，在绿化中应尽量多造针阔混交林，少造或不造纯林。

其次要考虑互惠共生。两个物种长期共同生活在一起，彼此相互依存，双方获利。如适当种植开花结果或分泌糖源的植物可使动物和植物和谐共存；地衣即藻与菌的结合体，豆科、兰科、杜鹃花科、龙胆科中的不少植物都有与真菌共生的例子。一些植物种的分泌物对另一些植物的生长发育是有利的，如黑接骨木对云杉根的分布有利，皂荚、白蜡与七里香等在一起生长时，互相都有显著的促进作用；但另一些植物的分泌物则对其他植物的生长不利，如胡桃和苹果、松树与云杉、白桦与松树等都不宜种在一起，森林群落林下的蕨类植物狗脊和里白则对大多数其他植物幼苗的生长发育不利。

（三）遵循生态绿地格局理论

构建生态型园林，应强调生态绿地系统的结构、布局形式与自然地形地貌和河湖水系的协调以及与城市功能分区的关系，应着眼于整个城市的生态环境，合理布局，使城市绿地不仅围绕在城市四周，更要把自然引入城市之中，维护城市的生态平衡，使城市的个性美、人文美、自然美和生态美达到和谐统一。

良好的生态绿地格局是满足城市绿地生态环境、景观、文化、休闲游憩、防护等功能要求的基础条件和前提。理想的城市绿地格局，首先应顺应城市空气动力学、城市水文、城市热量耗散以及人类活动等城市物理驱动力规律，发挥出改善城市生态环境质量的巨大能力。而通过区分具备静态功能空间属性的城市结构性绿地与具备动态功能空间属性的城市过程性绿地，营造树状网络结构的城市绿地格局，有助于形成开敞的城市中心、发达的城市水系与交通系统、健全的气流通道和畅通的城市物流、能流循环的自然脉络。成熟的城市绿地树状网络由绿廊、绿带、绿环、绿楔、绿心等结构性和过程性绿地构成，具备布局均匀性、要素流动性、功能可达性、体系稳定性、空间开放性等特质，尤其是布局均衡完整性与功能贯通连续性。

三、生态型园林规划设计

生态园林的核心思想是在处理动植物群落、环境空间和游人活动三者关系时，将动植物与环境空间的关系置于优先考虑的位置，首先根据场地的自然条件、生态环境和景观类型等，营造最适宜动植物群落发展的环境空间，并在此基础上安排适宜的游览活动内容，同时避免游览活动对动植物群落或环境空间的过度干扰或破坏。

生态园林规划设计的基本方法是以自然景观和生态系统为参照，以科学的动植物群落与环境空间之间的关系为基础，营造与当地的自然条件、生态环境、景观类型相适应的动植物群落类型和环境空间特征。游人活动必须兼顾动植物群落和环境空间的特点及要求。在动植物群落、环境空间和游人活动三者之间，环境空间起着重要的纽带作用，它既要为动植物栖息创造有利条件，又要为游人活动提供舒适的空间。

植物群落和环境空间是园林物质空间构成的主体，也是规划设计师们易于掌控的规划设计要素，因此成为园林规划设计的重要内容。动物群落的形成有赖于植物群落的存在；而游人活动一方面受到人的行为方式的影响，另一方面要依据动植物群落和环境空间的景观特色营造。因为动物群落和游人行为一般较难掌控，所以在生态园林规划设计过程中，规划设计师通常在明确植物群落和环境空间的基础上，继而对动物群落和游人行为进行合理引导和推测。

园林空间的构成要素主要有植物、水体、土壤、天空、气候等自然要素，以及建筑物、构筑物、园路、铺装等人工要素，前者与地理、地貌等自然条件和自然特征息息相关，后者常常与场地的人文景观类型关系密切。生态园林规划设计强调以自然要素为空间构成的主体，从植物群落和环境空间的关系入手，首先塑造适宜的园林物质空间。具体而言，或者先从植物区系的特点出发，确定典型的植物群落类型，再为其创造适宜的生长环境，即"适树适地"原则；或者从场地及区域的地理、地貌特征出发，创造典型的地貌景观类型，再据此选择适宜的植物群落，即"适地适树"原则。

生态园林是一种与当地的地理、地貌、气候等自然条件和自然环境特征高度吻合的园林类型，应从当地的自然环境特点入手，对其地理、地貌类型和动植物区系特点进行深入研究，据此确定生态园林的规划设计方向，使园林的环境空间特征与当地的自然景观特征相一致，并使游人对当地自然景观的特点更加了解。鉴于自然环境空间和园林环境空间在地形地貌、空间尺度上存在巨大差异，生态园林环境空间的塑造不可能是自然环境空间的简单模仿或浓缩，而应是基于自然环境空间特点的再创造，使得园林环境能够在咫尺空间再现当地的自然环境空间特点，并且借助园林绿地体系来展现当地自然环境空间的整体特征。生态园林要求生态稳定，此时系统内部的构造和功能能够相互适应且协调，能量之间的输入与输出也相对平衡。

第二节 节约型园林的形成和发展

"节约型园林"这一概念是在建设"节约型社会"的背景下，由建设部在 2007 年 8 月 30 日出台的《关于建设节约型城市园林绿化的意见》中首次提出，旨在扭转当时的园林绿化建设方向，促进园林绿化行业的可持续发展。

《意见》指出："城市园林绿化是城市重要的基础设施，是改善城市生态环境的主要载体，是重要的社会公益事业，是政府的重要职责。改革开放以来，特别是 2001 年国务院召开全国城市绿化工作会议以来，我国城市园林绿化水平有了较大提高，生态环境质量不断改善，人居环境不断优化，城市面貌明显改观，为促进城市生态环境建设和城市可持续发展做出了积极贡献。

随着社会经济和城市建设的快速发展，城市土地、水资源和生态环境等面临着巨大压力，矛盾日益突出。一些地方违背生态发展和建设的科学规律，急功近利，盲目追求建设所谓的'森林城市'，出现了大量引进外来植物，移种大树古树等高价建绿、铺张浪费的现象，使城市所依托的自然环境和生态资源遭到了破坏，也偏离了我国城市园林绿化事业可持续发展的方向。

建设节约型城市园林绿化是要按照自然资源和社会资源循环与合理利用的原则，在城市园林绿化规划设计、建设施工、养护管理、健康持续发展等各个环节中最大限度地节约各种资源，提高资源使用效率，减少资源消耗和浪费，获取最大的生态、社会和经济效益。建设节约型城市园林绿化是落实科学发展观的必然要求，是构筑资源节约型、环境友好型社会的重要载体，是城市可持续性发展的生态基础，是我国城市园林绿化事业必须长期坚持的发展方向。

朱建宁认为，"节约型园林"应包含节约资源和能源、改善生态与环境、促进人与自然的和谐三个目标。也就是说，"节约型园林"是要求资源和能源的投入最小化，产生的生态、环境和社会效益最大化，有利于促进人与自然和谐相处的园林绿化建设模式。结合当前的实际情况，建设"节约型园林"的目标可分为三个层次：一是在现行的园林绿地建设中注重资源和能源的节约，并在改善局部生态环境的同时，为人们提供以亲近自然的方式生活的空间；二是完善城市的园林绿地体系，建立城市生态环境的保护屏障，创造适宜人类居住的城市环境；三是要在大地上实现自然与人的和谐并存。

节约型园林的概念应包含以下四个方面的内涵：一是最大限度地发挥生态效益与环境效益；二是满足人们合理的物质需求与精神需求；三是最大限度地节约各种能源，提高资源与能源利用率；四是以最合理的投入获得最适宜的综合效益。那些片面追求视觉景观效果而忽视资源与能源消耗的园林，或者片面强调局部环境改善而忽视整体环境恶化的园林，以及片面强调人工干预而忽视自然演变能力的园林等，都不能称作节约型园林。就资源与能源节约而言，"节约型园林"可大致分为挖潜、保土、节水、节能、节材五种模式。

聂磊认为，以功能过程为导向的开放式城市绿地生态理论是节约型园林技术体系的主要理论依据，包括生态绿地格局理论、群落营造理论、循环工艺理论、生物修复理论、立体绿化理论等主要内容。以功能过程为导向的开放式城市绿地生态理论指的是作为城市唯一有生命的城市基础设施系统，城市绿地必须通过构建具备开放性、流动性、均匀性的绿地格局体系，形成以绿地植物群落为基本功能单元、以物质循环与生物修复为主要功能过程的绿地动态运行系统，从而满足和实现城市社会、经济、生态复合系统对于城市绿地在景观、文化、休闲、安全，尤其是生态环境改善方面的功能需求。节能、节地、节材、节水、节约资金、节约养护都是节约型园林的节约内容，而我国南方沿海地区节约型园林的建设重点应主要在于如何节地与节约资源。

一、节约型园林的定义

节约型园林遵循资源节约型、环境友好型的理念，以最少的用地、最少的用水、最少的资金投入，选择对周围生态环境最少干扰的模式。

"节约"应有两层含义：一是"节"，即节制，与浪费相对。在保证合理效益的基础上，降低投入，是一种绝对节约。二是"约"，即集约，与粗放相对。在投入不变的基础上，提高综合效益，是一种相对节约。如果小幅度增加投入，却能大幅度增加园林整体效益，这同样是一种"节约"。以往的研究更多地关注

"节"，对如何更高效地利用资源的研究较少。提高集约利用效率主要体现在整体规划优化和全寿命周期成本控制两个方面。整体规划首先要着眼于整个城市绿地格局，提高城市绿地系统的综合效率。成熟的城市绿地树状网，应顺应城市空气动力学、城市水文、城市热量耗散以及人类活动等城市物理驱动力规律，具备布局均匀性、要素流动性、功能可达性、体系稳定性、空间开放性等特质，尤其是布局均衡完整性与功能贯通连续性。具有前瞻性的科学规划可以延长绿地的使用寿命，避免城市园林绿地的频繁改建。而具体到单一的园林项目，就要尽可能地提高绿地使用率，以营造多样化的小尺度空间为主，减少冷漠而空旷的大尺度空间的设计，从而提高绿地的利用率，间接地节约资源。同时提高集约利用效率，要正确处理当前措施与长远发展的关系。各项措施要充分考虑规划、设计、施工、养护、运营等各个环节，测算项目全寿命周期成本。如果当下的一次性投入增加，有利于今后长期的节约，那就要从实际出发，积极加以利用。提高集约利用效率不是一时一事的节约，应该从更广的空间维度、更长的时间跨度去考虑。

二、节约型园林的构建原则

（一）遵循生态型园林的基本原理

"节约型园林"的基本理论与思路主要来源于生态型园林，在生态性的基础上，叠加循环经济理论和价值工程理论。具体原理包括生态平衡原则、互惠共生原则和生态绿地格局理论。

（二）遵循循环经济理论的基本原理

循环经济理论是节约型园林模式的理论基础，适用于所有景观元素。循环经济理论在20世纪60年代与生态经济理论同时被提出，而循环经济的实质就是生态经济，它要求运用生态学规律而不是机械论规律来指导人类社会的经济活动。

循环经济更侧重于整个社会物质循环应用，强调的是合理持久的循环和生态效率。循环经济遵循3R原则，即减量化、再利用和再循环。节约型园林首先要减量，减少不可再生资源的使用、减少污染的排放、减少人为因素对自然生态系统的干扰等。同时要强调保留再用，最大限度保留原有景观元素。必须充分考虑每一个景观元素和空间关系所具有的独特生态意义，对山坡林地、河湖水系、湿地等自然生态敏感区域必须全面保护，维持原有地域自然风貌，不得过分改变自然形态。最后是再循环，包括雨水收集、中水利用、园林废弃物处理等。下一步我们要将3R原则与园林行业实际进行更广泛、更紧密地结合，形成一套完整的涵盖规划、设计、施工、养护、运营等环节，包含所有园林景观元素的3R施工工艺体系。

（三）遵循价值工程理论的基本原理

价值工程是20世纪40年代后期产生的一门系统化的管理技术，最初仅应用于采购领域，但随着价值工程研究内容的不断丰富与完善，其研究扩展到了产品设计、生产、工程、服务等领域。价值工程是以功能分析为核心，研究如何以最小的人力、物力、财力和时间获得必要功能的技术经济分析方法。

价值工程是以提高产品价值和有效利用资源为目的，通过有组织的创造性工作，寻求用最低的寿命周期成本，可靠地实现使用者所需功能，以获得最佳的综合效益的一种管理技术。价值工程将产品价值、功能和成本作为一个整体同时来考虑，以最低的寿命周期成本为目标，强调功能定量化和不断创新。

$$V = \frac{F}{C}$$

其中，V表示价值；F表示功能（function），是指设计方案建成后的功用、作用、效能、用途、目的等；C表示成本（cost），包含了建设、运行、维护的费用总和。

提供价值的途径分为以下几种。

（1）双向型：在提供产品功能的同时，又降低项目成本，这是提高价值最为理想的途径，但对园林管理者要求较高，往往要借助科学技术才能实现。

（2）改进型：在产品成本不变的条件下，通过改进产品的功能，提升利用资源的成果或效用，达到提高园林景观效果和功效的目的。

（3）降本型：在保持园林功能不变的前提下，通过降低项目成本达到提高价值的目的。

（4）投资型：园林功能有较大幅度提高，项目成本有较少提高，即成本虽然增加了一些，但功能的提高超过了成本的提高，因此价值还是提高了。

（5）牺牲型：在园林功能略有下降、项目成本大幅度降低的情况下，也可达到提高产品价值的目的。

三、节约型园林的规划设计方法

近年来，节约型园林的研究取得了丰硕的成果，所采取的技术措施主要体现在节地、节水、节材、节能、节力等几个方面。但由于各项技术要素之间都有一定的交叉，而且技术与艺术未有机融合，有所割裂。按照节约内容分类，有一定局限性。园林由山水、地形、植物和建筑四要素组成，根据不同的景观要素来分析节约型园林的营造之术，则是业内更为常见的分类方法，也更为直观、明晰，更便于在具体项目开展中加以运用。不同的景观要素有不同的营造特点和要求，需要不同的理论支撑，各自形成不同的技术体系。

（一）节约型园林地形景观

节约型园林地形景观的核心就是尊重土地肌理。土地肌理是百万年来人与自然共同作用在大地上而留下的痕迹。根据表现形式进行划分，其可分为物质和意识层面上的土地肌理。在物质层面上，根据研究的尺度进行划分，又可以分为宏观和微观尺度上的土地肌理。前者如城市用地结构和大地山脉水系格局，后者则体现为局部的细节，如崎岖的黄尘古道、山坡上一层层的梯田等。尊重土地肌理体现设计对土地、历史、当地人的尊重，对前人生存经验、历史文化的传承与发展，对现今栖居者主观愿望与客观需求的满足。

微地形处理时为了营造适宜的围合空间，我们可能需要改变自然地形，但是要尽量少地改变，同时要将人工地形与自然地形相融合。竖向空间进行合理规划，多维、多向地进行立体扩展，充分利用竖向交通联系，将人流活动立体展开，巧妙解决高差难题，将空间化整为零，在不破坏地形的前提下扩大人工空间。

（二）节约型园林植物景观

原有植物的保留，尤其是高大乔木，不仅可以快速成景，而且展现了场地风貌，具有新栽树木远没有的厚重感。野生植被要积极利用，它们具有顽强的生命力，不需要养护，依靠雨水就能生活，也是别有韵味的景观。乡土植物是当地土生土长的植物，与当地的自然条件，尤其是气候、土壤条件已达成稳定平衡，对原生环境具有天然适应性。积极利用自然植物群落和野生植被，大力推广宿根花卉和自播能力较强的地被植物，营造具有浓郁地方特色和郊野气息的自然景观。

对于生态型群落的营造，目前理论层面已经足够丰富，但应用性研究比较少，没有形成真正可行的技术措施体系，研究不够深入和具体。比如基于生态位原理，如何利用不同物种在空间、时间和营养生态位上的分异来配置植物，才能避免种间直接竞争，形成稳定的复层群落结构；比如根据互惠互生原理，哪些植物搭配是互利的，哪些植物搭配是互相影响的；比如根据生态自维持理论，如何营造具有高抵抗力、高稳定性、高耐久性的群落；等等。这些问题都有待进一步研究。

（三）节约型园林水景景观

根据场地条件和水源供给，选择具体的水景形态。首先是天然水源，可能与河流、湖泊、地下水等流动水系相连，能够供应清洁的、充足的景观用水。其次是以城市中水为水源，提高水的利用率。再者是以雨水为水源，利用建筑屋面、地表径流等形成雨水收集系统，汇集降水，形成雨水景观。

必须估算维持不同水景所需的水量，在不超过各种水源供给能力的前提下，来确定水面大小、深度、形态等。如果没有天然水源供给，水景面积不宜过大，应以点状、小块面状为主，同时注意地形高差的应用，注意块状水景和线形水景的结合，形成循环水系。原有地形高差不能满足水系循环流动的，可适当增加水泵、过滤器等设备。

水景设置必须考虑原有场地条件，应尽量符合水体自然的弯曲形态，并随地形和功能做到动静结合、收放有致。充分利用现场原有水塘、池塘等要素，合理设计人工湿地。即使是一斗碧水，也可使人的视线无限延伸，在感观上扩大了空间。更重要的是湿地可以涵养水源，供给景观用水。人工湿地生态系统的营造要通过模拟自然水景，形成自净化、自维持系统，达到自身平衡，并为水生物创造相应的生境，使水体、动物、植物、矿物等各种资源达到平衡与稳定。

在满足岸线稳定、强度要求的前提下，尽量使用生态驳岸。生态驳岸的通透性，使水体、陆地之间在景观和生态上保持了有机的水文联系，不会破坏水陆交汇地带的生态系统边际效益，丰富的岸栖生物也更有利于水体生物多样性和生态功能的恢复和培育。强调景观的原始状态和场地的自维持能力，尊重生态发展过程，充分利用乡土植物和场地的自然再生植被，发挥自然系统的能动性，植物生长后根系固着成岸，整个岸线像从土里长出来一样自然，形成原生态、低成本的岸线景观。

（四）节约型园林建筑景观

尊重场地自然与人文痕迹，部分或整体保留场地建筑物的外观形式，加以适当修葺，结合在场地设计之中，成为一种能勾起人们回忆的、反映场地历史风貌的、更是丰富场地体验的标志性景观。建筑的数量、体量、布局、风格等，都要从人的需要出发，依据具体环境条件来决定，协调好建筑的人工美与环境的自然美。要充分借鉴传统园林建筑文化的精华，继承地方场所的文化脉络。

建筑材料要尽可能地选择自然材料或者环保材料，挖掘至今仍有实用价值的地方材料和适宜技术。乡土材料是最自然、朴实的，与地域特征密切相关，蕴含着丰富的文化意义和地方精神。广泛使用乡土材料可以降低造价、节约投资，同时也能使景观更具个性，更能反映出地域特色。

第三节　运营型园林的形成和发展

运营型园林是一个新的概念，这里定义为在生态型、节约型园林的基础上，通过营造多类场景、植入特色业态、组织节会活动、完善配套服务等，将公益与商业有机融合，综合实现生态价值、社会价值和经济价值。

截至 2022 年末，全国城市公园数量已达到 24 841 个，公园绿地面积 86.85 万公顷，人均公园绿地面积达到 15.29 平方米，我国公园建设事业取得重大成就，形成规模庞大的城市公园资产，但其价值亟待挖掘。住建部数据显示，2001—2021 年，我国园林绿化固定资产投资累计达 2.42 万亿元，园林绿化固定资产投资占城市市政公用设施固定资产投资比重总体上呈现先增后减趋势，2012 年最高达到 11.76%，到 2021 年下降到 7.01%。2011 年以来，每年在园林绿化领域的固定投资保持在 1 500 亿元左右，但增长的数据背后也存在诸多问题。

一、公园运营存在的问题

（一）规划未融合，配套滞后

园林绿地规划与城市功能衔接不够，原有公园规划建设偏重于景观、生态和休闲功能，大多缺少对亲子功能、文化功能、教育功能、共享功能、商业功能等方面的有效衔接，导致城市公园与周边居住、办公空间的通达性不够，城市不同功能空间难以融合，特别是商务办公区域的各类公园对城市商务功能的服务不够。近年来兴起的城市体育公园，虽然增加了体育设施，但并未考虑休闲、亲子、科普等服务内容，设施配置不足，功能发挥不充分，如出现停车场不够、空间浪费、功能单一等问题，"绿起来"但没有"用起来"。

（二）千园一面，功能单一

大多数公园只是为提高城市绿化指标、满足城市配套而建造的，还停留在利用公园建设提升土地价值、进行城市开发的阶段。规划设计偏传统老旧，缺乏特色和明确的主题，建成之后使用率低，逐渐失去生活气息。公园前期定位模糊、雷同且缺乏前瞻性，缺少对市场需求的深入挖掘，后期运营管理步履维艰；功能设置偏单一且新意不足，无法满足新时期各个年龄群体的复合化需求。运营主体单一、运营动力不足、运营效率低下等问题，最终导致许多公园"停不了车、留不住娃、扎不了营、遛不了狗"，沦为"绿色沙漠"。

（三）运营缺位、维护成本高

很多公园建设完成以后需要大量的财力、人力进行维护，增收渠道单一、养护成本节节攀升，带来持续负现金流，给地方财政造成巨大负担。由于运营缺位，导致长时间的成本压力之下管养、维护、服务出现失管现象，进一步加大了城市公园主体的压力。很多区县每年园林绿化维护费用也在数千万元，高者甚至过亿元。而大多城市公园作为公共产品免费或者只需支付少量的门票提供给市民使用，收入远不足以平衡日常运营维护支出。

（四）政府主导，机制相对滞后

目前我国城市公园管理和运营大多集中在政府部门中，基本上是"自上而下、政府主导"的公园建设管理模式，对社会和企业等主动参与建设及运营的引导不足，第三方运营市场发育滞后。城市发展进入转型阶段，但对城市公园资产的认识没有适时调整。当前我国城市已从外延扩张发展到内涵挖潜为主的阶段，需要通过盘活城市存量资产，激发城市活力。城市公园作为一种重要的城市存量资产，亟须改变运营思路单一的现状。

二、国际及国内经验

（一）新加坡模式：系统化构建，分类别特色化运营

在经历20世纪70年代公园人工美化与90年代绿道网络建设后，新加坡在仅仅735.2平方公里的国土上已有270公里绿道、350多座公园和4个自然保护区。2000年后，新加坡开始转向发展创新经济，希望通过环境魅力的塑造，进一步吸引创新型人才聚集，公园绿地的目标也从好看转向好用。

为了将"城市公园"变成"公园城市"，新加坡将公园城市的商业运营在城市层面进行系统化构建。根据片区特征和不同公园主题进行特色化经营，比如在滨海湾公园内布置滨海酒吧街，在临近社区的公园内布置社区商业，在区域级公

园组织各种文娱活动和自然课堂，在新加坡植物园这类专类公园内开发以胡姬花为主题的文创产品，等等。同时，新加坡国家公园管理局尝试与其他机构进行合作，赋予公园更多的城市意义，如与高等院校的卫生机构合作，研究改造成为治疗性社区花园，不仅提供治愈和镇定性功效的植物空间体验，还面向护理人员和市民提供环境康复知识的学习和培训课程。新加坡国家管理局通过全年推出艺术与文化、音乐与表演、园艺与自然、运动与健康等主题的公园活动，以此实现新加坡公园城市建设目标——打造"每一个人的公园"。

新加坡将公园与城市产业经济和人群生活场景进行多维度融合，通过公园城市生活吸引更多创新型人才，创造更多的生态、社会和经济效益，最终支持城市达到向创新经济转型的目的。

（二）布莱恩特公园模式

美国城市公园发展到 20 世纪 70 年代，伴随着民众对公共开放空间和娱乐需求日益增长、政府资金供应却日益减少的情况，非营利组织和社会资本开始出现在公园游憩领域，并越来越多地参与公园项目的提供和管理。经典案例如纽约中央公园与中央公园保护协会的合作、布莱恩特公园与布莱恩特公园公司的合作等。这些合作在非营利组织和社会资本的推动下，使得城市公园的日常养护专业性提高、志愿服务组织日益完善、休闲娱乐活动策划有方、公众支持与参与日益增多，包括资金在内的运营体系实现良性循环。

公园 BID（business improvement district）主要是指某个地区内的业主通过自我征税等方式筹资提供街区维护等服务的利益共同体区域。在开展商业改良后，美国纽约曼哈顿中心的布莱恩特公园成为"全世界最繁忙"的公园，曾全年不间断举办 1 000 多场活动，接待 1 200 万访客。2019 年，布莱恩特公园一年创造超过 2 000 万美金的运营收入，除去公园日常运维支出外还有一定的剩余。

布莱恩特公园曾因可达性差、杂草丛生、阴暗，在 20 世纪 70 年代一度成为瘾君子和流浪者的"家园"。20 世纪 80 年代起，政府对其进行了更新改造。一是增加可达性和安全性的设计。拆除铁围栏和灌木丛，改用高大的乔木，使得行人视线可以直接进入公园，公园里的人们也可以看到街道上的交通情况，大大降低了犯罪率。二是改造具有"社会温度"。改造中最引人注目的是增加了 2 000 把可自由移动的椅子，为即兴创作提供了方便。

布莱恩特公园拥有园区运营、项目管理、品牌推广、活动管理等 8 个部门，专业化地将公园打造成了纽约核心区独一无二的城市品牌 IP。公园持续不断地为市民提供电影放映会、百老汇演出、音乐会、科学实验工作坊，以及全纽约唯一免费的滑冰场等都市休闲娱乐活动空间。

为了优先考虑市民公共利益以及保证公园的公共属性，在这些活动中特别设有免费开放席位。在此基础上，有些活动会为特定人群提供更为专业、高端的有偿体验，并配套餐饮等服务功能，最终为公园带来可观的营收。美国布莱恩特公园既保证了为市民提供优质的公园生活体验，同时也成了最具商业活力的纽约公共活动中心。

布莱恩特公园从策划到设计再到管理运营全程由 BPC（Bryant Park Corporation）主导。BPC 在纽约市政府的许可下于 1980 年成立，是一家非营利性公司。该公司拥有布莱恩特公园管理和运营权，主导布莱恩特公园的景观营造及维护，提供更好的社会服务（如慈善活动、青少年服务、提供工作培训等），以及进行商业开发推广（主要包括策划各种节日和活动、印刷地图册和广告手册、丰富商业业态等）。

布莱恩特公园在成立 BPC 的基础上，通过 BID 模式实现自筹资金运营管理。具体资金来源包括活动收费、租金、BID 专项税、捐赠、利息及其他收益等。在 BPC 的主导下，布莱恩特公园不断提升使附近的房地产增值；同时通过良好的运营管理增加公园人气，将公园打造成为纽约市旅游地标，带动了城市经济的发展。

（三）南池袋公园模式

2017 年，日本人均绿地公园面积达到 10.5 平方米，城市发展进入后建设时期。当时的日本城市公园面临两类难题，一是公园设施老化吸引力不足，公园服务质量亟待提升；二是公园管理维护经费有限。同年，日本修订《都市公园法》，正式出台 Park-PFI（private function institution）制度以进行公园管理改革，鼓励私人资本参与公园设计建设和管理维持。

Park-PFI 将私营主体对公园的管理周期从 10 年延长到了 20 年；对公园的建筑覆盖率，从以前"严格保证开敞空间"的 2% 放宽到最高 12%，新增建筑可以用于建设商业、运动、休憩、游乐等营利性设施；允许私营主体按需设置自行车停车场、广告牌等便利性设施。该模式让私营主体能从中获得盈利，政府则从中实现"财政减负"。

作为社区型公园，日本南池袋公园探索出了与社区居民共建共营的管理模式。公园采取社区居民共同参与优选经营项目与经营主体的办法，充分发挥公园的公共利益属性。在内容运营方面，南池袋公园为居民提供社区集会以及居家外延等生活功能，居民可以在这座小而美的公园场所中举办婚礼、社区市集，品尝特色餐饮、体验室外办公等。公园运营的收益可以有效覆盖公园设计、建设和后续运营所产生的开销，是政府、组织和市民共同协力完成的"收益还原型"公园运营制度的体现。

南池袋公园由东京都公园协会主导策划，由丰岛区公园管理部门主导管理、"南池袋公园促进会"和园内咖啡餐厅经营者协助管理。其中"南池袋公园促进会"由政府、市民、社区代表等利益相关者合作成立。主要职能是讨论公园使用准则、为提升公园魅力定期举办研讨会以及审议公园活动申请等。

公园所在丰岛区召开研究会，听取公园周边土地管理者和居民的意见，提出在公园内设置咖啡餐厅的建议。公园内咖啡餐厅由区建设、持有并进行楼层出租，内部装修委托给经营者。咖啡餐厅经营者通过公开招募的方式选定，即由申请者提出申请后，区内召开研究会最终确定由区内经验丰富的私人企业接管。运营收入反哺公园管理。咖啡餐厅经营者每年需缴纳约 1 930 万日元的租金。这部分资金用于公园管理，占管理总费用的一半以上，大大减轻了政府管理的财政负担。

（四）高线公园模式

位于纽约曼哈顿岛南部的高线公园，是一座由废弃的高架货运铁路改造而来的空中公园。它沿着哈德逊河纵向展开，长 2.33 公里，离地面高约 9 米，平均宽 9 米，沿途穿过 22 个街区，包括居民楼、写字楼、画廊、酒店和商场，共有 11 处上下出口供人在公园开放时段随意进出。

高线公园融合了公园和街道的特性，在好天气的周末，访客数量可达每天 6 万人，比访问大都会艺术博物馆和自由女神的人还多，其中大约 30% 是本地人。除了美丽的城市风景及景观外，吸引人们参与其中的更有大量的艺术展览、表演、导览、观星、观鸟等活动，同时这里也是附近社区居民的儿童自然教育基地和青少年实习基地。

时光倒流 20 年，这座空中花园还是一段被废弃停用了很久的货运铁路，不管是建筑结构本身还是对周围社区的治安，都有巨大的安全隐患。又由于穿梭于街区之间，阻碍了地块的整体开发，希望拆除它的呼声很高。当时的纽约市长 Rudolph Giuliani 支持拆掉它，并已着手准备签署拆除令。在非营利机构高线之友（Friends of the High Line，FHL）近 10 年坚持不懈的拜访、奔波、游说、宣传和募捐下，铁路保留下来并改造成公园。

"高线之友"成立于 1999 年，由两名高线爱好者联合高线附近居民发起，组织规模 51~200 人不等。主要参与废弃高线的更新计划；筹集资金用于高线公园建设与管理；维持公园管理运营，拉动曼哈顿西区经济发展等。

由"高线之友"提出保护开发计划，通过研究证明高线计划的经济合理性。以此说服纽约市与联邦地面运输委员会出台方案，要求城市规划充分保护和利用高线铁路，与周边街区联动发展。高线建设前，周边街区的保护和更新就已经启动，高线计划诞生之初便将后续建设与管理运营纳入考虑。

"高线之友"在高线公园的保护、再开发和后期管理过程中发挥着积极乃至主导作用，通过活动组织、资金募集、周边商品销售等运营方式保障高线公园的自我运维。虽然高线公园由纽约市政府拥有，但每年将近 1 700 万美元（2017 年该数字高达 3 000 万美元）的运营成本，98% 必须由"高线之友"通过筹款、捐助、企业合作及经营类收入获得。目前，超过 70% 的资金来自慈善募捐，约 20% 来自经营收费如场地租赁、会员费用、产品销售、植物领养等，其余来自投资等。

美国规划部门基于高线公园进行了区划法规的修订和特殊条例的制定，具体内容包括：一是利用工业遗址提高居住服务质量。转变高架铁路的功能，创造为周围居住区服务的公共空间，尤其为提升中低收入者的居住质量服务。二是保护区域艺术走廊集中的独特性。结合高线周边的艺术区，从保护更新的角度出发，充分发挥其艺术特点以带动区域复兴。三是尊重私有财产。准许高架下土地拥有者将地面层建筑面积转移成高线上的"可用面积"，通过开发权转移和容积率奖励刺激周边项目投资。

（五）成都天府绿道模式

2019 年 10 月，成都市成立公园运营管理公司。同年，成都市人民政府主办"成都首店经济公园商业对接大会"，以"首店经济新极点、公园商业新模式"为主题，在公园商业中植入首店经济，塑造消费新场景、提升消费新供给、培育消费新热点、引领消费新升级，探索"公园＋首店"新经济模式，推动绿道商业、公园商业、"公园＋"城市商业综合体首店经济的发展。大会发布《成都市公园商业项目机会清单》，梳理了近 20 个已呈现亮点的商业项目，整合了"公园＋"城市商业综合体以及 10 余个区市县的超过 132 万平方米公园商业项目，共 11 类精准业态 100 余品牌签约。

作为全球最大的绿道系统，成都天府绿道是国内"公园新经济"的领航者，其成功背后的核心因素可归纳为两点，一是在城市规划阶段，天府绿道（主要用地类型为公园绿地）预留了一定体量的商业用地。这类商业用地不受公园管理条例的限制，从而可以提供更加丰富多元的商业类型。二是成都本地国企新城集团成立天府绿道文化旅游发展股份有限公司（以下简称绿道公司），对天府绿道的后续运营进行专业专项的统筹运营管理。

绿道公司从"策划、投资、规划设计、建设、运营"全流程对天府绿道公园进行全周期闭环管理，并根据绿地所在区域的特征和公园商业特点，对公园潜在可运营的商业空间进行研究与资源整合。公司在公园＋休闲、零售、体育、文创、科创、农业、教育、旅游等复合业态方面做了大量探索，并且孵化了包括精品餐饮、精品民宿、迷你高尔夫、新零售服务中心等 7 个自有公园商业运营品牌，同时还引进了国际品牌项目，如奥地利的冰上赛车、欧美潮玩品牌集合店等商业项目。除了特色招商外，为高效解决公园建设运营中常常涉及的基本农田相关问题，绿道公司专门成立农业公司打造都市休闲农业。

天府绿道是成都市区内最热门的城市公共产品，在公园管理线内的大部分设施对市民免费开放，即使在公园商业运营的部分，也会设有免费开放的区域和提供免费开放的时间段供所有市民享用。为了促使市民更加便捷地使用公园群，并且推动公园消费场景的进一步延伸，绿道公司开发了公园便民小程序，市民可以预约公园内的消费项目、查询活动安排和了解游园线路等。

天府绿道俨然成为成都城市生活的新标志和具有新经济、新消费的新场景。根据推算，仅仅天府绿道中的锦城公园，从公园建成到2050年，公园的运营可以累积产生超过1万亿元的消费支出。如同新加坡一样，成都的"公园城市"生活样本助推着这座城市在全国人才争夺战中吸引到更多的创新型人才，天府绿道的成功是成都在实施国际化战略过程中迈出的新步伐。

公园城市"不是在城市中建公园，而是把城市变成大公园"，传统的公园设计、建设与管理运营体系也将面临全新的变革，具体体现在三个方面：在规划层面上，探索公园用地与商业或其他用地的兼容性与混合性；在运维层面上，成立专业的运营公司，并处理好公园公共性与商业经营之间的关系，分级分类满足不同使用者的需求；在社会层面上，充分调动政府、企业、市民的力量共同推进公园建设。未来，在政府、企业和市民的共同努力下，公园的生活、经济、社会、人文、美学价值在为城市新经济提供发展机遇的同时，也将不断助力所在城市提升核心竞争力。

（六）合肥园博园模式

2023年9月26日，第十四届中国（合肥）国际园林博览会（以下简称"园博会"）开幕，一大亮点就是，充分运用市场化思维，将临时性展览与永久性运维无缝衔接，想办法做到"永远不落幕、永远有变化"。园博会后，合肥将全部保留38个城市展园、88个特色建筑，丰富科创、文体、休闲、娱乐等元素，打造"永远有变化、永远不落幕"的园博盛会。2023年12月26日上午，历时3个月的园博会圆满落幕。自开园以来，合肥园博会累计接待国内外游客632万人次，单日最高40万人，外省游客超19%。自2023年9月26日开园，至2024年4月23日，骆岗公园累计入园人数已达1 000.7万。

按照"10% 首店品牌 +40% 本土品牌提升 +50% 知名品牌"的策略,园博会引入 80 多家商户落位,形成酒店、餐饮、文创、运动、娱乐、研学六大商业业态群,做到有说头、有看头、有赚头、有盼头。5 个月的时间,商户实现总营收 4 910 万元;精心策划 6 大类、33 项传统与时尚交相辉映、民俗与高雅融合呈现的文旅活动,先后开展城市展园文艺展演 500 余场、骆岗低空观光体验 4 000 人次、热气球体验 680 人次,以及少先队主题绘画展、航空科普体验、中国大学生方程式赛事等系列活动,累计创旅游收入 2 300 万元;开辟 16 处空间,设置了呐喊喷泉、环形秋千、发电单车等娱乐设施和足球场、篮球场、光影陪跑墙等体育场地;打造科创体验新平台,坚持"智慧"属性、打造智慧园博,超 100 个新技术、新产品,超 50 个应用场景,超 500 家科创企业在公园得到充分展示和应用;特别是高标准打造航空体验研学基地,引入直升机开通"两山一湖"旅游航线,开展无人机表演秀、热气球体验、儿童航空研学等系列特色市场化经营项目。

本届园博会创下了诸多第一:第一个在城市中心建设,更加贴近城市生活;第一个开园即免费开放,人民群众获得感更多;第一个利用老机场建新园博,节约建园、节俭办会,建设城市更新示范项目。其主要经验包括以下几点。

(1)以园带城,构筑生态宜居、和谐自然的城乡空间格局。受到用地条件限制,许多园博园选址位于城市边缘,成为"郊野公园 + 主题公园 + 旅游景区"的综合体,并不是市民日常会去的地方。合肥园博园除了"城市更新"特色外,还是一届"城中园博"。园博园由城郊移动到城市中心并与锦绣湖湿地公园共同构成城市中央生态公园,实现了骆岗机场片区规划从开发主导到生态引领的转变,成为延续园林城市特色、内接老城外连巢湖、实现"城湖一体"城市格局的关键节点。

(2)以园营城,完成由花至园、由园到业的可持续性发展。由于园博园园区面积较大、建设费用较高、展览设施和展园的后期使用功能较弱,游客回头率不高,运营维护压力大。合肥园博园的园博小镇利用机场建筑遗存进行更新设计,融入了文创、博览、餐饮等业态,使其成为最为活跃的片区之一。除拓展空间和服务外,还在用地、产业等方面探索保障园博园可持续性发展新路径。

从"事后"转向"事前"，"规划、建设、治理"一体统筹。坚持整体谋划、一体推进，不走先规划、再建设、后治理的传统路径。以治理统筹规建，规划建设之初就同步谋划运营管理，组建合肥滨湖科学城城市空间运营管理公司，全方位、全过程参与公园项目规划、工程建设，从运营的角度审视规划，以管理的维度反哺建设。如在驿站建设上，从运营后功能需求出发，倒推规划及建设方案，实现布点、设计、功能同步规划、整体推进、一步成型。建成全国第一个全开放、无围墙、免门票的园博园。制定专项交通服务保障方案及应急预案，安排 8 条公交直达专线、4 条免费接驳线。发行 4 亿元专项债用于停车场建设，在园博园内部及周边设置 41 个停车场，可提供约 6 万个停车泊位，其中，永久停车位约 9 000 个，临时停车位约 2.4 万个，应急共享停车位约 3.3 万个。

（3）以园融城，展现不忘初心、海纳百川的逐梦情怀。现在，越来越多优秀建筑团队参与园博园设计，用一个新的视角和方法论打造景观特色，让人耳目一新。从另一个角度来看，风景园林专业也可在建筑、海绵设施、城市规划等方面有自己的探索，不仅要守住园博园的初心，也要对传统模式有所突破。

坚持不新建一个主场馆、不砍一棵大树、不外运一方土，对原机场建筑通过建筑复原、功能重建、场地更新、科技植入等手段，打造出航空体验研学基地、昆虫博物馆、园博大道等一批可游、可逛、可打卡的地标集群。坚持生态优先。严守功能分区边线，坚守蓝绿空间占比底线。通过全域海绵设计，形成整个公园水系统自平衡、自循环、自净化体系。改造建设长 3 公里、宽 110 米的"梦想大草坪"，草坪下设立雨水过滤、收集和导排系统，每年为锦绣湖提供 20%~30% 的 II 类水水源，做到既"好看"又"好用"。

园博园可以从以下三个方面进行转变：体量空间上，从以增量为主向以存量更新为主转变；用地类型上，由单一绿地向混合用地转变，包括具有一定规模、相对集中并适合大众开放的各类用地；功能上，由非常态景区向为百姓常态化使用的开放空间转变。

三、运营型园林的推进路径

（一）政策导向明确

2016 年，住建部印发《城市公园配套服务项目经营管理暂行办法》，首次对规范公园配套服务项目经营活动、合理拓展城市公园配套服务功能等进行了明确规定。该文件支持和鼓励社会资本进入城市公园配套服务领域，提倡公园配套服务项目品牌化连锁经营、整体打包专业化运营模式；同时明确规定公园配套服务项目经营不得出现下列情形。

（1）设立私人会所，即改变公园内建（构）筑物等公共资源属性，设置高档餐馆、茶楼、休闲、健身、美容、娱乐、住宿、接待等场所，包括实行会员制的场所、只对少数人开放的场所、违规出租经营的场所。

（2）利用"园中园"进行变相经营。

（3）法律法规禁止的其他情形。

2019 年，中央经济工作会议首次正式提出"城市更新"；2021 年 3 月，"城市更新"首次写入当年政府工作报告和"十四五"规划文件，将其上升至国家战略层面并正式全面展开推进。《中华人民共和国国民经济和社会发展第十四个五年规划和 2035 年远景目标纲要》指出："加快转变城市发展方式，统筹城市规划建设管理，实施城市更新行动，推动城市空间结构优化和品质提升。"

2021 年 12 月，上海市绿化和市容管理局发布《上海市郊野公园运营管理指导意见》。该意见指出：公园要优化运营管理模式，完善配套服务设施，提高管理服务水平，鼓励多元经营。鼓励自然教育、文化创意、历史文化资源保护与开发、自行车越野、马拉松、钓鱼、骑马等环境友好型户外休闲游乐项目。鼓励园区内按相关审批要求开展餐饮服务、自产自销项目及有组织的乡村集市等经营服务项目。鼓励公园结合淡季开展各类特色主题活动，吸引游客。允许园区内居民在符合园区管理要求的前提下，根据需求进行临时性设摊销售，减少园区配套服务设施闲置率。加强对园区内依法经营活动的监督管理，强化食品安全工作。有条件的郊野公园鼓励新能源车辆入园或租借使用，并做好车辆停放、充电等配套服务工作。

2022 年 7 月，北京市园林绿化局办公室发布了《北京市公园配套服务项目经营准入标准（试行）》，在保障公园公益属性的同时，规范了公园配套服务项目经营活动，拓展了公园设施功能，提升了服务管理水平，促进了公园事业健康有序发展。该标准一是鼓励各公园管理机构可以依法引入社会资本投资、建设、运营公园内配套服务项目，包括餐饮零售、游览游艺、体育健身、智慧管理、无障碍环境等各类项目，激发经营活力；二是重点规范了公园配套服务项目和主体的准入条件、实施程序以及监管要求，既保障公益属性不变，又能拓展公园设施功能、提升服务水平。

2022 年 11 月，文化和旅游部、中央文明办、国家发展改革委等 14 部门联合印发《关于推动露营旅游休闲健康有序发展的意见》，其中提道"鼓励城市公园利用空闲地、草坪区或林下空间划定非住宿帐篷区域，供群众休闲活动使用""鼓励各地采取政府和社会资本合作等多种方式支持营地建设和运营"。这对盘活存量公园资产、引入社会资本经营提供新的发展思路与政策支持。

（二）系统谋划提升城市公园的资产价值

坚持以人为本的理念，城市公园首先应服务好居民与游客，还要与周边的城市功能相融合。保证城市公园的公益性属性不变，各类服务供给要对全体居民开放，不能做成针对特定人群的私人会所，同时投资项目应具有合理的回报和可持续性。保证城市充足的绿色空间，在此基础上进行统筹谋划设计。

（三）探索推进城市公园更新改造

推进城市公园绿地开放共享，在公园草坪、林下空间以及空闲地等区域划定开放共享区域，完善配套服务设施，更好满足人民群众运动健身、休闲游憩等亲近自然的户外活动需求。结合城市更新，对区域进行统筹规划，按照点状用地模式嵌入部分商业用地，支持城市公园提供更加丰富多元的商业服务。强化城市公园的文化、教育、体育、休闲、餐饮、夜市、表演、婚庆等多元功能，推动各功能间的消费跨界融合，积极拓展沉浸式、体验式、互动式消费新场景。突出特色主题塑造和特定服务内容，推动相关市场化运营服务。

（四）拓宽盘活城市公园投融资渠道

鼓励城市公园采用 BOT、PPP 模式盘活存量资产，提升运营效率和服务水平。

鼓励社会资本通过创新运营模式、引入先进技术、提升运营效率等方式，有效盘活存量资产，地方政府可采取适当方式予以奖励。将城市公园市场化运营纳入盘活存量资产政策范畴，并将形成稳定现金流的城市公园资产纳入基础设施领域不动产投资信托基金（REITs）支持领域。

（五）创新城市公园管理和运营机制

鼓励公园管理机构依法引入社会资本投资、建设、运营公园内配套服务项目，规范城市公园配套服务项目和主体的准入条件、实施程序以及监管要求。建立公园管理者、第三方运营机构、公园周边经营者及当地居民等多方协调机制。引入社会公众参与公园的规划设计、管理、运营的决策，实现"自上而下"与"自下而上"管理的有机结合。积极培育第三方运营机构发育，鼓励第三方运营机构为城市公园运营提供活动策划方案，丰富服务业态，增强服务能力。

目前，我国城镇化发展已从增量建设转向存量更新阶段。随着房地产开发增量放缓，作为地方政府重要收入来源的土地财政大幅度减少，使地方财政日益吃紧。如何在存量更新的大背景下实现城市绿色空间高质量、可持续发展，是城市建设从"粗放式发展"进入"精细化运营"时代必须探索的方向。

"公园+"运营时代已经来临，政府包办的传统模式已难以适应现代城市公园的持续发展。实现公园的提质增效，必须由专业的运营主体介入，以市场为引导，用运营的思维采取闭环式的解决策略。

参考文献

[1] 中国园林学会城市园林和园林植物学术委员会联合学术讨论会纪要 [J]. 中国园林，
    1986（3）：61-62.

[2] 程绪珂，胡运骅. 生态园林的理论与实践 [M]. 北京：中国林业出版社，2006.

[3] 鲁敏，徐晓波，李东和. 风景园林生态应用设计 [M]. 北京：化学工业出版社，
    2015.

[4] 李洪远. 生态恢复的原理与实践 [M]. 北京：化学工业出版社，2005.

[5] 朱建宁，方岚，刘伟. 生态园林的思想内涵与规划设计实践 [J]. 中国园林，
    2017，33（8）：34-39.

[6] 仇保兴. 开展节约型园林绿化 促进城市可持续发展：在全国节约型园林绿化现场
    会上的讲话 [R]. 大连：国际立体绿化促进组织，2006.

[7] 刘纯青. 建设节约型园林绿化：建设部副部长仇保兴要求全国开展节约型园林绿化
    工作 [J]. 园林科技，2006（4）：1-5.

[8] 朱建宁. 促进人与自然和谐发展的节约型园林 [J]. 中国园林，2009，25（2）：
    78-82.

[9] 聂磊. 关于建设节约型园林技术体系的研究 [J]. 广东园林，2007（4）：64-68.

[10] 俞孔坚. 节约型城市园林绿地理论与实践 [J]. 风景园林，2007（1）：55-64.

[11] 宗敏，蔡耳发，李秋萍，等. 空间治理视野下城市公园活化价值与策略研究 [J].
    上海城市规划，2020（1）：18-22.

[12] 李玉红. 日本城市公园绿地管理发展研究 [J]. 中国园林，2009，25（10）：
    77-81.

[13] 宗敏，彭利达，孙旻恺，等. Park-PFI 制度在日本都市公园建设管理中的应用：
    以南池袋公园为例 [J]. 中国园林，2020，36（8）：90-94.

[14] 凌雯倩，朱勇，徐勤怀. 城市公园管理的国内外经验与实践启示 [C] // 中国城市
    规划学会风景环境规划设计专业委员会 2023 年会论文集，2023.

[15] 刘晨晖，谢旻珂，孟世玉，等. 超大城市公园开放共享全流程实践的国际经验与
    启示 [J]. 风景园林，2024，31（2）：41-47.

第三章　五好园林的基本概念

  过去20年，是我国风景园林行业的蓬勃发展期。园林绿化建设取得瞩目成绩，学科理论体系也在不断探索和完善，尤其在生态型园林、节约型园林等研究方面形成了较为完备的理论和技术体系。园林绿地面积不断增加，建设和管养投入与日俱增，政府财政持续承压；同时随着社会发展，公众对于园林绿地的功能需求更加多样化。而公园运营长期缺位，公园活力不足，无法实现商业收益反哺。当下我国园林亟待从生态型、节约型，升级为运营型，以实现生态价值转化。

  2011年，岭南股份董事长尹洪卫提出坚持"四品精神"，建设"四好园林"。"四品"即"品德、品质、品位、品牌"。"四好"即"好干、好看、好用、好管"。在"四好园林"的基础上，笔者整理和吸收行业多年来的实践和理论研究，提出"五好园林"即"好看、好用、好养、好省、好玩"，并对其基本概念、原则和构建要点进行了阐述，对于五好园林的评价标准还需进一步梳理。

第一节 五好园林的基本要求

五好园林是具备"好看、好用、好养、好省、好玩"五个要求的运营型园林，是在生态型、节约型园林的基础上，叠加多元场景、特色业态、主题节会、配套服务等，将公益与商业有机融合，综合实现生态价值、社会价值和经济价值。

一、好看，体现其观赏性

园林，既是生活空间、生态空间，更是艺术空间，优秀的园林作品必须把自然美、生活美和艺术美三者高度统一，具有极强的审美价值。观赏性要素主要为色彩搭配、空间营造和实体物构造。

色彩搭配包括对主题色、辅助色、互补色和基础色的色彩规划以及植物、铺装、灯光等色彩搭配。空间营造包括空间围合度、尺度和氛围的分类、对称均衡和不对称均衡、空间序列的韵律、地形与植物空间营造。实体物构造分为硬质景观和软质景观。硬质景观依据美学原则，分为点、线、面三类。点的元素主要包含建筑物、构筑物、小品，小品又分为设施小品和园林小品；线的元素则主要有道路、驳岸等；面的元素主要指场地造型的变化。软质景观是相对于建筑、硬质铺装而言的，它主要由植物、水体等构成，富于自然变化。

二、好用，体现其功能性

不同时期、不同区位、不同类型的园林绿地，应具有不同的主题和功能定位，满足不同的公众需求。一方面体现在其生活、生产、生态方面的物质性实用功能上，另一方面则体现在其艺术及审美的精神性实用功能上。功能性的要素包括满足基本功能、提高可达性和预留可扩展性。

满足基本功能分为中国古典园林的实用美学、现代园林的多元功能和全龄友好公园。贯彻全龄友好理念，充分考虑全年龄段，特别关注老年人、儿童、残疾人等的使用需求，提供"儿童友好、青年向往、老年关爱、残疾人温暖"的游园体验和公园环境。城市公园绿地的服务范围是衡量城市公园绿地可达性的重要指标之一，提高步行和骑行的可达性，打造 15 分钟生活圈。预留可扩展性包括弹性景观与留白、模块化与标准化设计、建设成长型园林，与自然共成长、与城市共成长、与居民共成长。

三、好养，体现其生态性

园林管养是长期投入，并直接影响其观赏性和功能性。低成本养护既是节约性的要求，更是生态性的原则之一。好养主要体现在植物及材料选择、新技术及新能源应用、智能设备与智慧管养，通过"低干预"设计、植物及材料的合理选择实现"低维护"；通过新技术应用和智慧管养，减少资源和人力投入，实现"低消耗"。

植物及材料的选择包括乡土植物应用、观赏草应用、新型建筑材料及园林废弃物的应用；新技术及新能源应用包括绿色生态防治技术、控花控果技术、飞絮治理技术、光伏及储能应用等；智能设备与智慧管养包括智能割草机、无人植保机应用、智慧控制系统和智慧管理系统。

四、好省，体现其节约性

以最少的地、最少的水、最少的钱，选择对周围生态环境最少干扰的园林绿化模式，节约型园林具有可持续、自我维持、高效率、低成本等基本特征，即根据现有资源的情况，遵循提高土地使用效率、提高资金使用效率、政府主导与社会参与、生态优先与功能协调等 4 个基本原则，在园林规划、设计、建设与管理的全过程，实现资源最大化合理利用，降低能源消耗量，提高资源利用率。节约性要素包括应用节约型园林技术、提升绿地系统效益、困难立地绿化和立体绿化三个方面。

节约型园林在可持续、自维持、循环式等方面体现了生态型园林的实质与内涵，已经形成了较为完善的节地、节材、节水、节能等技术体系；通过科学、合理的绿地系统布局，充分实现绿地系统的整体价值，综合提高生态效益、社会效益和经济效益，以最合理的投入获得最优综合效益；困难立地绿化和立体绿化，在于最大化利用和拓展城市可用于生态建设的土地空间资源，植绿、扩绿、增绿，为挖潜低效资源的生态功能效益奠定基础。

五、好玩，体现其运营性

以园林绿地为主体的绿色空间作为载体，统筹生态、功能、场景、业态、节会组织等多维要素，提升活力、吸引力和开放度，以城市品质提升平衡建设投入的建设模式，以消费场景营造平衡管护费用的发展模式。运营性要素主要包括场景营造与业态融合、打造节会品牌和公园特许经营。

公园场景的营造，需要诸多文旅和消费场景来表现和支撑。运行性要素的技术要点包括场景营造与包括生态类场景、文化类场景和生活类场景。业态融合的核心是创新，通过将不同行业的业务或服务融合到一个场景中，能够创造出独特的商业模式和消费体验；一个节会兴一园，位于城市重要地段的城市公园，拥有良好的自然环境、人文环境和比较完备的服务设施而成为节会的重要举办地。公园节会逐渐成为城市文化品牌之一。特许经营分为国家公园特许经营和城市公园特许经营，特许经营的原则、内容、方式、费用等逐渐清晰，在官方政策的支持和社会力量的积极推动下，各方力量已参与到公园全生命周期中，让活力旺盛的公园真正融入城市居民的生活。

第二节　五好园林的基本原则

经济学家蒙代尔、弗莱明等提出的"不可能三角"又称三元悖论，是宏观经济学中的一个著名论断，指各国宏观经济管理者通常的三个目标——独立的货币政策、稳定的汇率以及资本的自由流动，这三个目标是不可能同时兼顾的，最多可以达成两个目标。

三元悖论可以归纳为城市发展过程中市场理性与社会理性的矛盾，以及矛盾的协调界面——规划秩序。由于内部秩序和外部秩序的不一致，利益导向和政策调整无法保持趋同，因此只能同时选择三角顶点中的两个，对另一个只能任其发展。也就是说，一个产品或一项政策，对于三个不同层级的利益方，不可能三方均能获得最大值，最多只能满足两个利益方的最大值。与此相类似，园林建设中面临的"不可能三角"本质上可解读为政府、企业和用户三方的核心诉求之间的矛盾。例如政府的诉求是低价优质，住户的诉求是功能多样，而企业的诉求是成本可控。

项目管理三角形由三个约束组成——范围、成本、时间，它们分别构成三角形的一边。改变项目管理三角形三边中的一边，就必须充分调整其他两边，以保持项目的平衡和正常运作。若想降低一个项目的实施成本，则要么减小范围，要么增加时间；若想压缩项目完成的时间，则要么增加成本，要么缩减范围。而建设五好园林必须突破"不可能三角"，实现五要素平衡、五阶段一体和五方互协同。

一、五要素平衡

"好看、好用、好养、好省、好玩"五要素之间辩证统一，相互依存，既不能片面强调，也不能互相独立。

（一）平衡项目管理三角

"好看、好用、好玩"三个要素指向范围和质量，"好养、好省"两个要素代表成本。项目时间往往是一个变量，但可变范围有限，尤其对于重点园林项目。项目运作的全生命周期是一个多次反复寻求平衡的过程，根据各方面的不同要求，不断调整计划来协调它们之间的关系。如何做才能保证项目三角不坍塌，我们要做的是"固定第一边、调节（降低期望值）第二边、投资（增加期望值）第三边"。

固定第一边：项目的底线是什么？什么需求是不能删减的，快速、优质、低价中有且仅有一项，是不可妥协的一边。调节（降低期望值）第二边：假如确定了如期完工是底线，那就在范围和成本中做调节，看更重视哪一方面，可以适当降低成本，在工期不变的情况下看对品质造成什么影响，是否在客户的预期范围内，或者反过来。投资（增加期望值）第三边：在快速、优质、低价中选择了两边之后，第三边就可以放开手脚，是一个此消彼长的关系。

为了使项目管理三角形保持平衡并提供高质量的服务，项目运作过程中都会发生变化。制订变更和风险管理计划可以确保这些变更得到控制。变更可能来自利益相关方、场地变动、不可抗力等，项目管理人员应做好准备并减少其负面影响。

（二）平衡公益与商业

"好玩"带有商业属性，与公益性的平衡尤为关键。公益性是公园的首要属性，必须保证无条件地免费开放。在不破坏生态、不侵占绿地、不影响基本使用功能的基础上，根据城市发展阶段、绿地类型、生态品质、区位条件等，遵循"生态优先、以人为本、公共导向"的基本原则，选择不同的转化路径和发展模式。

对于城市外围生态本底优良的自然公园，应尽量减少人群活动的干扰，保护生态资源的自然原真；城市边缘半城市化区域的郊野公园，可适度控制人的活动强度，在确保生态系统健康的基础上，适当开展生态化产业。城市区域内各种类型的城市公园，应积极引导人的活动，在确保生态资源安全的基础上，通过城园有机融合和产业功能导入，实现价值最大化。

在符合用地规范的前提下，各类公园应以游客需求为导向，以服务大众为主，除为市民游客提供餐饮、零售等基础配套服务外，还应提供配比合理、满足多样需求、可参与、可体验的"公园＋"新业态，呈现文、体、旅、商、游、研、学等多元复合的公园业态结构。各类公园合理配置基础配套类（包括商业零售、餐饮）与休闲娱乐类（包括文化体验、科普、运动休闲）业态，严防重商业场景、消费场景，轻文化场景、生活场景的片面做法。

二、五阶段一体

（一）先策划、后规划

园林要好玩，就必须从市场和客户的需求出发进行策划。策划的核心在于市场分析、项目定位和财务测算。通过区位分析、资源分析、客源分析、需求分析、竞品分析等，形成总体定位、形象定位、功能定位和目标定位，最后落位到具体产品和游线。策划在前，规划在后。各类专项规划要匹配策划，以满足运营和游客需求，包括各类建筑规划、入口及停车场规划、内外交通路线规划、功能区地形及景观风格规划、水电配套规划等。

运营前置指引规划设计。良性运营需要由策划—规划—设计—建设—运营五大过程一体化进行，尤其要重视"一头一尾"即策划及运营，必须形成一个闭环，才能发挥其核心优势。更为长久的运营才是整个公园的核心和制胜之道。运营思维不仅要贯穿整个过程，更要从最后一个阶段变成第一个阶段来指导策划、规划、设计及建设。如果对运营的需求不够明确，缺少运营提资，对于项目打造总成本与未来收益的构成比例没有整体概念，前端设计单位、规划建设部门以及后端运维方，谁都不会认为自身需要站在投资方、业主角度，考量由具体哪一方负责最终运营数据，同时任何一方也不能对运营决策和最终运营数据负责。

通过合理的策划和规划，从本质上实现公园环境与人的共生，与周边居民、城市市民、外地游客，包括与个人、家庭、团队建立共生的系统；从空间上与居住、商办、学校等城市环境共生，突破传统的设计思维，与周边建筑物及城市环境联合开发，产生新的空间设计模式，模糊空间边界；从价值上容许市场化和公益性共生，新经济时代下，市场化和公益性本质上是创造价值与反哺价值的共生；从资源上与内外部资源团队共生，建立与商户、与上下游的供应商、与内部管理团队及外部资源团队的共生系统。

（二）运营与养护一体化

运营型园林，在 EPC 模式（工程总承包模式）基础上向后端运营环节延伸，实现 EPC+O 模式。EPC 模式改变了设计、采购、施工等环节彼此割裂的情况，实现了建设期集成管理。而 EPC+O 模式真正实现全生命周期管理，解决建设和养护、运营脱节的问题。

文旅运营中，运营分为"大运营"和"小运营"。大运营可以理解为，在一切面向入园游客，为满足其服务需求所提供前台和后台支撑的部门的服务行为总和，几乎可以将景区管理的所有部门囊括其中。小运营通常理解为景区中的"为面客服务所负责的工作体系"，也就是说基于在园区对客服务的一线部门，就是前台部门，如餐饮部、运营部、演艺部、商品部、客房部等部门形成的服务体系，而后台的行政和人力部门、营销和品牌部门、投资和财务等部门所涉及的非面客服务体系不纳入。

成立运营与养护一体化管理小组。完善运营管理的机构、制度和方案，搭建运营管理团队，制定政策保障、资金保障和资源保障措施，形成完善的品牌宣传、招商合作、游客服务、商户管理、行政人事管理等运营管理体系。同时必须搭建工程维修标准化管理、安全保卫标准化管理、消防安全标准化管理、突发应急处理预案等体系，对于导游服务、游客服务、票务工作、仓库物资等也要进行制度化管理。

运营队伍由商业设施运营和文旅活动运营两个板块构成，养护队伍负责公共空间的运维管理工作。明确运营、养护、商户三方关于公园绿地管养的权责划分，提升管养效率。运营队伍负责一体化综合管理、安保、养护的全面工作；负责相关制度及规范的编制，公园日常管理工作的组织、检查、验收和考评等工作。养护队伍负责绿化、硬质广场、园路、铺装、标识牌、配套建筑外墙等内容的日常养护工作。入驻商户负责建筑内部养护及门前三包责任，加强建筑公区日常保洁工作。配合开展建筑外墙清洗工作，确保整体品质和形象维护。

三、五方互协同

运营型园林涉及的利益相关方更多，包括政府方、施工方、运营方、社会方及其他相关方等，必然存在一定的利益不一致。

首先必须坚持公益优先、共建共享。公园是与群众日常生活息息相关的公共服务产品，是供市民公平享受的绿色福利。其次应突出公益属性，建立健全市民参与监督管理的制度机制，全面提升群众参与度、获得感、幸福感。

采用公园特许经营的，对于特许经营权转让费用、转让年限、改造投入、运营投入等进行测算。政府零投资，企业通过市场化、专业化的建设运营实现盈利，实现市民、企业、政府三方受益。项目资产产权归政府所有，中标人享有合作期内的经营收益权。中标人全额出资，承担项目的投融资、设计、运营维护、移交等全部工作内容，在运营期内，由中标人提供运动场地、功能用房及绿化运营维护服务，通过收取运动场地、功能用房、停车位以及广告位等租金收入回收其成本并获得合理利润。

第三节 五好园林的评价体系

住建部 2023 年发布《关于全面开展城市体检工作的指导意见》，明确在地级及以上城市全面开展城市体检工作，推动系统治理"城市病"，扎实有序地推进实施城市更新。2018 年以来，住建部指导样本城市、试点城市开展城市体检工作，主要目的是查找和解决群众反映强烈的难点、堵点、痛点问题。自 2024 年开始，住建部将在地级及以上城市全面开展城市体检工作，把城市体检延伸到群众身边，将小区、社区、街区列为城市体检的基本单元，查找出社区养老服务设施、婴幼儿照护服务设施、公共活动场地、文化活动中心等设施配建不达标、功能不完善、服务不到位的问题短板，列出问题台账，录入信息平台并实施动态更新，为社区服务设施的科学规划、合理布局、精准嵌入提供有力支撑。

公园作为优化人居环境和提高城市活力的重要载体，成为城市体检框架中的关键子项，探索公园全面体检的方法与技术是当前学科面对的新议题，也是助力公园城市建设的新要求。全面开展对城市公园的体检评估工作，是健全城市功能、提高城市品质、增强城市韧性的一项重要基础工作，为我国当前城市公园的更新提质提供了有力支撑。未来仍需要加强对城市公园建设与评估的系统性研究，同时全社会共同努力，推动城市公园建设的持续发展。

一、中国城市规划设计研究院《中国主要城市公园评估报告》

2024 年 1 月，中国城市规划设计研究院发布《中国主要城市公园评估报告（2023 年）》（以下简称《报告》）。《报告》立足于生态文明建设的背景和城市高质量发展转型的目标要求，选取 36 个主要城市开展城市公园的大数据评估与对比分析，重点关注城市公园分布的均好情况、人均公园面积的保障情况、公园周边区域活力融合情况，在传统公园评价指标的基础上，提出新时期公园评估的三大指标——公园分布均好度、人均公园保障度、公园周边活力值，通过新指标分类细化公园绿地服务覆盖，明确公园绿地供给与人口空间分布的关系，探索公园与周边区域活力的耦合关系。

上述《报告》已连续发布三年，通过梳理、总结当前全国重点城市公园的发展特征与规律，在传统公园评价指标的基础上，分类细化公园绿地服务覆盖，明确公园绿地供给与人口空间分布的关系，通过可量化、可感知的指标数据，查找城市公园布局不均、供给不足的问题。《报告》还总结了新时期我国城市公园发展总体趋势特征，为在全国范围内开展系统性城市公园体检评估工作打下了坚实的基础，也为我国当前城市公园的更新提质提供了有力支撑。

未来对于城市公园绿地的生态服务、安全韧性、健康游憩、绿色带动、文化彰显等方面的数据评估将不断推进并完善，从而更加有效发挥公园绿地在城市中的多元价值和丰富功能。只有构建更加科学系统的评价体系才能更好地落实相关的生态文明政策，推动城市绿色发展，建设美丽中国。

二、北京林业大学《2021 年柳州公园体检报告》

在公园城市建设和城市体检工作推进的背景下，北京林业大学李雄教授团队以柳州为试点城市顺利完成首个公园体检工作，形成《2021 年柳州公园体检报告》。经过框架搭建、数据采集、分析诊断、编制体检报告、开具体检处方等环节，基本确立了公园体检的方法与技术，形成一整套科学、全面的公园体检机制。

2021 年是"十四五"的开局之年，柳州正在加快推进新发展要求下的公园城市建设。基于这一背景，李雄教授团队在与柳州市城乡规划设计研究院合作推进公园城市理念下的绿地系统规划过程中，创新性提出公园体检评估机制，建立公园体检专题研究组，聚焦如何精准把握新时代的公园内涵，对公园进行深度体检，科学提高公园绩效水平，促进公园服务价值最大化并推动公园健康更新。

（一）怎么进行体检

1. 体检对象：两大层级

公园体检的对象包括公园系统与公园单体两大层级：系统层面针对公园数量、公园格局进行公园体系整体统筹评估；单体层面针对公园绿地、广场用地、风景游憩绿地三类公共绿色空间，靶向评估公园质量。

2.体检原则："广度、深度、温度"三大维度

广度：广泛吸纳先进理念，高位引领。

深度：深入挖掘柳州特色，立足本土。

温度：温暖关怀人民需求，聚焦人本。

3.体检手段：四大方法

在开展公园体检工作中，通过在地调研实测、空间数据分析、软件模拟预测以及公众调研问卷四类科学评估手段，构建公园体检数据库，形成智慧网络平台，多方位、多角度、多层次支撑公园体检的真实性、全面性、高效性。

（二）做哪些体检

1.体检框架：四大目标、十大板块

以"公平可达　全民共享、园林载体　宜居乐活、城园一体　多元共生、市业统筹　绿色发展"四大目标对标公园城市：对"公园城市的公园应是什么样的？"进行破题，明确"开放、人本、赋能、增值"4个核心特征，分别对应公园系统与公园单体2个对象，明确"总量、格局、健康、景观、游憩、韧性、人文、风貌、产业、管控"10大板块，指引公园体检框架构建。

2.体检指标："2+3+3+2"指标体系

围绕10个板块，结合城市特色，指引指标遴选，确立"2+3+3+2"指标体系，即2大本底条件、3类基础服务、3类附加价值、2种运行状态，形成四大类、10种类、共计33项公园体检指标，全面支撑公园体检的广度与深度。

（1）2大资源本底条件——公园系统评估。评估内容包含绿地率、人均公园绿地面积、公园可达性等基础指标，整体测度体检区域的公园基底资源总量与分布格局状态，同时挖掘山水视廊完整度等个性指标，构建公园系统评估指标共计8项。

（2）3类对内基础服务——公园人本评估。评估内容包括公园生境质量指数、公园健康服务指数、公园景观美景度、公园游客体验满意度等8项指标，针对绿地对内基础服务，以人为中心，全面测度公园的健康水平、游憩供需、景观质量，强化绿色人本服务能力。

（3）3 类对外附加价值——公园赋能评估。评估内容包括公园生态系统服务价值、森林碳汇、喀斯特风貌质量、乡土植被景观质量、公园文化建设评价等共计 12 项指标，在韧性、风貌、人文层面体察公园赋能力，测度公园对外城市附加价值。

（4）2 种管理运行状态——公园增值评估。评估内容包括业态复合与产业协同、智慧管理平台完善度、节约型园林建设水平等共计 5 项指标，指引公园的产业更新发展并优化管控运营能力。

三、城市土地协会（ULI）《高品质公园的五大特征》

2021 年，城市土地协会（ULI）推出《高品质公园的五大特征》（Five characteristics of high-quality parks）报告，基于对美国各地公园专业人士的访谈，提出了一个评价框架。

所谓"高品质"公园，可能因社区和邻里而异，其定义非常主观，难以评测。此外，进入大型公园被视为某些社区的特权，而这本应是一项权利。因此，为不同规模、不同区位、不同背景的公园建立通用的评价体系，用以对其品质进行评价，以之为基础就城市公园开发、设计、翻新、维护和规划的决策提供信息，有助于把资金和人员直接投放于最需要的地方。

公园品质评价过程本身也是有效的沟通工具，可以向利益相关者和领导者说明当前的条件和需求，并为服务不足的社区进行投资提供依据和理由。公园品质评价的过程，是促进社区参与的机会，还是向居民展示他们的意见被听取并纳入方案的机会。这种广泛的参与意识有助于推动宣传，从而增加公园的融资渠道，并使得城市机构寻找更多私营和非营利部门的合作伙伴。

（一）高品质公园的 5 大特征

特征 1：高品质公园物质条件极佳。

关键评价问题①：公园是否得到妥善维护？

关键评价问题②：公园设施是否状态良好？

公园的状况包括日常维护方式及其所包含的设备和基础设施的状态，这是公园品质的基本组成部分。游乐场、步道、运动场、游泳池、自然区域和其他类型的空间都得到良好照护，提高公民安全感，鼓励社区管理，并增强公民信任度。

特征 2：高品质公园对于所有潜在使用者而言具有可达性。

关键评价问题①：是否不同年龄和能力的人都能进入并使用公园？

关键评价问题②：人们是否了解公园中的设施，他们在公园中做什么？

关键评价问题③：公园的使用是否免费或者可负担？

一个公园，无论设计和维护得多么好，如果潜在使用者无法进入、不了解或无法负担得起公园的设施的使用，那么公园就没有多大用处。鉴于此，公园专业人士愈发关注公园对社区所有成员的可达性，有待对公园的实体可达性、信息可达性和可负担性做出评价。

特征 3：高品质公园为使用者提供积极的体验。

关键评价问题①：公园是否提供多种多样的设施和活动？

关键评价问题②：是否社区所有成员都能从公园中感受到愉悦、自在和安全？

关键评价问题③：公园是否可供舒适地消磨时间？

使用者的体验可能是公园品质的最重要指标，但对其评价耗时耗力，且难以准确衡量。换个思路，了解人们如何看待在公园里度过的时间，以及他们如何看待公园整体，有助于捕捉不那么易于界定的公园品质要素。对用户体验产生影响的公园要素：可供使用的便利设施和开展的活动、安全性和舒适性。按民族、性别、年龄和能力细分数据可能会暴露出公园品质差异、提供服务方式的差异以及特定人群面临的挑战。

特征 4：高品质公园与所服务的社区紧密相关。

关键评价问题①：公园的设计和活动安排是否反映出社区成员的文化和旨趣？

关键评价问题②：附近社区是否活跃而主动地使用公园？

关键评价问题③：使用者的人口统计是否与社区人口构成一致？

关键评价问题④：社区组织是否参与到公园的决策和运行之中？

高品质公园的背后，都需要对其所在社区具有意义和吸引力，以满足当前和未来使用者的需求。一个高品质的公园应当由它所服务的社区创建，并且应当是为它所服务的社区而创建的，这种关系在公园的设计、运营、规划和许可中应当一览无余地体现。社区成员应当能见证他们的旨趣和身份反映在公园空间本身、举办的活动以及公园管理方式之上，他们发出的声音也应该能够影响公园的决策。

特征 5：高品质公园具有弹性，可对不断变化的环境做出调适。

关键评价问题①：公园是否可适合于多种用途？

关键评价问题②：公园功能是否适应不断变化的环境？

关键评价问题③：公园能否增强环境的可持续性和韧性？

就公园而言，足够灵活以适应各种用途和活动，并为具有不同兴趣和能力的人提供服务，向来都很重要。今时今日，弹性和适应性成为衡量公园品质更加重要的指标。公园设计需要适应崭新的休闲趋势、人口变化、自然灾害和气候变化、公共卫生危机、社区发展、经济冲击和其他可能出现的意外。对公园所支持用途的多样性以及公园物理特征的灵活性进行评价，可以获知公园对不断变化的环境的适应性。

（二）如何获得数据

着手开展公园品质评价，行动步骤包括：因地制宜确定拟评价的公园或公园系统"高品质"的含义；对社区参与加以计划；收集数据；理解评价的尺度和适用性；确定如何处理评估结果。公园品质的广泛差异，意味着必须把"公平"置于公园品质评价的核心。

美国诸多城市已通过"10 分钟步行运动"（10 minute walk movement）设定了目标——让所有居民都居住在高品质公园或绿地 10 分钟步行距离以内。公共土地信托基金会（Trust for Public Land，成立于 1972 年的一家全球组织）通过 Park Serve，包含 14 000 个市、镇和社区公园的数据，对每个公园 10 分钟步行服务区域进行分析，识别出进入公园的物理障碍，并提供相关综合数据和 Park Score 评价工具，衡量美国人口最多的 100 个城市满足居民对公园需求的程度，评估公园投资、面积、便利设施和可达性，并对 100 个城市进行排名。此外，也可使用包含相关指标的城市地理信息系统（GIS）数据库，或通过现场评估和社区参与收集更多的定量和定性数据。评估者还应有意识地寻求公园使用者和非使用者的观点，获知他们如何评估场地条件、如何使用公园及其希望看到的变化。

城镇化发展已从增量建设转向存量更新阶段，如何在存量更新的大背景下实现城市绿色空间的高质量发展，是城市建设从"粗放式发展"进入"精细化运营"时代必须探索的方向。

对于公园体检，不同团队给出了不同的评价体系和标准，五好园林同样是值得探索的方向之一，生态园林与文化融合、与旅游融合、与科技融合是新的方向，评价标准更应具有时代性和导向性。限于研究深度和时间，五好园林评价体系暂未构建完成，对于各要素的技术要点仍需要进一步总结。

参考文献

[1] 钟践平. 好房子　新赛道 [EB/OL]. （2023-12-23）[2024—5—6]. https://www. mohurdic. org. cn/xw/jsyw/art/2023/art_8a42b3bb6c2d499d89ddb8126ac6e2d3. html.

[2] 王小永，王春保，汪忠，等. 从"不可能三角"到"三好建筑"：中建方程低碳健康品质住宅体系研究 [J]. 住宅与房地产，2023（17）：20-24.

[3] 中国城市规划设计研究院城市公园评估研究团队. 2023 年中国主要城市公园周边活力评估报告 [J]. 城乡建设，2024（3）：60-67.

[4] 李雄. 公园体检：助力城市公园系统更新 [EB/OL]. （2021-07-06）[2024—5—6]. http://sola. bjfu. edu. cn/cn/information/voice/378312. html

[5] 相欣奕. 如何评价高品质的公园 [EB/OL]. （2021-07-19）[2024—5—6]. https://www. the paper. cn/newsDetail_forward_13641482.

第四章 好看园林的技术要点

好看体现五好园林的观赏性。园林，既是生活空间、生态空间，更是艺术空间，优秀的园林作品必须把自然美、生活美和艺术美三者高度统一，具有极强的审美价值。观赏性要素主要为色彩搭配、空间营造和实体物构造。

中国古典园林蕴含并展示出了独具特色、博大精深的古典美学价值，是现代风景园林发展与创新的基础。"文人造园"的特点决定了中国古典园林必然将人造景观与自然风光完美地结合，集各类古典建筑、绘画、文学、书法、观赏植物和哲学思想于一体。中国传统园林凝缩并全面展示了中国先人的哲学智慧与美学特征，具有含蓄美、整体美和意境美的典型特征。中国园林布局讲究含蓄和变化，反对僵直和单调，其中景物大都藏而不露，隐而不现。若隐若现的园内景观反映了一种含蓄美。这种含蓄美以"异质同构"的方式大量存在于文学作品中，如"诗之至处，妙在含蓄无垠，思致微妙，其寄托在可言不可言之间，其指归在可解不可解之会"，如同含蓄的文字表达一样，传统园林的蕴藉美可以引起人们丰富的联想，满足不同人的审美需求。

正如亚里士多德所说："艺术作品就是将原本分散的元素合成为一个统一的整体"，中国传统园林是一个整体的审美系统，植物、亭廊、水系、假山等元素完美组合成一个完整、和谐、意境深远的艺术空间。中国传统园林既讲究整体美又避免细节景观的雷同，不同的美学元素既独立，又相互关联、相为衬托。皇家园林因占地面积较大，设计者在园林整体意境的基础上，可根据不同地貌特征进行局部景观设计，如垂柳碧波的湖水区、峰峦叠嶂的丘岳区等。面积较小的私家宅园虽受布局空间所限，但"同样能呈现特点各异的意境"。正如梁思成先生所说："大抵南中园林，地不拘大小，室不拘方向，墙院分割，廊庑分割或曲或偏，随宜施设，无固定程式。"因此中国传统园林的意境空间美学"可以拆开单独欣赏，又可统一成整体画面，独立各异而不分裂，和谐统一而不雷同板滞"。

中国传统园林的整体美不仅源于局部景观的互相衬托，也是人与自然的完美融合，是"天人合一"哲学思想的体现。中国古典园林追求在自然中造园，致力于人为景观与自然景观的完美融合，通过"借景"增强整体园林的艺术效果。"中国传统园林是表现自然，赞美自然，是自然美景的艺术再现。"那么传统园林如何将人工设计的局部景观和当地的自然环境之间保持和谐、相互融合呢？

山石与水体如同园林中的骨架与灵魂，传统园林设计者赋予人工堆砌的景石新的内涵，即山石"是非常强大的意象，甚至不仅仅是道的符号，而且因为它们也是存在着的，随着光阴而磨损消耗的部分，它们实际上也是道的一部分。"道家认为"上善若水"，水的"柔"和"活"增添了园林景观的灵性，将不同局部景观与自然环境紧密融合在一起。静态山石的"刚"与灵活水体的"柔"对立统一，互相衬托，呈现出中国古典园林凸显的和谐美。

中国古典园林的功能主要分为实用和精神需求。园林的基本功能是供人憩息与观览景物，在美好的空间中放松身心，享受生活。中国传统园林"文人造园"的特点决定了中国古代文人必将推崇的诗情画意物化到园林设计之中，追求"景无情不发，情无景不生"的意境美。园林中的细节处处能体现这种寄情于物的情怀与意境，如花木、水体、景石或局部空间等；如若人在其中或吟诗作画或琴棋雅会则更添意境。中国古典园林构建的"小世界"将俗世的烦恼隔绝开，使人在理想的环境中放松身心，超然脱俗，反映了中国古代知识分子的审美意愿和对理想境界的向往，同时也反映出其"避世"的哲学思想。

第一节　色彩搭配

一、色彩概述

（一）园林中色彩的类型

色彩是物体对光线的反射、吸收和与环境共同作用的结果，是人的视网膜所感知的色觉，不同的色彩能给人带来不同的视觉效果。人的众多感觉中最重要的就是视觉，人的眼睛是人最精密的感觉器官，而对视觉影响最大的就是色彩。园林中的色彩一般分为以下几类。

1. 自然色

在园林绿地中自然物质所表现出来的颜色就是自然色，如我们看到的天空、植物、水体等。我们本身生活在自然之中，对于自然的颜色有一种天然亲近感。

自然色在人们眼中是一种非常舒服的颜色，比如，绿色是基本的自然色，映示着生命力的旺盛。研究表明，绿色对人类眼睛来说是一种保护色，人们看到绿色的东西自然而然地产生一种舒服的感觉。但是自然色并不是一成不变的，会随着时间的流逝、季节的更迭而产生变化，我们无法对这些颜色进行控制，只能对可以控制的色彩因素进行设计，用可控色彩来迎合自然色。

2. 半自然色

半自然色是指有人工参与加工的但是不改变原有自然物质性质的颜色，在园林中大多是以石材、木材、金属等形式呈现。虽然经过了人工加工、打磨，但仍呈现其自身本来的外观色彩。在园林设计中，它的属性与自然色相差无几，与自然色搭配更协调。

3. 人工色

人工色是指人为制造渲染出来的颜色，在园林中我们能够看见各式各样的色彩斑斓的铺装材料、涂料等。人工色的色彩种类非常多，为设计提供更多样的选择。

（二）园林中色彩的表现形式

园林中有各种各样的色彩，每种色彩都有其独特的表现形式，主要包括以下几种情况。

1. 冷暖色

人们对色彩的感受一方面是基于生理层面,这受到人眼的视觉注意机制和生理构造的影响。通常情况下,人们把色彩分为暖色系和冷色系,暖色系给人的感觉更加温馨祥和,而冷色系在园林中应用更多,与白色搭配时有明朗、降温的感觉。在色彩设计中要处理好色彩的对比与调和之间的关系。如冷暖色调的组合、暖色调间的组合、冷色调间的组合以及邻近色调的组合等,使得各种色彩能够在园林景观的整体设计中有机地融为一体,既不单调也不突兀,使人感到优美自然而不是杂乱无章法。

2. 中性色

中性色主要是基于冷色与暖色之间的一种颜色,又称为无彩色系,指由黑色、白色及由黑白调和的各种深浅不同的灰色系列,一般园林建筑中的围墙、雕塑、护栏等比较常用。中性色与其他颜色调和起来,主要是起到了色彩过渡的作用。在园林中当所用色彩比较强烈时,可以用中性色将其调和,通过对各个色域的勾勒,最后达到一种相互关联又相互隔离的感觉。

3. 颜色关系

同类色:指色环中相距 45° 或相隔两三个数位的两种颜色。

对比色:指色相环中相隔 120° 至 150° 的任何颜色。

邻近色:指色环中相隔 90° 或相隔五六个数位的两种颜色。

互补色:指在色相环中相隔 180° 的颜色。例如红与绿、蓝与橙、黄与紫互为补色。这些颜色关系在视觉艺术和设计中有着不同的应用,可以帮助人们创造出丰富多样的色彩效果和视觉感受。

二、色彩搭配的基本原则

(一)强化色彩主题性

色彩不仅是美学上的考虑,更是表达设计意图的重要手段。色彩可以唤起人们的情感反应,影响人们的心理感受,因而在设计中应充分考虑色彩的运用。

强化色彩主题，可以使整个园林景观更加统一、协调。例如，在纪念性的园林中，通常会采用沉稳、庄重的色调，以营造出肃穆、庄重的氛围；而在儿童游乐场中，则可以采用鲜艳、明快的色调，营造出欢快、活泼的氛围。合理的色彩搭配还可以引导游览者的视线，使人们在游览过程中能够更好地理解设计者的意图。例如，通过色彩的渐变或对比，引导人们的视线从一个空间过渡到另一个空间，强化空间感。合理的色彩搭配和运用，可以营造出特定的氛围或表达某种主题思想，使整个园林景观更加生动、有趣。

（二）注重色彩的和谐与对比

在色彩搭配中，和谐与对比既相互依存又相互对立。和谐的颜色搭配能给人带来宁静、舒适的感觉，仿佛置身于一幅和谐的画卷之中。例如，在一片绿色的草坪上放置一把蓝色的长椅，这种自然的色彩搭配会使人感到心旷神怡，仿佛与大自然融为一体。而对比的色彩搭配则能产生强烈的视觉冲击力，使人们的目光无法移开。例如，在一片暗色的背景下，一抹明亮的颜色会显得格外引人注目。这种鲜明的对比可以使设计更加生动、有趣，给人留下深刻印象。

在园林景观设计中，应根据不同的需求和环境特点，合理运用和谐与对比的色彩搭配原则。例如，在安静、平和的园林中，应注重和谐的颜色搭配；而在热闹、活泼的园林中，则可以运用对比的色彩搭配来增强视觉冲击力。和谐与对比是色彩搭配中的两个关键要素。在园林景观设计中，合理运用这两种原则可以使整个设计更加生动、有趣，更好地满足人们的需求。

（三）强调色彩动态变化

园林景观的色彩之美并非是一成不变的，而是随着时间的流转呈现出不同的魅力。春季，万物复苏，嫩绿的枝叶与五彩斑斓的花朵共同编织出一幅生机勃勃的画卷。到了夏季，浓郁的绿荫为人们带来凉爽，而各种花卉也进入了盛放期，为园林增添了丰富的色彩。随着秋季的到来，树叶逐渐变色，金黄色、红褐色交织在一起，形成了一道独特的风景线。此时，果实也挂满了枝头，为园林增添了丰收的喜悦。而冬季则是另一种静谧的美，皑皑白雪覆盖着大地，晶莹剔透的冰挂也为园林带来了别样的景致。为了增强景观的动态美，设计师应充分考虑植物的生长周期和季节性变化。例如，在春季可种植各类花卉，夏季则选择绿荫浓郁的树木，秋季可让树叶变色，冬季则可利用常绿植物来保持园林的绿色。同时，巧妙运用灯光、水体等元素，营造色彩的动态效果。四季交替，园林的色彩也如梦如幻般流转。只有将色彩与时间、季节相结合，才能创造出真正意义上的动态美、和谐美。

通过色彩的合理布局以及造型能力，将园林景观的各个元素如地面、水面、驳岸、植物、花卉、小品、建筑物等，在视觉上形成色彩对比与调和的优化效果，塑造出色彩风格各不相同的园林空间结构，巧妙地美化建筑物与植物等各元素之间的色彩关系，同时也能满足人们移步换景的视觉要求。

如果色彩过于单调或对比过强，可以加入其他颜色，使色彩趋向丰富和柔和，如加入白色、灰色、黑色等；如果需要加入彩色以突出主题时，应选择色相接近但能通过明度或对比度加以区分的色彩，或是明度、对比度接近但能通过色相区分的色彩，使色彩组合更加丰富完善，并构成独特的颜色层次感，给人视觉上带来自然协调的美感，以满足人们视觉平衡与整体和谐的要求，真正实现色彩的装饰美化作用。营造氛围作用时把握好冷暖色系的合理运用。

园林景观的氛围是可以通过色彩来营造的，不同色彩的选择可以在最大限度上奠定所要表现的园林景观的基本格调和氛围。如彩色系中的暖色系即红、黄、橙3色以及这3色的邻近色，往往表现出温馨、喜庆、热烈、欢乐的氛围，适合在一些庆典场面如广场花坛、会场主入口、大楼门厅等处的景观设计中使用，以烘托节日或庆典的欢快气氛；而冷色系即蓝、紫色及其邻近色，主要表现理性、谨慎、庄严的氛围，适合用在一些纪念堂馆建筑或纪念仪式上。而冷暖色系通过合理运用，可以营造令人愉悦的氛围。如公园以绿色为主要色彩，绿色作为冷色调，给人一种安静、平和的感觉，如果选择一些有对比的暖色调材料进行铺装映衬，可以使人产生喜悦、温暖的情绪，从而营造轻松愉悦、放松心情的氛围。再如无彩色系中的白、灰、黑色也属于冷色系，白色有圣洁、干净、单纯的特征，能营造出超凡脱俗、圣洁浪漫的气氛；灰色有冷峻、萧条的特征，能营造出冰冷、严肃、缺乏生机的气氛；黑色有深沉、神秘的特征，能营造出庄重、压抑、悲凉的气氛。

园林景观设计中从植物花卉的外形颜色来看，有红、黄、蓝、绿、青、紫等各种色彩，可利用构成知识与色彩搭配原理，通过种植不同颜色搭配的植物，形成不同季节、不同景色交替的趣味性氛围，营造春、夏、秋、冬四季花常在的勃勃生机的景象。

三、色彩规划的主要方法

（一）总体色彩分区

20世纪70年代，法国色彩学家让—菲利普—朗科罗在法国开展了多项色彩设计活动，旨在丰富城市的色彩景观，提升城市生活品质，形成一套完整有效的色彩研究方法。朗科罗的工作成果主要表现在地方性色谱的采集、归纳和提取，他认为，一个城市或地区的建筑色彩会因其地理位置的不同而大相径庭，其中既包括了自然地理因素的影响，也包括了地域文化的作用，即建筑色彩的产生，是由自然和人文两个关键因素所决定的。

根据各个分区的文化主题和功能特点，首先确定各区主题单色，再逐步构建与完善各区域的色彩系列，由主题色、辅助色、互补色和基础色4个部分构成。邹一桂在《小山画谱》中指出："五彩彰施，必有主色；以一色为主，而他色附之。"主题色作为高辨识度的颜色，体现场地代表性；辅助色为主题色的同色系渐变色，对主题色起到过渡的作用，令其具有序列的延伸性视觉效果，并具有生动活泼的层次感；此外，依据宋代山水画家对互补色的理解，形成互补的跳色可体现中国传统色特有的魅力，基础色为主题色的缓冲对比色，让色彩趋于平衡。

确定各区的色彩规划指引和色彩比例控制之后，再从建筑小品、道路铺装、园林植物、夜色灯光等四大要素进行色彩应用。如儿童活动区大多选择鲜明、欢快的颜色，尤其偏爱知觉度较高、兴奋感较强的色彩。研究发现不同色彩对儿童的智力发育也会产生影响。在淡蓝、黄、黄绿和橙色的环境中接受测试时，儿童智商提高很快，而在白、黑和棕色的环境中接受测试时，儿童的智商迅速下降。儿童活动区的色彩规划要考虑自然野趣和互动性两大特点，一般确定基调色为暖色调，通过植物色彩的控制，营造生机勃勃的自然背景；主题色为暖色调，对环境友好、柔和协调并且灵动跳跃，作为控制场地铺装的主色调；辅助色为淡黄、紫色等明度相对较高、中性偏暖，结合砂石、木头的自然色彩，作为设施的主要色彩，突出自然野趣的风格；满足儿童的趣味性和色感偏好，避免太多饱和度过高的色彩带来过于人工化的感觉。

（二）植物材料色彩搭配

植物色彩是最能被人感受到的因素，具有第一视觉特性。从材料构成比例来看，植物是园林中占比最高的组成部分。植物设计经常运用色叶植物和彩色花卉，营造出色彩斑斓的效果，并根据时间的不同，突出植物季相的变化，增加季节变换的意境。

（1）观叶植物的色彩设计。观叶植物是园林中的重要元素，以其独特的叶色和形状为园林增添了丰富的色彩和视觉效果。黄金葛、常春藤等绿色植物，在四季中展现出不同的色彩和形态，给人带来清新、宁静的感觉。在设计中，充分考虑观叶植物的叶色、叶形以及它们在四季中的变化，以创造出层次丰富、变化多样的园林景观。

大自然中植物种类繁多，不同的生长阶段，植物的叶片、花朵、果实和枝条所呈现的色彩美感也随之变化。植物之美在于其叶色，四季更替，其色度呈现出深浅不一的差异，色调也呈现出明暗、偏色等多种变化。例如，垂柳初发时从黄绿色到浅绿色，夏、秋两季则以冠大荫密的绿色为主要特征。乌桕、银杏树种春天的叶子呈绿色，秋天的银杏叶呈金黄色，乌桕的叶子呈红色。春季，鸡爪槭的叶片由绿转红，秋季则由红转绿。

（2）花卉的色彩设计。花卉是园林中的另一大亮点，以其鲜艳的色彩和丰富的种类赋予了园林无尽活力。从春天的樱花盛开，到夏天的向日葵绽放，再到秋天的菊花盛放，花卉的色彩变化为环境增添了浓厚的季节韵味。巧妙地搭配不同花卉的颜色和花期，可以实现四季皆宜、繁花似锦的景观效果。无论是瑰丽的牡丹、清雅的兰花，还是朴素的雏菊、芳香的桂花，每种花卉都有其独特的魅力，为园林带来独特的风景线。在设计中，灵活运用各种花卉的特色，可以使园林更加丰富多样、美观实用，为人们带来愉悦的视觉享受和舒适的休闲空间。

（三）硬质材料的色彩搭配

（1）道路铺装材料的色彩应用。道路铺装色彩是极为重要的视觉元素。色彩的选择应呼应片区色彩分区的主题，同时与周围建筑及植物色彩相得益彰，形成整体的色彩和谐。如果道路铺装大量浅色材料，地面就会反射更多的阳光，让游客感觉刺眼，所以慢行道的色彩要控制色相、明度和艳度，都在一个较小的范围中变化，以呈现统一、细腻、厚重、稳定的色彩情绪，采取大统一、小变化的设计原则。在色彩规划的分区指引下，确定一级园路慢行道、二级园路、三级园路，以及作为三级园路补充的特色路的材质。慢行系统的常见铺装材料有石材、木材、混凝土、地砖、洗米石、砾石、塑胶等材料，其中，洗米石、塑胶、混凝土可以通过人工调色形成较为丰富的色彩。三级园路之间色彩相互呼应，可以做适当的变化，并选取多样化的路面材质丰富景观效果，最终形成各个区域鲜明的视觉特征。

（2）建筑、小品材料的色彩应用。建筑小品材料包括建筑、亭廊、假山、雕塑等主要构成要素，相对于园林植物，建筑色彩更要遵从人文性色彩原则。如古典建筑，其色彩应借鉴遵循中国传统建筑色。根据不同朝代，采用黄色、红色、棕色、青灰色等传统色装饰建筑立面；而西式建筑色彩则多采用自然色彩以及现代色彩材料，营造生态感及时代感。多样化的建筑外立面材料，如外墙砖、乳胶漆、真石漆、金属、彩色水泥、马赛克等，给建筑外立面色彩设计提供了更广阔的使用空间。景观雕塑作为园林中的核心元素，其色彩设计对于整体氛围的营造起着至关重要的作用。雕塑的色彩不仅关乎其主题的表达，也与其材质和周围环境紧密相连。例如，金属雕塑因其坚硬、冷峻的质感，常常采用暖色调来增强视觉冲击力，给人以温馨、舒适的感受。而石雕则因其自然、古朴的特性，更适合采用冷色调，以突出其清雅、高洁的魅力。当然，雕塑的色彩还必须与周围的环境相得益彰，避免突兀或单调。一个成功的雕塑色彩设计，能够让雕塑与园林融为一体，共同营造出和谐、完美的艺术境界。

（四）夜景灯光的色彩应用

灯光为主要的色彩呈现方式，也是人工色彩应用最为灵活的要素之一。灯光可使得植物的色彩达到最好的呈现效果，提升整体美感。且灯光可与静态景观、动态景观等相协调。若为动态景观，一般使用黄色光或紫色光；若为静态景观如绿色植物等，则常使用蓝色光和绿色光。此外，在灯光色彩应用过程中，还要关注水体色彩，最常用的水体为喷泉，可在夜间打造色彩绚丽的喷泉景观，通过不同色彩的明暗、冷暖变化，体现水体景观的层次感，同时可借助音乐律动等变换灯光色彩，进一步增强色彩的渲染力。灯光通常作为一种环境的烘托，不宜干扰建筑和园林的风格特色。如中国传统木制古建的夜景照明，则适合淡黄色、淡橙色、红色等暖色调，呼应其古香古色的风格特点。

　　一般而言，夜景灯光的色彩组合以白色、淡黄色等较为素雅的纯色为主，能让人们感到持久的舒适感，缓缓淌过心灵的诗意的灯光充满暖意，能长久安抚人的心灵，而炫彩的光，对眼球的刺激，带来的震撼只是一时的。照射树木时，比较受欢迎的灯光颜色是用适宜的白光和浅黄色光，其次是绿色光。白色是最接近太阳光的颜色，所以白色光照射树木不失自然。在进行树木的照明设计时应考虑游人的心理感受，合理进行灯光色彩的组合，使整个景区的灯光体系错落有致。

第二节　空间营造

空间不仅是一个有形的、物质的场地概念，同时也是一个无形的、抽象的场所概念。空间既是哲学的概念，也是美学的范畴，既是高度的抽象，又是具体的存在。世界万物从宏观的天体到微观的沙尘，无不存在于空间之中。

中国传统园林以其处理空间的手法而闻名，强调"虚实相生""回环曲折""步移景异"的空间体验，对空间层次、空间组织、视觉感知、动线体验、空间趣味等多方面均有深入研究。

空间整体的疏密和层次关系，与空间之间的分隔、穿插、连接情况有关，影响了人对空间流动性的感知；空间之间的方向变化，直接关系到游园过程中人能体验到的"迂回感"，反映了动线的空间节奏以及"回环曲折"的游园体验；园林中视野的开阔性和视线"对景"情况，解释了园林空间给人营造视觉体验的空间机制；园林空间中动线的整体组织和到达不同空间的难易程度，关系到人在园林中行进的动态感知、空间的设计引导与体验顺序；古典园林中空间收放、藏露手法的转换，与园林中"可达"和"可视"的空间错位相关，体现了"忽隐忽现""含蓄不尽"的空间感知。

童寯在《江南园林志》中从"疏密得宜、曲折尽致、眼前有景"3种不同角度总结古典园林的空间意趣；陈从周在《说园》中围绕中国古典园林的独特风格展开研究，从动静体验、曲直营造等方面对空间特征进行讨论。而后，对中国古典园林的研究逐步走向更加系统和全面的空间特征分析，如刘敦桢在《苏州古典园林》中讨论了园林空间的营造手法，从"对比与衬托""对景与借景""深度与层次"等多方面入手，分析了园林的空间层次、变换布局和视线动线组织；彭一刚在《中国古典园林分析》中系统分析了古典园林的空间特点，全面探讨了渗透层次、曲折对比、视觉感知、路径引导、藏露虚实等主题。

一、空间概述

（一）园林景观空间的构建要素

园林景观空间是人与外界环境交流的媒介，正是构成空间的各要素使得园林景观变成了可观、可听、可感的一个系统。在相互交流的过程中，不仅是作为客体的各个要素在发挥作用，人的游览更赋予了空间感情与色彩。同时由于时间、光影这些灰色要素，也就是模糊要素，更使空间具有了多维的效果。只有先了解了园林景观空间的实质，才能深入地体会尺度在其间的设计手法与规律。通过总结，园林景观空间的构成要素主要有三方面：静态要素、动态要素和模糊要素。

（1）静态要素，也就是构成空间的实体要素，是空间中确实存在的物体，作为空间的实体部分，它是构成园林景观的主要载体，也是限定、分割、组织空间的必要条件。

（2）动态要素，人是园林空间中最活跃的因素，"景观因人成胜"，"景观"是用来"观景"的。景观是作为主体的人与作为客体的环境互动而形成的被感知到的视觉形态物以及相互之间的关系。各种尺度秩序的创造归根结底是为了吸引人的参与，促进彼此的交流与对话。

在园林设计中，人的观赏方式有静观与动观。在静观与动观中，空间的尺度感是不一样的，同时也是变化着的。以人的感官，特别是视觉作为安排景观节点的依据，有利于形成戏剧性的景观序列，使空间依据"开始—发展—高潮—尾声"的故事情节展开。

（3）模糊要素，涵盖空间、时间、光影。一般广义上的空间，是长、宽、高的三维，而在园林景观这样一个多义的空间中，其空间体系实质上是描述人与空间的一种有机关系，是一个有光和时间参量的立体空间的五维空间体系。

（二）园林景观空间的分类

园林空间的概念涵盖了多个方面，包括空间的围合度、尺度、氛围等。从围合度上看，园林空间可以是开放的、封闭的、半开放的，也可以是线性的、点状的、面状的。不同的形态会给人不同的感受和体验。例如，开放的空间会给人自由、开阔的感觉，而封闭的空间则会给人安全感和私密感。

从尺度上看，园林空间可以是微观的、中观的、宏观的。微观的园林空间如花园、庭院等，尺度较小，给人亲近、温馨的感觉；中观的园林空间如城市公园、广场等，尺度适中，给人舒适、宜人的感觉；宏观的园林空间如自然保护区、国家公园等，尺度较大，给人宏大、壮观的感觉。

从氛围上看，园林空间可以是宁静的、活泼的、神秘的、浪漫的，也可以是积极的、消极的。不同的氛围会给人不同的情绪和感受，例如，宁静的园林空间会让人感到放松和平静，而活泼的园林空间会让人感到兴奋和愉悦。

1. 园林空间按照围合度划分

芦原义信在《外部空间设计》中就曾提出，通过建筑高度（H）与相邻建筑间的间距（D），来分析空间尺度感受。即

D/H<1 时，产生紧迫之感；

D/H>1 时，产生远离之感；

D/H=1 时，产生匀称之感；

在场地设计中，D/H=1,2,3 为最广泛应用的数值。

D/H=1：当处于 45° 仰角时，是观赏任何建筑细部的最佳位置，相当于视点距离建筑物等高的位置。

D/H=2：当处于 27° 仰角时，视点距建筑物有建筑物 2 倍的距离，这时既能观察到建筑的细部，又能感觉到对象的整体性，进则观察细部，退则观察整体，乃观察建筑的最佳观察点。

D/H=3：当处于 18° 仰角时，视距相当于建筑物高度的 3 倍，能十分清楚地感觉到以周围建筑为背景的主体对象。

D/H ≥ 4：两界面间相互间的影响已经薄弱了，没有围合之感。

根据空间的开敞或围合程度，园林空间可分为开敞空间、围合空间、半开敞半围合空间。从空间的开放或私密程度来看，园林空间可分为开放空间、私密空间、半开放半私密空间。

（1）开敞空间。在开敞空间内，人可以较自由地活动，人的视线可以较自由地延展到远处，空间基本上是敞开的，不被周边的物体所遮挡。若是出现被外

围物体所遮挡这种情况，空间的宽度或长度达到外围物体高度的 3 倍以上。这种空间往往给人开阔明朗的感觉，人们往往喜欢在这类空间中进行聚会、集散、表演、交谈、健身等活动。

（2）围合空间。这类空间指四周被围合，顶部开敞的空间。这类空间有两大特征：一方面，内部人的视线被周围物体遮挡，视线不易分散，容易安定情绪；另一方面，外部视线不易进入，人的行为不易受到干扰。

（3）半开敞半围合空间。这类空间的特征介于开敞空间和围合空间之间，表现为某些方位是开敞的，某些方位又是围合的。从行为心理学角度来看，这类空间由于有一定的围护，能够满足人的庇护的需求；同时由于某些方位是开敞的，因而又能满足瞭望的需求，所以也很受人青睐。

2.园林空间按照尺度划为

"百尺为形"中，形指近观的、小的、个体性的、局部性的、细节性的空间构成及其视觉感受，"百尺"折算公制为 23~35 米，与现代理论中看清人的面目表情和细节动作作为标准的近观视距限制相符合。

"千尺为势"中，势指远观的、大的、群体性的、总体性的、轮廓性的空间构成及其视觉感受效果。"千尺"折算公制为 230~350 米，是一个远观视距值，这一距离与人一般能心情愉快地步行距离 300 米相合宜，且在此视距范围，人可以对物体的形体轮廓有清楚的观察。

外部空间采用内部空间尺寸的 8~10 倍，称为"十分之一理论"。其依据是在室内空间中，两个人隔桌相互对坐时，形成亲密、宁静感受的尺度 2.7 米，引用到室外空间，将其扩大 8~10 倍，即 21.6~27.0 米。这个尺度使人相互之间能够看清面部，形成舒适、亲密的外部空间。相同的规律，在室内构成社交感受的尺度为 72 米 ×18 米，扩大 8~10 倍，为 57.6 米 ×144 米。应用到外部空间，可作为外部空间中宜于社交活动的尺度参考。

同时外部空间可采用一行程为 20~25 米的模数，称为"外部模数理论"。在外部空间的亲身参与可以得出一个规律，即每隔 25 米左右，或是有节奏地重复，或是有材质的变化，或者在空间构成上有变化。这种有规律的节奏，使尺度再大的空间也不会显得单调和乏味。这一规律变化的模数不能太大，也不能太小。一般看来，以能看清人脸的尺度为模数，即 20~25 米比较适宜。

依据人眼睛的视觉特点，在视距方面：

（1）1~3 米，是人与人亲密交谈的尺度范围，这个尺度下，交流者能体验到有意义的人际交往。在以这种尺度划分的小空间中，人对领域的控制感强，并满足了私密的心理要求。

（2）25~30 米，是微观尺度，观赏者感觉比较亲切。此尺度范围可看清景观空间的细部，同时也是看清人面部表情的距离。因此这个距离使人与空间的交流，人与人的交流成为可能。

（3）70~100 米，是中等尺度，产生开阔的感觉。可较有把握地确认一个物体的结构和形象，人在此空间范围内适宜社会性的交往，也是满足正常的人与人交流的尺度极限。景观可以此作为组织空间节点的最佳尺度。

（4）超过 110 米之后有广阔的感觉，形成景观场所感；250~270 米，可看清物体的轮廓；超过 390 米就可以创造深远、宏大感；在 500~1 000 米的距离之内，人们根据光照、色彩、运动、背景等因素，可以看见和分辨出物体的大概轮廓；超过 1 200 米，就不能分辨出人体了，对物体仅保留一定的轮廓线。

在视域方面，垂直方向约为 130°，水平方向约为 160°。视域超过 60° 时，所见景物便模糊不清，在 30° 内所见景物则较清楚。观赏建筑的最短距离应等于建筑物的宽度，即相应的最佳视区是 54° 左右，凝视点视角则要在 1° 左右。在正常情况下，不转动头部，而能看清景物的经验视域值为：大型景物的合适视距约为景物高度的 3.3 倍，小型景物约为 3 倍，合适视距约为景物宽度的 1.2 倍。如景物高度大于宽度时则按宽度、高度的数值进行综合考虑。一般平视静观的情况下，水平视角不超过 45°，垂直视角不超过 30°，则有较好的观赏效果。

3. 园林空间按照氛围划分

从边界的明确度强弱来看，园林空间可分为积极空间、消极空间、半积极半消极空间。

（1）积极空间。这类空间是指边界明确，根据特定目的，能够满足特定功能的空间，这类空间的针对性、计划性强，它首先需要确定外围边界，然后在边界以内去整理空间秩序。因而这类空间具有较强的收敛性、向心性，是一种积极空间。

（2）消极空间。这类空间是指边界含糊，自然产生的，计划性弱或无计划性的空间，这类空间由于没有明确的外围边界，因而这类空间具有较强的扩散性、离心性，是一种消极空间。

（3）半积极半消极空间（灰空间）。这类空间的特征介于积极空间和消极空间之间，也可以说是两者之间的过渡空间，它一方面导向收敛性的、向心的积极空间，另一方面又导向扩散性的、离心的消极空间。

总之，园林空间是一个多维度的概念，它不仅是物质空间的表现，也是人们精神和文化的寄托。在设计和营造园林空间时，需要考虑到形态、尺度、功能、氛围等多个方面，以创造出符合人们需求和期望的美好环境。

二、空间营造的基本原则

（一）单个空间要均衡

均衡是指在两个或两个以上不同的单元形成一种内在张力的作用下，能够使视觉达到某种平衡的构图形式。均衡在物理学上是各种力量处于相互平衡的状态，但在空间艺术的均衡现象中，均衡则更多地表现为心理体验。

均衡在园林中是指部分与部分或整体之间所取得的视觉上的平衡，有对称均衡和不对称均衡，不对称均衡还有一种更具魅力的动态均衡形式。对称均衡是相对简单、静态的，不对称均衡随构成因素增多而显得生动、活泼。不对称构图可以使园林显得多样化和无限生动，使单纯变得复杂，或是产生空白的构图而耐人寻味等，这就是均衡的结果。

（1）对称均衡。对称均衡的特点是一定有一条轴线，且景物在轴线的两边做对称布置。如果布置的景物从形象、色彩、质地以及分量上完全相同，如同镜面反应一般，称为绝对对称。如果布置的景物在总体上是一致的，而在某些局部却存在着差异，则称为拟对称。最典型的例子如寺院门口的一对石狮子，乍看是一致的,细看却有雌雄之别。凡是由对称布置所产生的均衡就称为对称均衡。对称均衡在人们心理上产生理性、严谨和稳定感。在园林景观构图上这种对称布置的手法是用来陪衬主题的,如果处理恰当,会使主题突出、井然有序。如法国凡尔赛公园那样,显示出由对称布置所产生的非凡的美,成为千古佳作。但如果不分场合,不顾功能要求,一味追求对称性,有时反而流于平庸和呆板。

英国著名艺术家荷加兹说:"整齐、一致或对称,只有在它们能用来表示适宜性时,才能取悦于人。"如果没有对称功能要求与工程条件的,就不要强求对称,以免造成削足适履之弊。

(2)不对称均衡。自然界中除了日、月、人和动物外,绝大多数的景物是以不对称均衡存在的。尤其我国传统园林景观都是模山范水,景观都以不对称均衡的状态存在。在景物不对称的情况下取得均衡,其原理与力学上的杠杆平衡原理有相似之处。一个小小的秤砣可以与一个重量比它大得多的物体取得平衡,这个平衡中心就是支点。调节秤砣与支点的距离可以取得与物体重量的平衡。所以说在园林景观布局上,重量感大的物体离均衡中心近,重量感小的物体离均衡中心远,二者因而取得均衡。中国园林景观中假山的堆叠、树桩盆景和山石盆景的景物布面等也都是不对称均衡。

在园林景观构图中,要综合衡量各构成要素的虚实、色彩、质感、疏密、线条等给人产生的体量感觉,切勿单纯考虑平面构图,还要考虑立面构图。小至微型盆景,大至整个绿地以及风景区的布局,都可采用不对称均衡布置,它在人们心理上产生偏感性的自由灵活,它予人以轻松活泼的美感,充满着动势,故又被称为动态平衡。

(二)空间序列要韵律

空间被认为是一种空间与时间的造型艺术,因为人在空间中从生到死,一直在进行连续的时空运动,其空间感并不局限于视觉的瞬间反应,而一直处于过去、现在和未来三个时态上。空间上的步移景异导致心理上的波澜起伏,犹如潜读一首长诗和聆听一部乐章,人在与环境的情感交流中受到激荡。

动态观赏:一种动态的连续构图。园林空间的承前启后,开阖启闭,收与放,造成一种节奏性的流动变化；线形的连续、延伸、生长运动，曲折、转向、起伏和断续，造成一种力的倾向，使心理场、心理流在空间场的作用下，具有一种张力运动的惯性。

园林设计的空间序列组织是指对于景观空间的中心、重点的展示内容，不应一目了然而是通过人工组织的空间变化的序列让人逐步看到。游人在通过这一空间变化序列时，思想和情感不断产生变化。通过充分酝酿、递进，最后达到情绪的高潮，也就实现了园林设计空间序列组织的目的。

园林空间序列的组织一般包括以下4个阶段："序幕"即"起始阶段"，应具有温和宜人的前提。"展开"即"过渡阶段"，应具有高潮阶段出现前的引导、启示、酝酿和期待作用。"高潮"即"高潮阶段"，应具有期待后得到心理满足和激发情绪达到顶峰、高潮的作用。"结尾"即"终结阶段"，应具有由高潮回复到平静的正常状态，但仍余音缭绕，有助于人对高潮的回想和联想。"纷者整之、孤者辅之、板者活之、直者婉之、俗者雅之、枯者腴之"，使之构成一种承上启下的景观秩序，形成一个具有"起、承、转、合"之韵律美的景观空间序列。

（1）空间的转折有"急、缓"之分。在规则式的园林空间中，可采用急转，如在主轴、副轴相交处的空间，可由此方向急转为另一方向，由大空间急转为小空间；在自然式的园林空间中，则宜用缓转。缓转常有过渡空间的设置，如在室内外空间之间，布置空廊、花架、架空层之类的过渡空间处理，使转折的调子比较缓和。两空间之分隔，有虚隔、实隔之分。两空间的干扰不大，有互通气息要求者可虚隔，如用空廊、漏窗、疏林、水面等进行分隔。两空间因功能不同、风格不同、动静要求不同者宜实隔，如用实墙、建筑、密林等进行分隔。虚隔是缓转的处理，实隔是急转的处理。

（2）空间的布置有"隐、显"之分。一般是小园宜隐，大园宜显，小景宜隐，大景宜显，在实际工作中，往往隐显并用。"显"的手法，可用对称或均衡的中轴线引导视线前进。中心内容、主要景点，始终呈现在前进的方向上。在富有纪念性的园林和平坦用地上有特定要求的园林中，利用人们对轴线的认识和感觉，使游人始终知道主轴的尽端是主要的景观所在。在轴线两侧，适当布置一些次要景色，然后一步一步去接近，以及半隐半现、忽隐忽现的风景视线（在山区、丘陵地带，在旧有古刹丛林中，采用这种导引手法较多）。"隐"的手法，将景点深藏在山峦丛林之中，可从景点的正面迎上去，或侧面迎上去，甚至从景点的后部较小的空间导入，然后再回头观赏，造成路转峰回、花明柳暗、深谷藏幽、豁然开朗的境界。

（3）水平序列和垂直序列。园林空间环境在水平方向上的变化是序列取得韵律的主要方法。水平序列主要着眼于空间的开合与曲折，空间的水平变化有放射空间、开敞空间、半开敞空间、封闭空间等空间形式。在序列中，丰富的空间类型可以产生不同的环境体验，从而产生不同的风景意象，取得富于节奏起伏的景观意趣。

垂直空间序列组织在森林公园应用较多，在场地落差较大时可以考虑这种景观序列形式。中国人历来有登高望远的传统习俗，并有"无限风光在险峰"之说。垂直景观序列从观景角度来看，存在着"仰视—平视—俯视"的视角变换，人与山岳的相互关系也由此发生根本的改变：在山下，山的高大挺拔，使人们易于产生对山的崇敬感；在山腰，自然景观有高有下，人与自然取得了一个相对平等的位置关系；当沿路到达高处，群山在脚下，不仅有"无限风光"，原来感觉崇高的山峰，此时也变得渺小，使观景意趣达到高潮，让人可体验到征服山岳的豪情，获得心胸的开阔，心灵的超脱。

三、地形与植物的园林空间营造

地形是其他景观要素的载体和背景，是园林的骨架，地形地貌往往决定了景观的整体风格。几乎所有景观要素都要与地面相联系。植物、铺装、建筑、构筑物、水体等这些要素，都会在某种程度上依赖地形。某一特定环境的竖向变化，就意味着这片场地区域的空间轮廓、形态布局发生改变，进而对依附于其上的一切因素产生影响。地形可以影响一个区域的美学特征，影响空间构成与空间感受。意大利文艺复兴园林、法国古典主义园林和英国风景园，都是顺应各自地域地形特征的结果，形成与之相融的美学构图与造型特征。地形还会影响种植、排水、小气候等环境因素，如树形与地形有很大关系。松柏类的植物，呈尖塔状树形，这是由于它们在自然环境中通常生长于山的阴坡或沟谷地带，为了争夺阳光，不得不拼命向上生长；而相比之下，平原地区的植物，形态更加水平，向四周伸展，因为阳光就在正上方，水平伸展是最有利于接受照射的方式。哪怕是很小的竖向变化，都会显著影响土壤水湿和小气候环境，进而决定着不同生理特性的植物分布。

（一）地形的园林空间营造

1.地形的类型

根据地形坡度特征，可以将地形分为三类：大地形、小地形和微地形。这三者在实际中很少单一存在，它们总是相互结合的，并且经常存在两种或以上的地形。例如由平坦与微地形相合形成的缓坡型复合地形；由小地形和大地形之间的过渡形成陡坡型的复杂地形，以及由各种地形组成的自然景观型复合地形。地形的形态是坡面和水平面的结合，坡地的类型由坡度大小决定。坡地是地形的基本形状之一，坡地地形指有一定的坡度且具有明显的起伏变化的地形，有助于形成动态的景观布局。微地形的坡面较平缓，地形的轮廓线柔和，小的空间让人安定沉淀。小地形类型如山地地形，周边坡度大，需要设置台阶解决高差，场地和景观功能无法在坡道上充分延伸。地形空间领域感强，植被的围合使得场地兼顾功能性和景观观赏性。由于考虑到环境和施工，一般微地形和小地形适用性比较高。

（1）大地形。大地形是指峰峦、丘陵、平原等地表起伏较大的地形。大地形通常处于山峦自然风光与岩石交融的地区，它是自然力量发展进程中形成的自然景观地形，有高有凹，有峻有悬，沟壑纵横，千姿百态，形成了视觉空间高大、雄伟、险峻的形态。大地形的起伏变化构成了独树一帜的地形景观，但地形中的悬崖陡坎，稳定性差，危险系数增加，需设计挡土墙或运用堡坎支撑，以植被稳定土壤。

（2）小地形。小尺度的"小地形"可以在某些区域形成视觉焦点。小地形分为丘陵、台地、坡地或者小型山峦，这类地形占据一定的高度优势，能够赋予地形动态的表现力。丘陵地貌是由连续延伸的低山和低坡构成，具有明显的空间和视觉特征。山坡面是连续的线性突起地形，和单一坡面相比，突起的坡面地形更加集中和紧凑，流线清晰，陡坡面有高度变化和方向引导，可提供广阔的景观，且设计方法灵活多变，例如种植景观，提供景观观赏的视点，环绕空间并形成多层平台，等等。陡坡地形相对于其他地形来说，使用地形条件创造空间最优，在陡坡上建立建筑、雕塑、构筑物等，可以营造出丰富的景观层次和空间序列，突出主体强化竖向设计，并创造良好的环境氛围。此外，植物美化设计相对容易在陡坡上实现，种植景观在缓坡地和斜坡地上，或者整个坡地的绿化在视觉上非常有吸引力。

（3）微地形。在园林景观设计中，用人工模拟自然形成的地形形态，其地形特征为起伏多，高度小，体量小，大多数是人工地形或改造重建形成的。微地形在形态上分为平坦型、坡地、凹陷地、凸起地、混合型等形式。平坦地形坡度小，空间开敞空旷，具有稳定、安全的性质；凹陷地形形态上低洼，具有隐蔽私密等特征，通过两个凸起地形的并列形成相对而言的凹地形，引导视线，组织私密空间，调节小空间气候；凸起地形通常表现为小土丘、低矮山包等，对景观空间和景观视线有限制和调节的作用，凸起地形有利于改善地形排水和光照条件，给人动态感和控制感。

2. 地形的功能

地形不仅在外部环境中具备较强的使用功能和美学功能，在空间营造中也具备许多的实用功能。

（1）分隔空间。目前，园林景观中微地形空间的形成主要通过挖方降低平原基础平面，或在原基础平面填方塑形来营造小空间。起伏变化超过 1 米，在人的站立视角能形成有效视线分隔的地形。坡底基础平面、坡面的坡度和地平天际线是影响空间区域营造的三个重要因素。

一是坡底，坡底主要为平坦或微起伏，是营造景观及设置构筑物的区域，坡底的范围大小大体决定了人视觉的空间大小；二是坡面，坡面主要负责营造垂直空间，在空间设计中犹如一道墙体，坡面的坡度、高度对空间的轮廓线的清晰度起着制约作用；三是地平天际线，地平天际线是地形的可视高度与天空之间的边缘线，可以理解为斜坡的上层边缘。这三个因素在封闭空间的营造中相互作用，在限定空间内，空间的封闭程度取决于视野区域的大小、坡度和天际线。一般来说，在风景园林设计中会通过运用坡底面积、坡度和天际线来进行各种形式的空间设计，从营造小的私密空间到大的开敞空间。当地形的坡度超过一定角度，可营造出相应的封闭空间，但坡度低于一定角度时，又会营造出半封闭或者开敞空间。

（2）控制视线。地形设计中，可通过地形的变化引导人员视线，也可以通过营造地形来控制人的可视范围，把游人的视觉重点引向需要关注的景物。例如，置于地形高点的植物或构筑物更容易被人们观察到，同样在坡底位置的景物，如果是从坡顶的角度观察，更容易成为人们视觉目标对象。除了引导视线外，实际应用也可以通过地形搭配植物来设计视野屏障物，达到控制视线的目的。例如，地产景观示范区通常面积不会很大，但可以通过地形与植物设计进行视觉分隔，以做到移步异景、别有洞天的效果，实现在有效的空间范围内，呈现更多的景观设计元素。

（3）控制导游线路和游览速度。通常平整无障碍的地形，人们的游览速度会相应加快，但随着地面坡度增加，立面设置构筑物会一定程度上阻碍人们的行进，相应地减缓人们的行进速度。因此，风景园林设计可通过地形的高低变化、坡度的陡缓及适当的构筑物来影响和控制人们游览线路和速度。

（二）植物的园林空间营造

1. 植物空间的作用

植物与其他设计要素不同的是，它是有生命的，是时时不断在变化的，会随着生长的时间和季节的不同呈现出不同的色彩、质地等。在风景园林设计中，要熟知植物万变不离其宗的特点，熟知植物的外形、质地、色彩、季相特征、地域性、生态习性等，避免园路划分出来后只会填充式种植。在种植设计中，要充分利用植物塑造空间，了解每一个植物界定空间的尺度关系，力求带给人们好的心理感受，以及正确的视线引导。设计时做到意在笔先，应当明确植物空间的差异化构建，不可漫无目的地布局植物。植物空间是指由地面草本、地被、垂直面灌木、乔木，以及顶平面、林下空间，藤本植物共同或单独形成的具有一定范围界限的场所，与其他要素共同起到围合暗示性的作用。

（1）构成空间。园林植物可用于营造地面、垂直面、顶平面，单独或共同组合成为真实存在或暗示性的范围组合。通过不同种类、不同高度的乔灌木、地被、草皮等，以及其特有的形态形成空间轮廓线。可根据需要营造的空间性质设计不同的植物搭配，例如，开敞空间、半开敞空间、覆盖空间、私密空间等不同类型的空间形式。例如，可通过低矮灌木或地被植物作为空间的限制因素来营造开敞空间，这种空间四周开敞，视觉通透，完全暴露在阳光之下；可通过搭配高度略高的灌木和亚乔木，限制人的一部分视线，营造半开敞空间；可通过浓密树冠的行道树，于道路两侧形成一定的覆盖空间。

（2）障景。在园林设计中，常通过植物来控制人的视觉范围，让植物成为屏障，将需展示的景物尽收眼底；也可以设置通透或半通透的植物组合，做到漏景的效果；或可利用季节的变换营造不同的障景变化，比如利用不同叶色的色叶树种营造在不同季节呈现不同效果的障景效果；或利用落叶植物在冬季形成半通透与夏季郁闭空间的不同变化。

（3）连接和软化。在园林景观设计中，如无植物的连接和引导，各个建筑、构筑物等内容就是松散存在的点状布置。而通过植物的软化作用，可形成一道道引导线，将建筑或其他构筑物呈现棱角分明的线条，有机联系在一起，形成连续的空间围合。植物柔软多变的特性可用来软化或减弱建筑物突出的轮廓和生硬的线条，使其与周边环境更好地融合。植物丰富的自然色彩和季相的变化，可赋予建筑物以时间与空间的季相感。对植物进行层次、空间的设计，不仅可以营造生动的景观，还可增强园林建筑的空间感、层次感，增加园林景观的多样性。

2. 构成植物空间的形态要素

由于植物材料的多样性和本身形态特征的影响，植物造景在空间上的变化，呈现出了明显的多样化、时序性和生命力。构成植物空间的形态要素有基面、垂直面、顶面，同时叠加植物形态和季相变化，形成了形式多样的植物空间。

（1）基面。基面形成了最基本的空间范围暗示，保持着空间视线与其周边环境的通透与连续。园林植物空间中，常常用草坪、模纹花坛、花坛、低矮的地被植物等作为植物空间的基面。

（2）垂直面。垂直面是园林植物空间形成中最重要的因素，形成了明确的空间范围和强烈的空间围合感，在植物空间形成中作用明显强于基面。它主要包括绿篱和绿墙、树墙、树群、丛林、格栅和棚架等多种形式。

根据植物自身的观赏特征，采用多样化的组合方式，体现出整体的节奏与韵律感。孤植、丛植、群植、花坛等植物造景方式都体现出艺术性。

孤植树一般种植在空旷的草地上，与周围植物形成强烈的视觉对比，适合的视线距离为树高的3~4倍；丛植运用的是自由式配植，一般由5~20株乔木组成，通过植物高低、疏密层次关系体现出自然的层次美；群植是指大量的乔木或灌木混合栽植，主要表现植物的群体之美。

（3）顶面。天空是园林植物空间中最基本的顶面构图因素。另外，由单独的树木林冠、成片的树木、攀缘植物结合的棚架等也能形成植物空间的顶面。顶面的特征与枝叶密度、分枝点高度以及种植形式密切相关，并且存在着空间感受的变化。夏季枝叶繁茂，遮阴蔽日，封闭感最强烈；而冬季落叶植物则以枝条组成覆盖面，视线通透，封闭感最弱。

（4）植物的整体形态。植物的整体形态指植物的树枝、树干、生长方向、树叶数量等因素的整体外观表象。通常植物形态的基本类型可分为圆球形、椭圆形、锥形、圆柱形、垂枝形、水平展开形和不规则形。①由于圆球形植物没有方向性，对构图不会产生破坏性。因此它可以作为背景，衬托形态特征明显的植物形成视线中心而又不会破坏构图的协调。②椭圆形、锥形、圆柱形具有垂直方向性，可以加强立面高度，创造构图焦点。③垂枝形植物具有明显的下垂枝条，易将人的视线引向地面。因此，这种植物常被用于创造柔和的线条，成为地面的视线纽带。④水平展开形能使人产生宽阔感和外延感，能引导视线向水平方向移动。既可以与垂直方向形状产生对比，又可以在水平方向上联系其他形态。⑤不规则形植物具有奇特的造型，这就使得它极易吸引人的视线，在突出的位置作为孤植树，则会产生不同凡响的吸引。

（5）植物的季相变化。植物的春花、夏荫、秋叶和冬实形成了植物的季相变化。首先，当植物空间由落叶植物围合时，空间围合的程度会随着季节的变化而变化。

夏季，具有浓密树叶的树丛能形成一个个闭合的空间，视线被阻隔。而随着植物叶落，视线逐渐能延伸到限定空间以外。空间产生流动，则显得更大、更空旷，季相变化也就产生了园林空间的变化。其次，季相变化中的颜色变化也非常明显，通常来说，叶子和花朵的颜色在一年四季中都有着丰富的变化。园林植物营造的景观是一种动态的，富有生命力的景观。

地形与植物对空间的营造往往是相辅相成的组合。例如，植物与地形结合可以强调或消除地平面上地形的变化形成的空间，如将植物种于凸地形或者山脊位置，能明显增加地形凸起部分的高度，周边相邻地形的空间封闭感随之增强。与之相反，如将植物种植于凹地或地形低点位置，植物的高度将削减地形视觉的高低差。因此，如需增强由地形构成的空间效果，可将植物种植于地形的顶端，让地形低洼处通透，尽可能少栽或不栽植物，在强调地形变化的同时，也能突出栽植的植物。

第三节 实体物建造

一、中式古典园林的造园因素

山、水、植物、建筑、书画构成了古典园林的五大造园要素。它们并非各自孤立地存在于园林空间，而是融合成为一体，彼此照应，彼此依托，相辅相成地构成一种完美的古典园林艺术空间。而同时，由于它们都各自又有独特的个性和作用，各有自己的存在方式和外部特征，则又可以作为单独的欣赏对象。

（一）筑山

为表现自然，筑山是造园的最主要的因素之一。秦汉的上林苑，用太液池所挖土堆成岛，象征东海神山，开创了人为造山的先例。

东汉梁冀模仿伊洛二峡，在园中累土构石为山，从对神仙世界的向往，转向对自然山水的模仿，标志着造园艺术以现实生活作为创作起点。魏晋南北朝的文人雅士们，采用概括、提炼手法，所造山的真实尺度大大缩小，力求体现自然山峦的形态和神韵。这种写意式的叠山，比自然主义模仿大大前进一步。唐宋以后，由于山水诗、山水画的发展，玩赏艺术的发展，对叠山艺术更为讲究。最典型的例子便是爱石成癖的宋徽宗，他所筑的良岳是历史上规模最大、结构最奇巧、以石为主的假山。明代造山艺术，更为成熟和普及。明人计成在《园冶》的"掇山"一节中，列举了园山、厅山、楼山、阁山、书房山、池山、内室山、峭壁山、山石池、金鱼缸、峰、峦、岩、洞、涧、曲水、瀑布等 17 种形式，总结了明代的造山技术。清代造山技术更为发展和普及。清代造园家，创造了穹形洞壑的叠砌方法，用大小石钩带砌成拱形，顶壁一气，酷似天然峭壑，乃至于可仿喀斯特溶洞、叠山倒垂的钟乳石，比明代以条石封合收顶的叠法合理得多、高明得多。现存的苏州拙政园、常熟的燕园、上海的豫园，都是明清时代园林造山的佳作。

（二）理水

为表现自然，理池也是造园最主要因素之一。不论哪一种类型的园林，水是最富有生气的因素，无水不活。自然式园林以表现静态的水景为主，以表现水面平静如镜或烟波浩渺的寂静深远的境界取胜。人们或观赏山水景物在水中的倒影，或观赏水中怡然自得的游鱼，或观赏水中芙蕖睡莲，或观赏水中皎洁的明月……自然式园林也表现水的动态美，但不是喷泉和规则式的台阶瀑布，而是自然式的瀑布。正因为如此，园林一定要凿池引水。古代园林理水之法，一般有三种。

（1）掩。以建筑和绿化，将曲折的池岸加以掩映。临水建筑，除主要厅堂前的平台外，为突出建筑的地位，不论亭、廊、阁、榭，皆前部架空挑出水上，水犹似自其下流出，用以打破岸边的视线局限；或临水布蒲苇岸、杂木迷离，造成池水无边的视角印象。

（2）隔。或筑堤横断于水面，或隔水净廊可渡，或架曲折的石板小桥，或涉水点以步石，正如计成在《园冶》中所说，"疏水若为无尽，断处通桥"。如此则可增加景深和空间层次，使水面有幽深之感。

（3）破。水面很小时，如曲溪绝涧、清泉小池，可用乱石为岸，怪石纵横、犬牙交错，并植配以细竹野藤、朱鱼翠藻，那么虽是一洼水池，也给人以深邃山野风致的审美感觉。

（三）植物

植物是造山理池不可缺少的因素。花木犹如山峦之发，水景如果离开花木也没有美感。自然式园林着意表现自然美，对花木的选择标准有：一讲姿美，树冠的形态、树枝的疏密曲直、树皮的质感、树叶的形状，都追求自然优美；二讲色美，树叶、树干、花都要求有各种自然的色彩美，如红色的枫叶，青翠的竹叶，白皮松，斑驳的粮榆，白色广玉兰，紫色的紫薇等；三讲味香，要求自然淡雅和清幽，最好四季常有绿，月月有花香，其中尤以蜡梅最为淡雅、兰花最为清幽。花木对园林山石景观起衬托作用，又往往和园主追求的精神境界有关。如竹子象征人品清逸和气节高尚，松柏象征坚强和长寿，莲花象征洁净无瑕，兰花象征幽居隐士，玉兰、牡丹、桂花象征荣华富贵，石榴象征多子多孙，紫薇象征高官厚禄等。

古典园林的植物多数采用自然式种植，与园林风格保持一致。所谓自然式，就是它们的种植不用行列式，不用规范化。有人打过这样一个比喻：好似一把黄豆落地，聚散不拘格式。一般的有单株、双株、多株、丛植几种形式。在规模大的园林里，都单独辟出院落或区域种植观赏性花卉，如梅花岭、芍药圃、牡丹院等。

私家园林由于空间狭小，大多数是采用小品种单株、双株或者小型丛植为主，再结合双品种、多品种的搭配。此外，也有专门用于孤芳自赏的种植。树形不必棵棵挺拔，不怕几歪几斜，运用得好反而生动有趣。古典园林造园更注意追求景观的深、奥、幽，因此植物的配植，应该有助于这种环境气氛的形成，从许多园林的景况来看，这方面似乎也有一些规律性做法。山姿雄浑，植苍松翠柏，山更显得苍润气拔；水态轻盈，池中放莲，岸边植柳，柳间夹桃，方显得柔和恬静；悬崖峭壁倒挂三五根老藤，或者在山腰横出一棵古树，给人的感觉则是山更高崇壮美，峰尤不凡；窗前月下若见梅花含笑，竹影摇曳，这样也更富有诗意画情。可见，高山栽松、岸边植柳、山中挂藤、水上放莲、修竹千竿、双桐相映等，是我国古典园林植物配置的常用手法，饶有审美趣味。

古树名木对创造园林气氛非常重要。古木繁花，可形成古朴幽深的意境。所以如果建筑物与古树名木矛盾时，宁可挪动建筑以保住大树。计成在《园冶》中说："多年树木，碍筑檐垣，让一步可以立根，斫数桠不妨封顶。"

（四）建筑

古典园林都采用古典式建筑。古典建筑斗拱梭柱，飞檐起翘，具有庄严雄伟、舒展大方的特色。它不只以形体美为游人所欣赏，还与山水林木相配合，共同形成古典园林风格。

园林建筑物常作景点处理，既是景观，又可以用来观景。因此，除去使用功能，还有美学方面的要求。楼台亭阁，轩馆斋榭，经过建筑师巧妙地构思，运用设计手法和技术处理，把功能、结构、艺术统一于一体，成为古朴典雅的建筑艺术品。它的魅力，来自体量、外形、色彩、质感等因素，加之室内布置陈设的古色古香，外部环境的和谐统一，更加强了建筑美的艺术效果，美的建筑、美的陈设，美的环境，彼此依托而构成佳景。正如明人文震亨所说："要须门庭雅洁，室庐清靓，亭台具旷士之怀，斋阁有幽人之致，又当种佳木怪箨，陈金石图书，令居之者忘老，寓之者忘归，游之者忘倦。"

园林建筑不像宫殿庙宇那般庄严肃穆，而是采用小体量分散布景。特别是私家庭园里的建筑，更是形式活泼，装饰性强，因地而置，因景而成。在总体布局上，皇家园林为了体现封建帝王的威严和美学上的对称、均衡艺术效果，都是采用中轴线布局，主次分明，高低错落，疏密有致。私家园林往往是突破严格的中轴线格局，比较灵活，富有变化。通过对比、呼应、映衬、虚实等一系列艺术手法，造成充满节奏和韵律的园林空间，居中可观景，观之能入画。当然，所谓自由布局，并非不讲章法，只是与严谨的中轴线格局比较而言。主厅常是园主人宴聚宾客的地方，是全园的活动中心，也是全园的主要建筑，都是建在地位突出、景色秀丽、足以能影响全园的紧要处所。厅前凿池，隔池堆山作为对观景，左右曲廊回环，大小院落穿插渗透，构成一个完整的艺术空间。苏州拙政园中园部分，就是这样一个格局，以"远香堂"为主体建筑，造出了一个明媚、幽雅的江南水乡景色。

古典园林里通常都是一个主体建筑，附以一个或几个副体建筑，中间用廊连接，形成一个建筑组合体。这种手法，能够突出主体建筑，强化主建筑的艺术感染力，还有助于造成景观，其使用功能和欣赏价值兼而有之。

常见的建筑物有殿、阁、楼、厅、堂、馆、轩、斋，它们都可以作为主体建筑布置。宫殿建在皇家园林里，供帝王园居时使用。它气势巍峨，金碧辉煌，在古典建筑中最具有代表性。为了适应园苑的宁静、幽雅气氛，园苑里的建筑结构要比皇城宫廷简洁，平面布置也比较灵活。但是，仍不失其豪华气势。

（五）书画

中国古典园林的特点，是在幽静典雅当中显出物华文茂。"无文景不意，有景景不情"，书画墨迹在造园中有润饰景色、揭示意境的作用。园中必须有书画墨迹并对书画墨迹做出恰到好处的运用，才能"寸山多致，片石生情"，从而把以山水、建筑、树木花草构成的景物形象，升华到更高的艺术境界。

书画，主要是用在厅馆布置。厅堂里张挂几张书画，自有一股清逸高雅、书郁墨香的气氛。而且笔情墨趣与园中景色浑然交融，使造园艺术更加典雅完美。墨迹在园中的主要表现形式有题景、匾额、楹联、题刻、碑记、字画。匾额是指悬置于门匾之上的题字牌，楹联是指门两侧柱上的竖牌，刻石指山石上的题诗刻字。园林中的匾额、楹联及刻石的内容，多数是直接引用前人已有的现成诗句，或略做变通。如苏州拙政园的浮翠阁引自苏东坡诗中的"三峰已过天浮翠"。还有一些是即兴创作的。另外还有一些园景题名出自名家之手。不论是匾额楹联还是刻石，不仅能够陶冶情操，抒发胸臆，也能够起到点景的作用，为园中景点增加诗意，拓宽意境。

二、西方景观的造景元素

相对于中国园林的诗情画意和人文气息，西方景观元素的分类更为简单、直接。1975 年，M. 盖奇和 M. 凡登堡编著《城市硬质景观设计》，将景观分为软质景观和硬质景观。因此我们也可将城市景观分成以植物、水体等为主的软质景观和以人工材料处理为主的硬质景观两部分。

硬质景观依据不同的分类标准，可分为多种类型，如根据美学原则可分为点、线、面三种类型。点的元素主要包含建筑、构筑、小品，小品又分为设施小品和园林小品；线的元素则主要有道路、驳岸等；面的元素主要指场地造型的变化。软质景观主要由植物、水体等构成，富于自然变化。植物的空间配置在前文已有论述，而水体在园林中的应用呈现极为多样化。

（一）点的实体元素

点是从美学角度抽象出来的基本元素，在园林景观中常常以"景点"的方式出现。一般来说，园林景观设计中的"点"仅仅是一个相对的概念，主要起到在空间中标注位置的作用。举例来说，在城市公园中，草坪相对于公园整体来说是一个点，但对于树木来说，草坪则又是另一个概念。

在园林景观设计中，点除了表示景点位置之外，还能展现景观的具体形状以及大小状态。点可以作为独立的景观元素，并通过集合以及分布能形成较为强烈的视觉冲击，两个点之间的视觉转化也可以形成不间断的视觉形象。

在园林景观设计中点的形状、大小、色彩以及质地等存在较大的差异性。点可以充作具体的景观元素，例如，植物元素，单独的植物以及连片的植物都可以看作是点来观赏。除此之外，园林景观中的凉亭、假山等在固定的条件下也可以充作点来看待。无论是何种形状的物体在特殊的情况下都可以当作点来看待，点在优势在于集中，具有较强的视觉冲击力。

　　将点有效应用于园林景观设计中是设计师想象力与创造力的具体化，其主要应用手法分为：自由、排列、旋转等，在不同的排列方式下点会展现出与众不同的视觉效果。点具有随意和放松的特点，是现代园林景观设计中的重要内容。除此之外，点在园林景观设计中的重要意义还在于其焦点作用，例如在人们视线的交点处设立假山和凉亭。

1. 园林建筑物

　　建筑物能构成并限制室外空间，影响视线、改善小气候，以及能影响毗邻景观的功能结构。建筑物不同于其他设计风景建造的设计因素，这是因为所有建筑物都有自己的内部功能，建筑物不同于其他风景元素，这是因为所有建筑都有自己的内部功能，体现在它们墙壁所围成的区域内。

　　一个建筑物立面的色彩、质地、细部构造以及面积等，都影响与它有关的室外空间个性。如果环绕外空间的建筑物墙体粗糙、灰暗，各项细部不够细腻，能使人感到该空间冷漠、粗糙、难以亲近。反之，如果围合空间的建筑物墙体色彩明快，造型精致、细腻，并且具有一定的人情味，那么同样大小的空间就会给人精细、悦目、亲切友善的感觉。建筑物的墙面如采用许多精致、纤细的材料，则赋予空间以轻松明快的效果。在许多当代建筑墙上安装使用反光玻璃镜，是另一种类型的建筑物立面，这种立面对与其相邻的室外空间具有惊人的作用。这种立面犹如一块巨大的镜子，将其周围环境反射到建筑物之上。由于这一作用，建筑物不再仅是景观中的一个单纯目标，它反而成为景观的一部分。建筑物的这种镜像效应，使相接空间具有外观永无止境的特征，由于反射作用，空间的实际有形边界从感觉上消失了，而虚幻边界则由此扩张了。这种立面还能产生曲折多变、千姿百态的光影，从而更难让人分清何为真实，何为虚幻。

　　设计中首先要求使建筑物井然有序，这样在建筑实体以及建筑物构成的各个空间之间，才会出现有机的联系。要想得到井然有序的布局，最简单、最普通的有用方法之一，便是使建筑物相互间呈90°，这种方法无须借助任何逻辑性，便能自动地使布局井然有序，而且它还另具一优点，即无论在规划图上还是在实地均易于实施。但如果过多使用，建筑物的布局会变得太直观、太单调无味。如果使建筑实体彼此之间相错位，一些建筑物向前，而一些后退，则布局就会产生一定的变化。这种方法不仅能构成与建筑物相对位置有关联的次空间，而且能削弱或消除长而不断的带状布局的单调性。

另一种消除完全直线性布局呆板单调的方式，则是在布局中心小心地使建筑物相互之间不呈90°的夹角。这种排列方式也能为布局带来一定程度的变化。不过，在使用这一方法时，必须兼顾周围环境和设计目的。设计师还可直接利用某一建筑物的形状和线条与附近建筑物的形状和线条相互结合的方式，来加强建筑物之间的协作关系。具体实施方法，须是沿一已知建筑物的边缘向外延长虚线，然后使其与邻近建筑物的边缘一致对齐。这种方法能在相邻建筑物之间，创造出一个令人深思，但又明显清晰的视觉联点。这一方法还能容许大量的视线从任何一建筑物进入到中心开放空间中，而且不会受到邻近对立建筑物墙壁的直接封锁。

在安置单体建筑物的过程中，一般采用两种基本的富有哲理性的方法。

（1）将该单体建筑当作受其周围环境衬托的、纯净的雕塑品对待。应将单体建筑物设计成一个具有魅力的形象，与地面相对比之下，成为视线焦点。

（2）将该单体建筑物当作与其周围环境和谐地融为一体的因素来对待。将建筑物置于整个建筑群的相应范围之内，突出建筑物与其所在场景的联系。

2. 园林构筑物

园林构筑物是在景观中那些具有三维空间的构筑要素，这些构筑物能在由地形、植物以及建筑物等共同构成的较大空间范围内，完成特殊的功能。园林构筑物在外部环境中一般具有坚硬性、稳定性以及相对长久性。园林构筑物主要包括台阶、坡道、墙、栅栏等。

（1）台阶由一系列水平面构成，在这些平面上人们感到"脚踏实地"，并且当出现水平高度的变化时，人们仍能保持平衡感。台阶的另一优点是在完成一个垂直高度变化时，它们只需要相对短的水平距离。当高度一定时，要完成这一高度变化，台阶所需要的水平距离远远小于坡道所需要的水平距离。在设计确定台阶的舒适度和安全感方面，其踏面与升面之间的大小比例是一个关键性的因素。踏面与升面的设计决定行人步伐。

台阶踏面宽，通常室内台阶的宽度宜在25~30厘米之间，室外台阶的宽度则稍大，在30~35厘米之间。升面的最小高度极限为10厘米，最大高度为16.5厘米。一般说来，一组台阶的升面的垂直高度应保持一个常数。

（2）坡道。坡道是使行人在地面上进行高度转化的第二种重要方法。坡道与台阶相比具有一个重要的优点，坡道面几乎容许各种行人自由穿行于景观中。在"无障碍"区域的设计中，坡道是必不可少的因素。在坡道斜面上，地面可以将一系列空间连接成一个整体，不会出现中断的痕迹。

为了取得稳定的、适宜的斜面，就需要一个比较长的水平距离来保持高低变化。坡道的设计原则：①坡道的倾斜度及最大比例不能超过8.33°或12:1。按照12：1的最大坡面边坡率计算。若要设计出一垂直高度为1米的斜面，其水平距离应为12米。对于长距离的斜面来说，被平台所隔开的两级坡道最大长度不得超过9米，而平台的最小长度应为1.5米，每隔9米应设计一个平台。②至于说斜面的最小宽度则与台阶相类同，并根据其单行道或双行道面定出宽度。坡道的两边应有15厘米高的道牙。并配置栏杆来限制行人于坡道内。栏杆扶手的高度与位置，跟台阶的标准一样（高于地面81.0~91.5厘米）。一般说来，坡道应尽可能地设置在主要活动路线上，使得行人不必离开坡道而能到达目的地。

（3）墙和栅栏。这两种形式都能在景观中构成坚硬的建筑垂直面，并且有许多作用和视觉功能。墙体一般是由石头、砖或水泥建造而成。它可以分为两类，独立墙和挡土墙。独立墙是单独存在的，与其他要素几乎毫无联系，而挡土墙，则是在斜坡或一堆土方的底部，抵挡泥土的崩散。栅栏可以由木材或金属材料构成，栅栏比墙薄而且轻。

独立式墙体和栅栏可以在垂直面上制约和封闭空间。至于说它们对空间的制约和封闭程度，取决于它们的高度、材料和其他。也就是说，墙体和栅栏越坚实、越高，则空间的封闭感越强烈。当墙体或栅栏与观赏者之间的高度与视距比为1:1时，墙体和栅栏便能形成完全封闭。如果墙体和栅栏超过1.83米高时，空间的封闭感将达到最强。这种情况一般用于停车场周围，大路两侧，或那些不悦目的工业设施四周。此外，高大的垂直面也适合于构成私密空间。完全私密的空间一般需要高大的墙体和栅栏，但在人们坐卧休息的隐蔽处，可以使用矮小的墙和栅栏。

在有些情况中，视线仅需部分被屏障，使用这种方式并非景物不悦目，而是需要用部分遮挡来逗引观赏者，诱惑他们向景物走去，以窥其全貌。使用漏窗和栅栏也可以对视线起到部分屏障的作用。这些墙或栅栏的镂空部分不能使视线完全穿过墙体，造成虚实的变化，加上大小、明暗的作用，其趣味无穷。此外由于墙的透空，看上去就不会显得笨重厚实了。

3.园林小品

小品是园林中供休息、装饰、展示和服务的小型设施，一般体量小巧，造型别致。小品既能美化环境，增加趣味，能使人从中获得艺术的熏陶和美的感受。

（1）休息小品。此类小品是指座椅、长凳、矮墙或其他可供人休息就座的设施，是园林构成的另一要素。它们可以直接影响室外空间给人的舒适和愉悦感。室外座位的主要目的是提供一个干净又稳固的地方供人就座。

座椅的设计与安放位置必须配合其功能，如主要道路旁、人多的转角处或能俯视广场的地点，都是观察别人的好位置。若将座椅放于场所之中或道路上，人们会觉得挡住去处或四周混乱，使人坐立不安。如果座椅背靠墙或树木，最令人觉得安稳、踏实。另一个理想场所是在树荫下或荫棚下。秋冬之际，建筑物南边的座椅可以接受温暖的阳光，比较受欢迎。此外，应该注意不使座椅受到冬天寒冷的西北风的侵袭。在冬春季节，座椅绝不应设置于建筑物背面或处于冬季寒风吹袭的廊中。

在设计座椅时的关键问题，就是设计应有合适的尺寸。对于成人来说，座位应高于地面46~51厘米，宽度为30.5~46.0厘米之间。如果加靠背，那么靠背应高于座面38厘米。而且座面与靠背应呈微倾的曲线，与人体相吻合。设计师也可能会设计出带扶手的座椅，那么扶手应高于座面15~23厘米。座面下应留有足够的空间，以便放腿和脚。所有座椅的腿或支撑结构应比座椅前部边缘凹进去7.5~15.0厘米。另外，如果座椅下不做铺地材料，那么在座椅下面就应铺硬面材料和砾石，防止该区因长期受雨水和践踏出现坑穴。

（2）雕塑和指示牌小品。雕塑小品题材广泛，形式多样。好的雕塑不仅可以带来视觉的享受，更可以带给观赏者精神层面的艺术享受，雕塑往往成为一处景观的中心。雕塑类小品按内容可分为：纪念性雕塑、主题性雕塑、装饰性雕塑。景观雕塑不仅是一件立体造型艺术品，应该更多地与环境紧密结合，融入环境，创造出更赏心悦目的欣赏意境。

指示牌在园林绿化中数量很多，材质各异、形态各异，需根据整体景观特征，精巧构思，巧妙融于景观中，做到显眼而不突兀，简练而丰满。指示牌造型需新颖活泼、简洁大方，色彩要明朗醒目，并需要配置适当植物来衬托，其颜色要与周围环境色彩协调统一。

（3）景观石和景观桥小品。我国园林历来将石作为一种重要的造景材料，其造型千姿百态，寓意深刻，令人叹为观止。中国人欣赏"石"，非一般之石，不但要怪，还要丑。如刘熙载在《艺概》中说："怪石以丑为美，丑到极处，便是美到极处，一丑字中丘壑未尽言。"常见的景观石包括太湖石、灵璧石、泰山石、黄蜡石、英石等。

太湖石又名窟窿石、假山石，是由石灰岩遭到长时间侵蚀后慢慢形成的，分有水石和干石两种。水石是在河湖中经水波荡涤，历久侵蚀而缓慢形成的。干石则是地质时期的石灰石在酸性红壤的历久侵蚀下而形成。形状各异，姿态万千，通灵剔透的太湖石，最能体现"皱、漏、瘦、透"之美，其色泽以白石为多，少有青黑石、黄石，尤其黄色的更为稀少。

灵璧石质地细腻温润，滑如凝脂，石纹褶皱缠结、肌理缜密，石表起伏跌宕、沟壑交错，造型粗犷峥嵘、气韵苍古。常见的石表纹理有胡桃纹、蜜枣纹、鸡爪纹、蟠螭纹、龟甲纹、璇玑纹等，纹理交相异构，富有韵律感。

泰山石产自泰山周边的溪流和山谷，以古朴、气派闻名，泰山石质地坚硬，有着淡淡的黄色纹理，民间还传说，泰山石能静邪和镇宅，所以现在变成了热门的风水石，希望能靠着这稳如泰山的寓意，抵挡一切灾祸。泰山石切片成雪浪石后把纹理展现了出来，似溪水瀑泉，似浪涌雪沫，似若隐若现的山水画卷。

英石，经过地壳运动、长期风化、自然剥落破裂而成的石灰岩石，也是从宋朝时期被列为皇家贡品，先后被多部古籍重点介绍的中国四大园林名石之一，因松润的质地、雄奇的造型、漏透的形体，成为具有较高观赏和收藏价值的石材品种。

景观桥是园林中重要的景观要素。从利用天然材质建造的简单竹桥、木桥、藤桥、索桥，发展到形式多姿多彩的拱桥、廊桥、曲桥等，造型千姿百态，结构巧妙奇特，装饰古朴典雅，雕刻精工细琢，曲线优美流畅，既有时代风貌，又有传统韵味，往往成为园林的亮点。

（二）线的实体元素

园林景观设计中的线一般情况下主要是借助线型景观元素来体现，与点相比较，线的评判标准更加清晰。在园林景观设计中，线的具体表现形式有四种，分别是道路、驳岸、线型植物带以及线型建筑物。

线性要素主要表现为带有线状性质的景观元素，不同类型的线性要素带有不同的观赏效果，例如垂线性质的景观元素给人一种严肃、庄重的感觉；斜线性质的景观元素给人一种动态的感觉。线并不是一成不变的，有位置以及长度等方面的变化，其色彩也有鲜艳和肃静的变化。线又细分为曲线、直线、折线以及曲线等。线是点按照一定的顺序和规律排列的组合体，与点相比较，线的方向感更为清晰和明确，能够有效提升造景力和方向的视觉体验。

1. 道路

道路是园林的骨架和脉络，是各个景观元素之间的纽带，具有组织交通和分割空间的作用。园林内的道路主要可分为主园路、次园路、小园路。

主园路是景观中的游览主轴线，全程无障碍处理，避免出现锐角，不宜过分集中，也不宜与场地边缘过近；首尾应当相连形成流畅环状，并串联每一个功能区与主出入口；还要满足消防、急救等必要车辆通行的需求。次园路是主园路分出的"枝干"，串联每个功能区的不同的景点；次园路是主园路的辅助道路，其作用以浏览、观赏为主；"此路不通"是园路设计最忌讳的，切记避免出现回头路。小园路可由观赏功能的要求自由布置，是分布较为广泛、联系特殊节点私密空间的道路，这类园路主要是供人们散步休闲的道路。在遇到通往孤岛、山顶等限制性较强的路段时，可以设计原路返回。

道路材质多样，有混凝土路、沥青路、砖石路、卵石路等。铺装材料主要分为天然材料和人工材料，天然石材和木材是最自然的、应用最为广泛的。铺装材料应确保整个设计统一为原则，材料的过多变化或图案的烦琐复杂，易造成视觉的杂乱无章。在设计中，至少应有一种铺装材料占有主导地位，以便能与附属的材料在视觉上形成对比和变化，以及暗示地面上的其他用途。这一主导材料，还可贯穿于整个设计的不同区域，以使建立统一性和多样性；在没有特殊目的的情况下，不能任意变换相邻处的铺料及形式。

如果在相接的两个空间中，铺料及形式出现不同，那么水平高度也应有所变化，以此来分割和区别两种不同的铺地形式。水平高度的变化主要起着过渡、媒介的作用，并由此而避免两种铺料和形式可能出现的任何直接相邻的问题。如果在分割两种详细铺装地面，水平高度的变化不可行时，则可以采取另外的方法。这种方法就是采用第三种在视觉上具有中性效果的材料放于两种材料之间。这第三种材料能在短距离上达到前两种材料的视觉上的分隔，并减缓不一致的形式和线条相互发生的冲突。

2. 驳岸

驳岸是水域和陆域的交界线，是园林中一道独特的线形景观。驳岸具有稳定岸壁、保护河岸不被冲刷或水淹的作用，同时也是形成园林印象的主要构成元素之一，极具景观美学价值。园林驳岸的硬质材料与软质材料带来的视觉和美学效果差异较大，两者形成粗野和温柔、刚强和柔和的对比，在不同地段和不同环境发挥各自不同的景观视觉作用，同时尽量使用乡土材料，因地制宜，使园林驳岸也具备场所特征。驳岸的型式也是很重要的景观因素。缓坡式、台阶式、直壁式三者的景观效果各不相同，同时三者对人与水的关系的亲密程度也有所差别。在条件许可范围内，因地制宜地设置亲水设施，如亲水平台、木栈道等，使人与水的关系通过园林驳岸的这一载体的灵活变化得到进一步的升华，促进人与自然的和谐发展。

最常见的驳岸是自然式山石驳岸和植物缓坡生态驳岸。驳岸设计是一个综合性的设计，单单满足功能需求，还不足以成为优秀的驳岸设计。

（1）结构稳定性原则。驳岸在规范水流向的同时会接受来自水流的冲淘和背后土的压力的侵袭，必须在充分调查现场情况的基础上，分析岸坡的潜在威胁与崩塌形式，进行必要的结构稳定性、抗倾覆与抗滑坡验算，在充分科学论证后，进行经济有效的园林驳岸构造设计。

（2）场所地域性原则。园林驳岸要与该地域的大环境相协调，更重要的是要尊重该地域的场所特征，切不可无视场所的特有特征，而进行盲目构造设计。如场所大环境缺水，地下水位低，要设计一定程度的侧防渗，要摒弃无视场所特征而采用水量充沛地区的典型驳岸构造；南北方大环境的不同，尤其是北方有冻土，这对园林驳岸构造设计也会产生重要的影响。

（3）景观亲水性原则。景观亲水性是园林驳岸所特有的固有性质。园林驳岸处于风景秀美的园林中，同时具备了水陆两者的众多优点，是园林中比较积聚人气的场所。因此进行必要的景观和亲水设计是园林驳岸本身的要求。亲水性是人类自身固有的特性，在适宜的位置设置亲水性平台、台阶、木栈道等亲水性设施，将更大限度地加大游客对园林驳岸和滨水的切身体验。

（4）良好生态性原则。水陆交界的特殊环境就更需要健康良好的生态环境，为植物、动物、微生物提供良好的栖息空间，使滨水附近的能量能够保持平衡，促进健康良好的生态系统不断完善。当然这种原则应建立在园林驳岸前面所述原则的前提下，不能作为必须具备的条件，而是要在可能的条件下具体问题具体分析，尽可能地采取适宜且多样的形式满足不同的环境生态条件。

（三）面的实体元素

在园林景观元素中，地形是最重要的面。面在形态上存在规则与不规则两种状态，如方形面、三角形面以及不规则面等。面在园林设计中的重要作用还表现在景观中的基底作用。不同的地形、地貌具有不同的景观特征，能系统地展现环境的多样形态。变化的地貌特征，构成水平或者垂直空间的多样化、多层次的景观形态。地形的形态和布局不仅直接影响着外部环境的空间、审美等，也会影响到土壤内部结构功能、排水以及小气候，因此，地形在景观生态建设中起着重要的作用。地形造景可以分为人工地形造景和低干预策略下的地形造景。低干预不等于不开发、不管理、不建造。低干预策略是指要最小化所建项目对环境的影响，以修复、改造、原地重建或者局部更新设计为主，其设计原则包括以下几条。

（1）因地制宜。"依山就势，借山水之宜布局"，地形造景是对生态的延续，关注场地原貌，尊重基地地形。景观设计是场地上设计人类能够参与的景观，势必会影响到原生环境，所以需要以地形为依托，保护场地原有的生态格局和自然进程，营造具有良好生态功能的景观格局。地物造景应尽量减少对自然的破坏，通过因地制宜，巧妙地利用场地具备的物质基础，实现再生设计，延伸物质的功能和意义，使其能够继续发挥功能，既保留了场地精神，又节省了材料和维护成本，完全符合绿色环保的理念，体现地形造景的优越性。在地形学造景中保留场地原有的形态，有助于形成特色的地理环境与景观精神，保留了场地原有的记忆与历史才能更好地营造人文温度。

（2）利用与保护为主。设计中遵循的基本原则是对原地形的利用与保护，很多项目用地的地形有其独特的地域特性，丰富的形态特征和空间层次。尊重场地的地形地貌，顺应地势组织环境景观，对整体环境采用低干预的设计方法，与场地保持连通性和延续性，延续着区域空间的场所精神。对地形造景中利用和保护主要包括三个方面：第一，植被保护，在陆地生态系统中，森林生态系统是最重要的自然生态系统，对环境保护和景观美化起着重要作用。植物群落的多样性和结构层次是合理的，它为优化城市生态系统提供了一种可借鉴的模式。第二，材料的延续，材料的使用决定了设计能否融入场地，实现场地精神的延续。第三，设计的可持续性，合理的设计、对植被材料的再利用、恰当使用当地资源关系着环境的可持续性。

（3）注重地域特色的表达。地域通常以地域内的民俗、传统、历史等作为文化传承，地域内特有的物质，比如当地植物、山峰、草原等物质景观，地域内文化背景与地域内物质景观形成富有地域特色的表达形式，满足观赏者的情感表露，形成文化共鸣，增强景观的可读性。与此同时，具有地域性特征的景观造景同样重要，可以说造景方式依附于场地特征，不同功能的景观分区对地形有不同的要求。

（4）整体的融合性。尽管地形已从背景骨架的作用发展成为一种重要的造景手法，但地形元素在景观设计中仍占主导地位，同时也是整个环境的组成部分。设计、艺术与功能结合，融入环境才是优良的设计。地形造景并不是孤立的造景元素，地形要与园林要素包括自然环境综合考虑，有机整合。所以地形造景设计要把握一定的整体性原则，地形造景的整体性原则还表现在地形本身的整体性上，在设计中要保证景观节点的可达性，对景观的色彩、材质进行重点控制，以达到与自然环境的和谐统一。保持地形形态和走向在环境尺度允许范围内，提供了环境的整体性和融合性。

（四）水体实体元素

与植物相似，水是园林中的另一自然设计因素。水是变化较大的设计因素，它能形成不同的形态，如平展如镜的水池、流动的叠水和喷泉。水除了能作为景观中的纯建造因素外，还能有许多实用功能，如使空气凉爽，降低噪声，灌溉土地，还能提供造景的手段。

水有着自身所独具的、区别于其他因素的特性。水是整个设计因素中最迷人和最激发人兴趣的因素之一。在室外环境中，很少有人会忽视或忘记水的形象。从一非常现实的观点上看，人类有着本能地利用水和观赏水的要求。人们除了维持生命迫切需要水之外，在感情上也喜欢亲水。这是因为水具有五光十色的光影、悦耳的声响和众多的娱乐内容。

水具有许多自然特性，这些特性影响着设计的目的和方法。水的本身没有固定的形状，水形是由容器的形状所决定的。同体积的水能有无穷的、不同的变化特征，都取决于容器的大小、色彩、质地和位置。在此意义上，一个人要设计实体，必须首先直接设计容器的类型，这样才能得到需要的水体形象。水的另一个特性是当其流动时或撞击一实体时会发出音响。依照水的流量和形式，可以创造出多种多样的音响效果，来完善和增加室外空间的观赏特性。而且水声也能直接影响人们的情绪，能使人平静温和，也可以使人激动、兴奋。水能不夸张地、形象地映出周围环境的景物。平静的水面像一面镜子，在镜面上能再现出周围的形象（如土地、植物、建筑、天空和人物等），所反映的景物清晰鲜明，如真似幻地令人难以分辨真伪。当水面被微风吹拂，泛起涟漪时，便失去了清晰的倒影，景物的成像形状碎折，色彩斑驳，好似一幅印象派或抽象派的油画。

水体按形态可以分为规则式和自然式，规则式水体常以 L 形、矩形、梯形、多边形等人工化形式出现或利用这些基本的几何形体进行组合叠加。自然式水体是对自然界中出现的水体形态的缩写，又可分为线状和面状自然式水体。线状自然水体包括河、溪、瀑、泉等形式，面状自然水体可分为湖、池、潭等。

根据水体的状态不同，可以把水分成两大类：静水、动水。

1. 静水

静水是指不流动的，平静的水，在湖泊、水塘和水池中或者流动极缓慢的河流中见到。静水的宁静、轻松和温和，能使人在情绪上得到宁静和安详。面对一平如镜的水，人们极易陷入沉思之中，情绪得到平衡，烦恼也会被逐出。

平静的水池，可以映照出天空或地面物，如建筑、树木、雕塑和人。水池水面的反光也能影响着空间的明暗。池中水平如镜，映照着蓝天白云，令人觉得轻盈飘逸，同时反衬着沉重厚实的地面。

从赏景点与景物的位置来考虑水池的大小和位置，对于单个的景物，水体应布置在被映照的景物之前，观景者与景物之间，而长宽取决于景物的尺度和所需映照的面积多少而定。水池的表面色调与水池的深度有关。水面越暗越能增强倒影。要使水色深沉，可以增加水的深度，加暗池面对色彩。要达到变暗的有效方法，是在池壁和池底漆上深蓝色或黑色。水池的水平面和水面本身的特性：要使反射率达到最高，水池内的水平面应相对的高一些，并与水池边沿高度造成的投影有关，以及水面的大小和暴露程度；同时有倒影的水池要保持水的清澈，不可存有水藻和漂浮物；保持水池形状的简练，不至于从视觉上破坏和妨碍水面的倒影。

2. 动水

动水常见于河流和溪流中，以及瀑布、叠落的流水和喷泉。动水与静水相反，流动的水具有活力，令人兴奋和激动，加上潺潺水声，很容易引起人们的注意。

流水具有动能，在重力的作用下由高处向低处流动。高差越大，动能越大，流速也越快。

（1）流水。流水是指任何被限制在有坡度的渠道中的，由于重力作用而产生自流的水。流水最好是作为一种动态因素，来表现具有运动性、方向性和生动活泼的室外环境。流水形成的不同视觉效果，可以帮助理解水通过沟渠时产生的机械运动。例如，将渠道的底部做成起伏的波浪形状，这就使沿渠道流动的水随渠底的起伏而形成翻滚的波浪。流水要翻越坡峰，必须加快速度和压力以便翻越，就使得此点的流速比谷底较快。这种快慢的交替形成波浪。在平面上，这种原理同样适用。在流动的的水流中增加障碍物，阻碍了水流，也会形成湍流和波浪。

（2）瀑布。瀑布是流水从高处突然落下而形成的，瀑布的观赏效果比流水更丰富多彩，因此才作为室外环境布局的视线焦点。瀑布可以分为三类：①自由落瀑布，不间断地从一个高度落到另一高度，其瀑布的特性取决于水的流量、流速、高差以及瀑布口的情况。②叠落瀑布，在瀑布的高低层中添加一些障碍物或平面，这些障碍物好像瀑布中的逗号，使瀑布产生短暂的停留和间隔。叠落瀑布产生的声光效果，比一般瀑布更丰富多彩，更引人注目。控制水的流量、叠落的高度和承水面，能创造出许多有趣味和丰富多彩的观赏效果。合理的叠落瀑布应模仿自然界溪流中的叠落，不要过于人工化。③滑落瀑布，水沿着一斜坡流下，这种瀑布类似于流水，其差别在于较少的水滚动在较陡的斜坡上。对于少量的水从斜坡上流下，其观赏效果在于阳光照在其表面上显示出的湿润和光的闪耀。滑落瀑布可像一张平滑的纸，形成扇形的图案或细微的波纹，在瀑布斜坡的底部由于瀑布冲击着静水，而会产生涡流或水花。

"水者，地之血气，如筋脉之通流者也。"人类自古喜欢择水而居，水已成为园林必不可少的内容。在中国传统的园林中，几乎"无园不水"，故水被称为"园之灵魂"。水本身的特性决定了水景设计的可塑性、流动性和变化性，在园林设计中成为构景的焦点或载体。园林中的建筑、植物也围绕它而展开。有了水才有了生命力和灵气，才能呈现出多姿多彩的情境。"凡是成功的园林，都能注意水的应用，正如一个美女一样，那一双秋波是最迷人的地方。"

参考文献

[1] 周维权. 中国古典园林史 [M]. 北京：清华大学出版社，2008.

[2] 陈从周. 说园 [M]. 上海：同济大学出版社，1978.

[3] 童寯. 江南园林志 [M]. 北京：中国建筑工业出版社，1984.

[4] 彭一刚. 中国古典园林分析 [M]. 北京：中国建筑工业出版社，1986.

[5] 孙筱祥. 风景·园林美学 [J]. 中国园林，1992（2）：14-22.

[6] 刘滨谊，范榕. 景观空间视觉吸引要素及其机制研究 [J]. 中国园林，2013（5）：5-10.

[7] 丁也玄欣. 色彩在园林景观设计中的应用 [J]. 现代园艺，2023，46（22）：137-139，142.

[8] 王筱南，郭威. 第十三届中国（徐州）国际园林博览会园博园色彩规划设计方法解析 [J]. 园林，2023，40（5）：105-113.

[9] 郭画. 色彩在园林景观设计中的应用 [J]. 住宅与房地产，2020（24）：66.

[10] 陈星汉，于瀚婷，熊若璟，等. 基于空间句法与机器学习的中国古典园林空间指征分析框架建构 [J]. 风景园林，2024，31（3）：123-131.

[11] 刘滨谊，张亭. 基于视觉感受的景观空间序列组织 [J]. 中国园林，2010，26（11）：31-35.

[12] 李端杰. 植物空间构成与景观设计 [J]. 规划师，2002（5）：83-85.

[13] 诺曼·K. 布思. 风景园林设计要素 [M]. 北京：中国林业出版社，1989.

[14] 陈春阁，张广冬. 园林景观设计要素在空间营造中的作用 [J]. 现代园艺，2024，47（6）：117-119.

[15] 朱子玉. 园林景观空间尺度的视觉性量化控制 [J]. 现代园艺，2019（24）：97-98.

[16] 杨茂. 园林植物季相变化对园林空间的影响 [J]. 现代园艺，2024，47（6）：139-141.

[17] Gage M, Vandenberg M. 城市硬质景观设计 [M]. 北京：中国建筑工业出版社，1985.

[18] 廖艳红. 试论城市硬质景观的设计与建设 [J]. 中外建筑, 1999 (2): 5-6.

[19] 张炎, 毕庆坤. 浅论园林小品设计的发展趋势 [J]. 农业科技与信息 (现代园林),
　　　2009 (10): 36-39.

[20] 金井格. 道路和广场的地面铺装 [M]. 北京: 中国建筑工业出版社, 2002.

[21] 谷丽荣. 园路设计研究 [D]. 湖南: 华南热带农业大学, 2007.

[22] 王欣国, 王艳, 刘照辉. 高尔夫球场景观概论 [J]. 农业科技与信息 (现代园林),
　　　2012 (4): 67-72.

第五章　好用园林的技术要点

　　好用体现五好园林的功能性。不同时期、不同区位、不同类型的园林绿地，应具有不同的主题和功能定位，满足不同的公众需求。一方面体现在其生活、生产、生态方面的物质性实用功能上，另一方面则体现在其艺术及审美的精神性实用功能上。功能性的要素包括满足基本功能、提高可达性和预留可扩展性。

　　千百年来，尤其是工业文明以来，人类一直在探寻城市与自然有机结合之道。《诗经·大雅·灵台》中记载："经始灵台，经之营之，庶民攻之，不日成之。经始勿亟，庶民子来。王在灵囿，麀鹿攸伏。"这是最早文字记载的园林形态，其中也着重点明了园林的实用功能，即游赏和狩猎。至于后来的皇家园林，再到私家园林，虽然生活功能得到了弱化，但审美功能愈发凸显，园林的实用性贯穿古今。

　　园林的实用性一方面体现在其生活、生产、生态方面的物质性实用功能上，另一方面则体现在其艺术及审美的精神性实用功能上。晋代文人陶渊明所作《桃花源记》可谓中华民族精神之理想家园的滥觞。其中描绘了"中无杂树，芳草鲜美，落英缤纷"的生态之美，"土地平旷，屋舍俨然"，有"良田、美池、桑竹之属"的生活之美，以及"往来种作"的生产之美。从汉武帝时期气派的"一池三山"皇家园林到明清时期粉墙黛瓦的江南园林，从王侯将相到平民百姓，从文人骚客到富商巨贾，无不为园林之美所折服。正如哲学家海德格尔所言："人，诗意地栖居在大地上。"园林融合了诗情画境，本于自然而又高于自然，纵观历史，已成为每一位中国人追求的栖居家园。此种栖居具备两重性，不仅仅局限于场所的在身性，更包括精神的依托性。因此，风景园林的实用属性具有物质与精神的双重性，这一点上中西方园林的发展是一脉相承的。

　　近现代以来，出现了强调生活功能的现代主义、功能主义，随后又涌现了强调审美功能的后现代主义思潮。前者不免缺少些许生动趣味，而后者若纠偏过猛又会落入过犹不及的境地。最好的办法莫过于将两者进行结合，将生活体验与艺术审美形成一个有机整体。然而近年来也有一部分作品打着风景园林的旗号，实则其内容更倾向于公共艺术，通过复杂的包装和晦涩的形象标新立异，这样的行为无疑破坏了实用主义所主张的"连续性"，不符合艺术功能的需求。

　　随着社会的变迁，园林的属性和受众正在发生着巨大的变化，但对于使用者来说美好的体验却是不变的追求。也许曾经的技艺早已失传，我们也无法用过去那种近乎苛求的标准精工细作地对待每一件园林作品，但至少不要让使用者的体验这一核心诉求成为过去式。要警惕杜威所指出的"二元对立"现象，要努力弥合设计者的匠心与使用者的体验之间的连续性，达到物质与思想的交融。要杜绝流于形式，杜绝"浮夸风"，或是作者中心主义的片面表达，用心设计实用、实在，兼具艺术和生活实用功能的作品。

园林绿化是城市中可观可感可亲近的自然生境，构筑了城市的自然生态本底，也是城市中"诗与远方"凝练复合的理想空间，承载着人民的美好生活，彰显着城市的人文精神，是城市品质的重要体现。

第一节　满足基本功能

一、中国古典园林的实用美学

中国古典园林中通过五感的调动给予游赏者别出心裁的体验。视觉上，利用欲扬先抑、虚实相生等手法，搭配丰富的色彩，吸引着人的眼球。例如，西湖十景中的苏堤春晓，便是用一株桃花一株柳的栽植方式搭配红与绿。听觉上，同时融合了自然的声音与人为的声音。例如，拙政园"留听阁"便是取"留得残荷听雨声"之意；西湖十景之南屏晚钟是为南屏净慈寺傍晚的钟声，如此既能带来丰富的联想，又能体验到别样的人文情怀。嗅觉上，充分调动自然环境中的香气。拙政园远香堂取自北宋周敦颐《爱莲说》中"香远益清"的句意；雪香云蔚亭取自"梅须逊雪三分白，雪却输梅一段香"的名句，用雪香暗衬梅香；网师园的小山丛桂轩则使人对桂花的幽香浮想联翩。触觉上，园林追求"巧于因借，精在体宜"，无论是建筑的体量或是小品的体裁上，都追求与人的感官、与人的身体知觉相适应。柱子、美人靠、门窗多采用木质，既融合了自然属性，又给人以温润的触感，使人放松舒适；石制的椅凳给人以清凉之感，在炎炎夏日使人心旷神怡。至于铺地的材料更是多种多样，砖瓦、碎石、卵石、瓷片等，既在视觉上起到了装饰效果，又给人以多样的脚底触感，使人流连其中，印象深刻。

岭南园林的实用主义风格特征更为突显，其总体布局、空间组织、建筑造型、色彩运用、叠石理水和花木配置独具特色，形成不同于北方皇家园林之雄伟，也不似江南私家园林之素雅的一种畅朗轻盈、注重实用的岭南格调，成为与北方、江南鼎峙的三大地方风格之一。

岭南园林实用主义风格特征的形成，究其原因具有四个方面的认识：一是岭南园林具有庭园的性质。庭园与"园林"在含义上有着本质区别，庭园的功能以适应生活起居要求为主，而园林的功能则为供人游憩。因此其平面既不能像北方皇家园林模仿真山真水的外向型舒展，也不能像江南园林内向型曲折。二是岭南地区原生态文化中几何印纹陶的影响比较突出。新石器时代晚期岭南地区曾经是几何形印纹陶普遍流行、自成体系且延续时间较长的地区。这种审美倾向一般被认为是岭南庭院几何形状平面布局的渊源。三是在海外贸易历史和经商重商意识的影响下，岭南文化呈现出一种极其典型的实用主义文化。岭南园林与江商文人士大夫的园林相比，其世俗功用的审美观念表现得更为强烈浓烈。岭南这种物质享受型园林与北方、江南文化享受型园林有着极大的区别。四是西学东渐的影响。西方科技和文化对岭南产生过很大影响，特别是在岭南建筑的外观造型和园林造园手法两个方面。

（一）实用性的布局

岭南园林普遍采用简单规整式的平面布局形式。番禺余荫山房平面的轴线非常明显：以八角形的玲珑水榭虹桥为东西轴线的构图中心，以深柳堂、临池别馆为南北轴线的构图中心。佛山梁园平面布局为简单的"L"形，包括群星草堂、秋爽轩、客堂、船厅以及互为对景的日盛书屋。顺德清晖园平面则以碧溪草堂、惜阴书屋和笔生花馆等一系列建筑群为主，使用岭南惯用的简单长方形水池平面，池边一堂（碧溪草堂）、一屋二亭（澄漪亭和六角亭）互为犄角，相互因借，简单明了。同时岭南园林善于把建筑集中组合，建筑之间以天井、庭阳相隔。这与北方、江南的自由式布局有很大的区别。顺德清晖园属于密集紧凑型平面布局的经典之作。其园林特色首先在于适应南方炎热气候的实用性，形成南疏北密、南低北高的独特布局。疏而不空，密而不塞。这类型平面的应用主要基于两种原因：一是明清两代岭南地区人口稠密、用地紧张。岭南园林多属于私家庭园，密集紧凑平面有利于节约用地。二是岭南地区具有湿热的气候特征。通风散热是建筑与庭院需要解决的首要问题。密集紧闭平面可以缩小建筑的间距，增加阴影面积，有效满足通风、遮阳、防热、防风等需求。

岭南园林由于占地规模不大，更加善于重点突出，做到宾主分明、简洁明了。常用下面几种方法来达到目的：一是突出主要庭院空间，通过主要庭院空间带动其他空间。主要庭园空间与其他庭园空间相比，不仅面积最大，而且内容最丰富。如清晖园的平面组合是通过各种小空间来衬托突出园中的水庭大空间。造园的重点围绕水庭而作。主次空间清晰分明，造园艺术独树一帜。二是在中心庭园中通过较为严整的布局获取重点突出的效果。如余荫山房采用几何形中轴线、主体建筑对称的平面处理，形成以玲珑水榭和方池为中心的水庭布局。三是园内的主体建筑厅堂，尤其是岭南常见的船厅，设在庭园的中心或主要位置，建筑物设置除了满足全园的功能要求，还利用建筑较大的体量来引人注目，如顺德清晖园的船厅"小姐楼"、佛山梁园的船厅、东莞可园的邀山阁、小画舫斋的船厅等。

（二）明确的使用功能

岭南园林以生活享受、实用和娱乐功能为主。反映在平面布局上，园林与住宅融为一体，具有较强的实用功能。

东莞可园按功能划分，大致可划分为三部分。第一部分为入口区，是接待客人和人流出入的枢纽，包括草草草堂、攀红小榭、葡萄林堂、秋居等。第二部分为款宴、眺望和消暑的场所，包括可轩、邀山阁、双清室等景可园主要的活动场所。可轩是款待宾客的高级厅堂，而双清室又称"亚字厅"，源于它的平面样式、室内装饰、家具陈设都用亚字形，故名之。亚字厅结构奇特，四角设门，便于设宴活动。第三部分是游览、居住、读书、琴乐、绘画和吟诗的地方，包括可堂、雏月池馆、船厅观鱼等。可堂是园主起居生活的地方。沿游廊可至雏月池馆船厅及湖心可亭饱览可湖的湖光秀佳。

番禺余荫山房山房全园按功能分为三个部分。第一部分是深柳堂、临池别馆、荷池。深柳堂是园主人起居生活的场所，包括厅堂、书斋和卧室。临池别馆则是主人的书房。第二部分是玲珑水榭和浣红跨绿桥廊，这园主会客吟诗作画的好地方。第三部分为瑜园，俗称"小姐楼"，是后人居住的地方，包括入口、门厅、正厅。正中部分的船厅、船厅之东为后室和二楼东侧为书房。

此外，粤东宅园也同样表现出明确的实用功能。澄海樟林西塘是粤东地区较为著名的庭园之一。宅园前部为住宅，入口大门东向为一系列大小院落，建筑为居住部分，布局规整，住宅通过拜厅的瓶门与庭园相联系。中部为庭园，包括上下通透的假山和扁六角亭。后部分为书斋，是一栋二层的楼阁建筑，二楼与庭院内假山相通，顺石级登楼。

（三）公共功能、双重功能和多功能

岭南园林建筑具有实用与观赏双重作用。例如，庭院常见规整式花基和花台

的形式，尺寸高度一般有30厘米和60厘米两种规格，呈几何形密集布局。不但在狭小的庭园中因地制宜，穿插分割，增加游览路线，而且有效地增加阴影面积，减少太阳辐射热。另外，岭南地区庭园面积不大，故建筑类型也相对较少。为了充分发挥建筑物的作用，多功能使用成为本地区庭院建筑常用的处理手法。比如船厅常用来代替厅堂，作为一种主体建筑，具有厅堂楼阁的各种功能。既做宴会会客场所，又兼作休息观赏场地，因而又演化为船房、舫屋、船楼等多种形式。

二、现代园林的多元功能

（一）绿色低碳的生态功能

（1）编织多维生态绿网。尊重地域自然条件，以城市绿道、林荫道、滨水蓝道串联整合各类公园、绿地、湿地、风景林地、自然保护地，形成自然融通的蓝绿生态网络。编织连续贯通的各类生态空间、海绵空间等活态化系统，让水、植物、土壤等自然要素有机汇入城市，最大限度地发挥绿地系统的生态效益，将城市融入自然。

（2）拓展绿色碳汇空间。用绿色修复生态环境受损地，恢复绿色生态空间；让绿色渗透城市的每个角落，向建筑物、构筑物、道路、街巷、庭院等空间拓展延伸；整合设施功能，织补小微绿地，将边角地、背街小巷、高架桥下的灰色低效空间转变为绿色潜力空间；将慢行、休憩、健身、停车等室外空间林荫化，增氧汇碳，降低城市热岛效应。

（3）提升滨水生态质量。梳理贯通城市河湖水系，破除水体与土壤、植物的硬质阻隔；恢复生态驳岸和自然岸线，以绿廊护蓝脉，提升水体循环和自净能力，增强水系、绿地蓄水功能，打造水美岸线，再现"清水绿岸、鱼翔浅底"的良好生境。

（4）保护生物多样性。贯彻落实人与自然生命共同体理念，普及应用乡土适生植物，复层种植乔灌花草，恢复地带性水生、陆生等植被群落，为动物打通迁徙廊道；让绿地系统成为生物链恢复的基地，让我们生活的家园既有四季的美丽风景，也有自然的鸟鸣虫啼。

（5）建设绿色海绵体。保护城市中的每一处绿地、每一条水系，因地制宜，系统筹划，优化竖向空间，让自然做功；科学利用雨水资源营建雨水花园、小微湿地，减缓雨水径流，蓄水泄洪，提升绿地系统自然积存、自然渗透、自然净化雨水的海绵功效，让蓝绿空间相得益彰。

（二）多元共享的社会功能

（1）让绿地成为居民便捷可达的生活空间。采用绣花、织补等手法，结合城市更新，建设居民身边小而美的口袋公园、小微绿地；优化和均衡绿地布局，实现出门5~10分钟即有一片可休憩、可交往、可健身的绿色共享空间，完善城市公共服务，提升街区、社区品质与活力，重塑有温度的社群生活。

（2）让公园成为意趣盎然的活力空间。在公园中融入功能相宜的公共服务设施，细分需求，强化互动，以"公园+"注入多元活力，增加吸引力；让公园成为文化教育活动的场所，为居民提供健康美好的精神生活，营造功能多元、内涵丰富的活力场景。

（3）让绿道成为亲近自然的体验空间。用绿道、慢行步道、自行车道串联山、水、林、园等绿色开放空间，衔接居住、教育、文化、体育等生活场所，构建绿色通勤、健身游憩的步道，让居民行走在绿色中，骑行在林中，亲近自然、拥抱自然。

（4）拓展后疫情时代的健康空间。加强园林绿地与健身、康体空间的结合，设置健身步道及康体设施，提升户外绿色公共空间减缓压力、调节身心的功能；完善无障碍、全龄友好设施建设，提高游憩安全性及舒适度，让城市中的园林绿地成为舒缓身心、自然疗愈、促进健康的首选地。

（5）完善城市防灾应急的安全空间。平灾结合，提前谋划，将城市安全卫生功能融入公园绿地，作为城市防灾应急的战略留白和弹性空间；开辟防灾避险通道和场所，完善应急设施，实现平可游、灾可避，让城市更具风险抵御能力、更有安全韧性、更富人文关怀。

（三）诗意美好的人文功能

（1）在传承创新中弘扬园林艺术。秉承"天人合一，道法自然"的哲学思想，传承古典园林的自然与人文艺术精髓，创新发展现代造园技艺，以古为新；精心雕琢"一砖一瓦，一草一木"，营造兼具传统审美意趣、当代美学特质和时代人文精神的园林精品和景观空间，推动传统园林艺术社会化，提升大众审美，满足人民对更美好生活的向往。

（2）让行道树增添城市的空间特色。推广种植乡土适生的落叶乔木，配置丰富的中下层植物，形成季相分明、景观优美、特色各异的城市林荫道系统；让街头既有夏日林荫，又见冬日暖阳，让建筑的人文情怀、自然的四季美景共同塑造城市特色空间。

（3）用绿色串联起城市的美好客厅。通过道路、河流、沟渠、废弃铁路线、风景路等沿线绿道、绿廊、绿带，连接公园、绿地、广场及自然、文化等特色资源，形成复合的城市公共空间体系，系统塑造城市空间特色；整合绿色、蓝色、灰色空间，推进园林、景观与建筑的深度融合，建设更多具有时代性、在地性的绿色共享空间，让城市更富审美意味和文化品位。

三、全龄友好型的综合公园

根据《城市绿地分类标准》（CJJ/T 85—2017），将公园绿地分为综合公园、社区公园、专类公园、游园四类，专类公园又分为动物园、植物园、历史名园、遗址公园、游乐公园、儿童公园、雕塑公园、城市湿地公园和森林公园等。

综合公园是城市公园系统的重要组成部分，是城市居民休闲文化生活不可缺少的重要因素，它不仅为城市提供自然条件良好、风景优美、植物种类丰富的大面积绿地，而且具有丰富的户外游憩活动内容，设施较为完备，规模较大，质量较好，能满足人们游览休息、文化娱乐等多种功能需求，适合各种年龄和职业的城市居民进行半日到一日的游赏活动。同时，它对城市面貌、环境保护、社会活动起着重要的作用。综合公园最低控制规模≥5公顷，适宜规模≥10公顷，以满足不同人群多种游园需求。

（一）综合公园普遍存在的问题

当下的综合公园，在功能定位和分区上普遍存在如下两个问题。

1. 功能定位同质化

21世纪以来，经济、社会的飞速发展让风景园林建设的需求增大，公园的数量急剧增加。风景园林设计师不得不提升设计效率来满足市场经济的需求，然而在追求效率的同时，由于忽视对综合性公园的在地性文化、多元性文化及多层次需求的充分考虑，使得公园的规划设计逐步出现功能模式化和同质化问题。如部分综合性公园缺乏明确的主题功能定位，或是新规划与原规划的功能定位不协调；部分综合性公园在"花境营造"的热潮下竞相种植花色艳丽的植物，使众多公园观赏游览的景观效果雷同；等等。

在传统规划建设中，城市公共服务设施往往按照"千人指标"进行配给和布局，在各地普遍提供同质化的服务，对于各个不同群体的特色化需求缺少考量，缺少满足多样化群体多层次生活需求的政策指引和规划工具。在提高城市绿地率和公园覆盖率的基础上，其总体功能与景观需进行差异性定位。避免千篇一律，要做到"百花齐放"。

2. 功能分区传统化

城市化进程加快、城市发展中心往新区转移，旧城区的社会老龄化现象逐渐加剧。而综合性公园的老龄化现象，除了表现为中青年人群活动的区域被老年人群所占用之外，还指代公园原有的功能划分已经不适应时代转变的要求，难以满足当代人多层次、多方位的需求。如部分公园的原有功能布局难以满足逐年增长的游客数量，在节庆时期尤为突出；部分公园缺乏承载多元文化、时尚娱乐、特色活动的功能分区，园内的广场活动区和锻炼区的规划缺乏对各年龄层需求的考虑；等等。

在社会老龄化背景下，城市公园的建设更应该遵循因时制宜和因地制宜的原则，结合公园的性质和现存条件，优化公园的功能布局，合理区分各区域功能及规模，满足各年龄层次的人群需求，为市民游客提供实用化、人性化和多元化的功能。

（二）建设全龄友好型公园的要点

"人民城市人民建，人民城市为人民。"习近平总书记提出的这一重要论断揭示了中国特色社会主义城市的人民性，也为新时代推进城市建设指明了前进方向。城市的核心是人。一个全龄友好的城市，会温暖每一位在此生活的奋斗者。全面回应各年龄群体对美好生活的需求和向往，积极促进代际和谐，建立健全覆盖全生命周期的服务体系和生活环境，建设全龄友好型城市——这既是未来城市规划的发展方向，也是未来城市建设的目标，更是"人民城市"的本质要求。

全龄友好型公园是建设全龄友好城市的重要的公共服务内容，是指在公园建设过程中，贯彻全龄友好理念，充分考虑全年龄段，特别关注老年人、儿童、残疾人等的使用需求，提供"儿童友好、青年向往、老年关爱、残疾人温暖"的健康、安全、舒适游园体验和公园环境。

1. 儿童活动区的功能要求和技术要点

儿童活动场地宜根据儿童不同成长阶段的行为特征有区别、有层次地进行设计和建设，可划分为婴幼儿区（0~3岁）、学龄前儿童区（3~6岁）、学龄儿童区（7~12岁）、少年活动区（13~17岁）、混龄儿童交往区等。

（1）婴幼儿区（0~3岁），宜利用自然元素，如草坪、沙地等构建满足触觉、嗅觉、视觉发展需求，以及跳跃、爬行等身体活动的需求；并应考虑布置监护人休息区，保持视线通透。

（2）学龄前儿童区（3~6岁），宜设置一些简单的活动器械，如滑梯、秋千、滚筒等，满足多种游戏活动的需求；并考虑亲子设施的布置。

（3）学龄儿童区（7~12岁），宜通过区分动静空间，满足活动的多样性。包括多种体育游戏场地，如球场、滑板、旱冰；攀爬架、丛林冒险等具有挑战性的活动设施；富有野趣的自然环境场地，结合科普教育，增强儿童的自然探索能力。

（4）少年活动区（13~17岁），宜布置具有一定竞争性、社会性、实践性的团体活动场地，如足球、篮球体育场地，社交场地等。

（5）混龄儿童交往区，满足不同年龄儿童的群体活动和交往需求，合理营造可聚集又有适当分隔的复合空间。

儿童活动区规模按公园用地面积的大小、公园的位置、周围居住区分布情况、少年儿童的游人量、公园用地的地形条件与现状条件来确定；儿童活动场地铺装材料宜采用柔软、耐久的天然材料，如橡胶、沙砾、防腐木等质地较软的材料，防止儿童摔伤；儿童活动场地的铺装、地形、植被、设施等应结合不同年龄、不同性别儿童的喜好，开发基础设施的游戏潜在性，尽力增加空间的趣味性和特色性；儿童活动场地周围不宜种植过度遮挡视线的树木，保持良好的可通视性，便于看护。儿童活动场地在满足儿童活动需求的同时也需充分考虑成年人、老年人亲子互动、看护休憩的需求。

倡导通过保留或营造自然性的环境，融入能够刺激五感的活动内容，促进儿童的身心健康。儿童活动区宜结合科普教育选择花、叶、果形状观赏价值高，对植物形体、线条、色彩、质地、习性具有较强识别性的植物；以自然环境，如森林、溪流等作为活动场所，采用可循环利用的自然材料，如木桩、树皮、卵石等，充分调动儿童的感官参与，让儿童感知到真实的自然、身边的自然；以自然认知为核心，布置不同主题性趣味科普景观设施、科普标识牌，引导儿童参与科普体验，培养自然探究的能力；宜增加劳作体验性活动，如儿童植物种植园、园艺活动区域等劳作区域，加强儿童认识自然的兴趣和环保的意识。

2.老年活动区的功能要求和技术要点

针对老年人的身体机能变化，生理、心理需求变化，提供满足健身、休憩、娱乐、康复、代际融合等多种类型活动的空间。

（1）针对不同的活动类型，提供不同空间尺度的场地、活动设施。康体型空间如健身、健步走、太极拳等，娱乐型空间如广场舞、棋牌等，学习型空间如书法、园艺活动等，并根据活动特性考虑动、静分区设计且有一定的距离与遮蔽。

（2）宜根据不同活动的领域属性，考虑场地的领域特质。个人活动场地需突出私密性，集体活动场地需增强场地的开放交往性，加强有相同爱好的老年群体的相互认同。提供舞台等展示空间，满足对精神追求的关爱。

（3）宜根据老年人的康复需求设置康复花园，提供园艺疗法、宠物疗法、森林浴疗法、芳香疗法、步态训练等不同场地，运用色彩、声音、气味、质感充分刺激人体五大感官系统，有针对性地提高身体机能，达到疗愈效果。

（4）合理布置代际融合场地、设施，可同时满足多代人活动、休憩、交流的需求。

老年活动场地地面铺装应采用防滑系数高、硬度适宜的地面材料；保证排水顺畅；且不宜采用缝隙较大的地砖、松散的材料铺地。为降低老年人跌倒的风险，场地路面应平整，并做好防滑处理。地面坡度不宜过大，避免影响轮椅、步行器的稳定停放。老年活动区宜针对老年人的五感进行刺激，种植色彩鲜艳、芳香、有特殊触觉或有食用价值、保健价值的植物，提升身体感知机能。

老年健身设施应充分考虑介助、介护老人的特征与需求。宜增加针对疾病康复、治疗需求的康复性活动设施，设施周边宜考虑拐杖、步行器、轮椅的摆放以及看护人员的辅助空间；宜设置老年健步道类型，健步道可与步行道结合；宜根据不同的健身康复需求，设置不同长度、坡度的健步道，并形成环路、标注距离；健步道宜采用硬度弹性适宜的地面材料。

3.残障人士区的功能要求和技术要点

宜从残障人士人体尺度和行为特点出发，合理布局场地、设施的使用幅度、高度、半径，并降低设施的操作难度，满足残障人士参与各类活动的需求。场地宜针对残障人士不同的感官障碍，提供其他感官补偿措施，并保障设施的系统性，避免残障人士在公园内迷失方向，如使用不同触感的铺装材料区分不同功能，或增加听觉引导装置。有条件的公园，可配备智能系统发声耳机，对其所处地段进行语音提示并解说。

场地应保持路径上无障碍，包括地面无障碍与净空无障碍。场地旁边应设置盲道警示砖或护栏提示、保护残障人士行走时的安全，并考虑低位扶手。

标识系统融入触觉、视觉及听觉补偿，以满足各类残障人士需求。导游图上应有全园无障碍设施的位置。

（1）触觉补偿：设置盲文标识、盲文地图、盲文站牌等，针对盲文标识，应与盲道相匹配，盲文设施应避免尖锐的边角等危险设计。

（2）听觉补偿：警示、导览信息宜增加声音提示。

（3）视觉补偿：警示信息宜通过闪烁信号灯等明显变化来加强提示。

利用公园的植物群落资源，吸引鸟类、昆虫等生物，因地制宜地建设生物多样性保护示范区。利用丰富的生态要素，如森林、风声、雨声、鸟叫、蛙鸣等，针对不同人群的视觉、嗅觉、触觉、味觉等不同感官进行刺激，让人们在公园中认识自然、感知自然，构建人与自然友好共处的生态环境。

第二节　提高可达性

一、可达性评价方法

可达性概念首先出现在交通运输研究领域，是指利用一种特定的交通系统从某一给定区位到达活动地点的便利程度，可以用交通时间、成本、目的地获得的机会数量和起点与目标点之间的吸引能力来表示。

绿地可达性是指居民克服距离、交通、费用等阻力到达绿地的愿望和能力的定量表达，是衡量评价城市绿地系统对市民的服务功能以及绿地系统生态功能的重要指标。

在传统绿地系统指标评价中，人们主要关注绿地的数量和规模，如人均绿地面积、绿地率、绿化覆盖率等，虽有利于从总体上把握城市绿地的数量特征，但忽视了绿地的质量和效益，存在诸多问题。例如，人均公园绿地面积指标仅代表某个城市居民占用的公园绿地的面积，而不反映公园绿地的分布结构、质量等情况。假如一个城市的公园绿地只由几块面积较大的绿地组成，尽管人均面积较高，但居民日常生活中亲绿的需要并不能得到很好的满足。

国内不少学者已经探索过城市绿地评价指标的改进，如俞孔坚将景观可达性引入城市绿地的功能评价中，但可达性计算采用费用距离方法，使城市间的绿地可达性很难进行横向比较；金远将洛伦茨曲线和基尼系数作为指标来测算城市绿地分布均匀程度。此外，许多学者基于景观生态学的相关理论，采用均一度、多样性、优势度、连接度等指数来定量测度城市绿地的空间分布格局。然而，绿地分布均匀并不能准确代表其分布的合理性与公平性，因为人口在城市中的分并不均匀。例如，某城市的绿地空间分布比较均匀，但人口却主要分布于城市中心和东部地区，城市绿地空间分布虽然均匀但并不合理。

对空间可达性测度的方法主要包括网络分析法、缓冲区分析法、供需比法、费用阻力法、最小邻近距离法、重力模型法、累计机会法和两步移动搜索法等。其中，网络分析法是通过对地理网络、城市基础设施网络完成数字模型化，模拟并剖析资源在网络上的流动与调配情况，从而对网络结构和资源问题进行评价的空间分析方法。

基于 GIS 网络分析法可以比较真实地反映出居民在城市空间中流动的进程，进而对公共开放空间的可达性做出较为精准且客观的分析，被广泛应用于公共开放空间的相关规划布局评价中。李小马等基于 GIS 网络分析法，分析了沈阳市的公园可达性和服务状况。邵琳等基于 GIS 平台分析城市公园公共服务格局，将公众的休闲需求与城市公园系统的布局规划密切联系起来。刘一桦利用 GIS 平台，对雅安市雨城区中心城区的城市公园可达性进行分析研究。施拓等利用 GIS 中的缓冲区分析与空间网络分析评价沈阳城市绿地公园的可达性。张楠以哈尔滨市松北区城市公园绿地为研究对象，运用缓冲区分析与空间网格分析方法研究了城市绿地可达性。

黄思颖等对 2022 年厦门城市绿地的可达性进行了系统分析，相关结论和改进建议对于多数城市都具有很大参考意义。

（一）城市公园绿地服务面积和可达性与城市发展建设较为一致

城市公园绿地服务面积是分析城市公园绿地可达性的重要指标。厦门市共有 91 个城市公园绿地，总面积 2 059 公顷，但是公园绿地面积比例较低且在行政区间分布不均匀。主要以岛内为发展中心呈扇形模式向外拓展，岛内的公园绿地基本可以满足岛内居民 4 种出行交通方式（步行、骑行、公交、小型机动车）在 30 分钟内通行使用的要求。

城市整体绿地服务面积与公众休闲路程用时增长呈正相关关系。虽然城市公园绿地分布不均匀，但城市公园绿地的发展进程与城市发展建设进程较为一致，绿地人口覆盖度较高，能够基本满足公众出行需求。这说明城市公园绿地的服务面积和可达性水平与城市发展建设进程密切相关。产生这种相关结果的原因可能是岛内的思明区和湖里区地处厦门市中心区域，具有较高的城市公园绿地需求，且作为早期规划区域，为城市公园绿地建设提供了有利条件，使这两个行政区的公园绿地建设数量多、规模大，如思明区的厦门植物园、湖里区的仙岳公园等。而岛外地区如翔安区、同安区用地类型中，农用地、未利用地占据一定比例，人口相对稀少，故还未进行大规模城市公园绿地建设。这与老旧城区的绿地可达性相较于新城区较差的观点相悖。究其原因，应与研究地中心城区自然山体较多，适合建设成为城市公园绿地，且厦门作为经济特区较早开展城市规划等有关。

（二）不同出行交通方式下的城市公园绿地可达性存在较大差异

分析城市公园绿地不同出行交通方式的可达性，可为公众休闲出行交通方式选择提供参考，并为城市公园绿地规划提供数据支撑。厦门城市公园绿地 4 种出行交通方式的可达性随行程时间的增加而产生较大的差异，其中小型机动车的可达性最佳，步行的可达性最差。步行 30 分钟为公众休闲步行行程时间极限，厦门城市公园绿地 30 分钟内可达性较低，但随步行和骑行时间的增长，公园绿地可达面积增幅较均匀；园博苑等大型公园绿地虽然景观效果好，服务设施齐全，但因海域的阻挡，岛内居民通过步行、骑行不易到达。骑行主要包括自行车及电动车骑行，骑行 10 分钟内，公园绿地的服务面积比例较低（16.64%）；当骑行时间达到 20 分钟时，服务面积比例有较大提升（46.94%）；骑行 30 分钟内整体公园绿地服务人口比例达到了 98.12%。小型机动车出行 10 分钟内公园绿地服务人口比例高达九成（97.48%），公园绿地能够服务大部分厦门市群众。公园绿地公交车出行可达性变化趋势与小型机动车较为相似，但随着行程时间的增长，由于公交运行的固定线路、时刻表等因素，小型机动车公园绿地可达性逐渐超过公交车。

城市公园绿地的可达性随不同出行交通方式和行程时间的增加而产生较大差异；城市公园绿地分布不均匀，导致其步行和骑行的可达性较差，或使公众到公园绿地可选的交通方式受到限制。这与老旧城区的绿地可达性相较于新城区较差的观点相悖；其原因可能与研究地中心城区自然山体较多适合建设成为城市公园绿地，且厦门作为经济特区较早进行了城市规划等原因有关。

（三）不同类型的城市公园绿地可达性存在较大差异

城市公园绿地的服务范围是衡量城市公园绿地可达性的重要指标之一。步行时间 10 分钟以内，厦门市中大型、大型公园绿地覆盖人口比例最小，仅分别为 4.51% 和 6.07%，这是因为中大型和大型公园绿地地理位置较为偏远，而且数量较少等原因所导致的；步行时间达到 30 分钟时，小型公园绿地服务人口比有较大的提升，达到 53.17%；中型公园绿地服务人口比最大（72.88%），其次为大型公园绿地（63.48%），最小为中大型公园绿地（38.94%）。骑行时间达到30分钟时，整体公园绿地服务人口比达到98.12%，中型公园绿地服务人口比达到九成以上（95.60%），其次为大型公园绿地（95.22%），最后为小型公园绿地（89.10%）。骑行时间从10分钟增加到30分钟，中大型公园绿地服务人口比由26.16%提高到81.47%，小型公园绿地服务人口比由36.47%提高到89.10%。以上数据说明城市公园绿地服务人口比例随着骑行时间的增加而明显上升，究其根源，或与东南丘陵地区城市绿地面积受地形因素限制有关。

城市公园绿地服务重叠度是衡量城市公园绿地可达性的重要指标之一，重叠度越高意味着可供公众休闲选择的公园绿地越多。步行时间10分钟内，厦门市小型公园绿地、中大型公园绿地和大型公园绿地的服务重叠度呈现供给不足，中型公园绿地则呈现供给匮乏；步行时间达到30分钟时，公园绿地服务重叠度处于供给平衡状态。这是厦门市中型公园绿地数量较少，而且步行路线长等原因所致，说明公园绿地服务仍有较大的提升空间。骑行时间30分钟内，小型、中型、大型公园绿地的服务重叠度分别为87.70%、94.09%和93.72%，均呈供给饱和状态，这说明可供居民骑行选择的小型公园绿地较多，但中大型绿地服务有待提升。小型机动车行驶10分钟，中大型绿地的服务重叠度达到63.64%，为供给充足状态；行驶30分钟，小型公园绿地、中大型绿地和大型绿地服务重叠度皆达到九成以上，分别为99.30%、97.21%和98.98%，为供给饱和状态。这说明配置不同类型的城市公园绿地可以满足城市居民根据不同的休闲时间选择不同的出行交通方式的需求。这与增加不同类型城市绿地对城市公园绿地可达性均有提升作用观点相近，其原因是城市公园绿地密度的提升，有助于提高公众到达城市绿地的便捷性。

（四）城市公园绿地可达性有赖于城市道路网的完善

厦门市4种出行交通方式未覆盖的公园绿地可达性盲区与城市道路网络空白区域大致相同，说明公园绿地可达性服务面积与城市道路网络完善程度高度关联。厦门市北部和东部为城市发展规划的增长空间，部分地区道路网络还有待进一步完善。步行时间30分钟内，大型、中型和中大型公园绿地的服务面积比例分别为 51.89%、52.73% 和 48.45%，差异不明显；步行时间 10 分钟内，中大型公园绿地的服务面积比例比较低，这是因为其周边路网构成单一、位置偏僻所致。厦门岛内公园绿地可达性高，总体呈以中部为核心往周边区域降低的态势，这是因为岛内东部为厦门的新兴建设片区，总体建设规模较大，但公共设施分布失衡、人口密度较低、道路网络不发达、公交线路不完善等导致周边区域公园绿地服务可达性较差。由此可见，城市边缘地区公园绿地分布少，是城市公园绿地资源较为匮乏的原因，道路网络、公交线路、慢行系统不完善等是导致城市边缘地区公园绿地可达性较差的原因。但是，随着城市建设的不断发展，道路等基础设施日趋完善，其公园绿地服务可达性也在逐步提高。这与提升城市绿地可达性主要应考虑增加城市绿地数量的观点相悖；原因是相较发达国家，东南沿海城市路网密度较低，因此在发展阶段，着重加强交通基础设施是提升公园绿地可达性的有效手段。

二、步行与骑行慢行可达性

可达性决定了绿地服务质量和效率。可达性与绿地布局、城市道路网建设、公园入口设置等密切相关。需要综合考虑步行、骑行、车行和公交等 4 种主要交通方式，在用时 10 分钟、20 分钟、30 分钟时的服务面积和人口数量。而步行、骑行等慢行方式是首选，因此建设"15 分钟生活圈"应以此种方式为基础。

（一）绿道与慢行可达性

绿道是一种以自然形态为主要特征的通道，能够有效结合各项景观要素，高度强调了自然条件的重要性。学界对于绿道的概念并未形成统一的认知，但始终离不开"自然与绿色"这一核心。慢性交通指的是以自行车和步行为主要途径所衍生出的交通形式，显著特征在于速度 ≤ 15 千米 / 时。在慢性交通体系中，绿道极具代表性，也是慢性交通系统中效果极佳的出行方式。

1. 国外绿道与慢行系统的经验

（1）纽约，重视城市街道的可持续发展，尤其关注行人和自行车等慢行交通。2013 年发布的《可持续街道：2013 及未来》战略计划，提出设计学校慢行区、住宅慢行区等。2009 年发布的《纽约街道设计导则》，侧重步行和非机动车道的设计要求。2016 年发布的《纽约交通战略规划：安全、绿色、智慧、公平》更具体提出，每年新增 80 公里自行车道，到 2021 年共新增 320 公里自行车道，使骑车人数增加一倍。

为了让自行车回归城市，纽约进行了一系列交通革新，以重塑城市公共空间。如将百老汇附近地区的机动车道改成步行街，修建多条自行车道，一些街道对机动车禁行，等等。这些既保护了城市的生态和人文空间，也减缓了因机动车造成的交通拥堵而导致的连通性能降低。

纽约的曼哈顿环岛绿道，尤其值得国内城市借鉴。曼哈顿区提出"打造 20 分钟骑行交通圈"的计划，在全岛建立较完善的自行车网络系统和环岛绿道系统。这些绿道连通性好，形成完善网络，并将历史文化遗迹贯穿其中。同时可达性高，通过绿道到达不同地区的时间大幅缩短。

（2）伦敦，多重慢行空间串联各类人文自然景观。目前，伦敦设置有包括环城绿带、都市步行环、朱比利步行环等在内的多条完整环形及带状慢行空间系统。这些慢行空间环环相扣，配合城市公共空间，共同形成了完善的适于步行的开放空间体系。环城绿带是伦敦城市开放空间系统的一大特色。绿带围绕全城，长约 242 公里，平均宽度 8 公里，最大宽度 30 公里。绿带内不允许建造房屋和居民点，保持着原有的乡野风光。环城绿带共连接了伦敦外围 10 多处人文和自然景观节点。

都市步行环是一条长约 125 公里的环绕伦敦内城的步行道路系统，串联起包括大型公园、历史景点等超过 50 个开放空间节点。24 公里长的朱比利步行环位于泰晤士河沿岸，穿越伦敦历史最为悠久的街区，历史文化氛围是其主要景观特色，国会大厦、圣保罗大教堂、伦敦塔桥等历史建筑与圣詹姆斯公园等自然景观，共同形成了其周围的 12 个主要景观节点。

（3）哥本哈根，慢行智能设计，让骑行者一路绿灯。丹麦有"自行车王国"之称，其首都哥本哈根的自行车交通系统堪称城市慢行系统的典范。

哥本哈根原本市中心街区狭窄，城区间还有几条交错的水道，环境并不特别适合骑行。但该市根据城区呈手掌形的特点，以市中心为出发点，按手掌五指延伸方向规划了公共交通，并打造了发达、便利的自行车慢行系统。

该市最为人称道的慢行智能设计，是智能调控系统"绿波"。这些镶嵌在自行车道上的无数盏小绿灯，通过与路口的交通信号灯的"合作"，提醒骑行者增减速度来调控车流。"绿波"还有可记录自行车车队的传感器，当车队接近路口时，绿灯时间会自动进行调整。

哥本哈根的城市慢行系统还提出道路空间分时专用的概念，以动态、智能的方式进一步提升街道空间的交通效率。蛇形自行车专用天桥，方便骑行者扔垃圾的45°角垃圾桶，等绿灯时用的垫脚石等城市公共设施的细节设计，也都十分有利于慢行交通。

2. 国内绿道与慢行系统的经验

（1）绿道建设依托自然山水资源，注重生态环境保护，同时与山体修复、河湖水系治理等环境改善工作相结合，一举多得。如福建龙岩莲花山绿道、福州"福道"等采用架空栈道的形式，顺应山体自然地势，尽量保护现状植被，避免对动物迁徙造成不良影响；广州东壕涌绿道将原来的地下河涌恢复为露天河涌，成为市民亲水休闲的好去处。

（2）绿道建设充分利用现有道路、林带等线性元素，改造利用存量土地，提高了土地资源利用率。如浙江省大量利用现状山地、古道，建设山地型绿道；深圳依托原特区"二线关"巡逻道，建设特区管理线绿道，依托原广深高速公路隔音林带，建设福荣都市绿道；厦门利用废弃铁路，建设铁路文化绿道等。

（3）绿道串联重要自然及文化资源节点，完善绿色空间网络，构建文化休闲"长廊"，进一步彰显了地域特色。如北京环二环绿道串联中心城区的主要公园，北京"三山五园"绿道联系京西历史名园等，提升环境品质，展现古都风韵；广州荔湾绿道串联起水秀花乡景色，展现了西关老城风情，突出岭南历史文化。

（4）绿道加强城乡互动，逐步形成吸引城乡居民休闲度假与康体健身、带动旅游经济发展的"致富之道"。这类绿道大多距离较长，横跨若干地区，沿线资源条件丰富。如广东增城绿道、成都温江绿道、南京中山陵绿道等，吸引游客体验田园野趣，带动了当地旅游经济的发展。

绿道系统的规划要串联主要公园、景观节点、公共开放空间等场所空间；改善慢行环境，完善文化展示和休闲健身等多元功能，倡导绿色出行和健康生活。建立激发郊野乐趣、承载丰富生活的绿道网络体系，满足居民游憩休闲和绿色出行双重需求，提升人民幸福感和获得感。绿道建设的最终目的是服务于人，不仅要让绿色生态空间看得见，更要能走得进、好到达，一般市民 5 分钟骑行或 10 分钟步行可进入社区级绿道，15 分钟骑行可进入城市级绿道，30 分钟骑行可进入区域级绿道。

（二）15 分钟生活圈

15 分钟生活圈是指居民在以住处为中心的一定活动范围内，为满足生活需求，步行或骑行 15 分钟距离内开展工作、教育、休闲、医疗、交流等多种活动而形成的空间范围，强调社区为单元的整体环境营造。

根据《城市居住区规划设计标准》（GB 50180—2018），居住区是指城市中住宅建筑相对集中布局的地区，将居住区依据其居住人口规模划分为 15 分钟生活圈居住区、10 分钟生活圈居住区、5 分钟生活圈居住区和居住街坊四级。5 分钟生活圈一般规模为 8~18 公顷，10 分钟生活圈一般规模为 32~50 公顷，15 分钟生活圈一般规模为 130~200 公顷，服务人口为 3 万 ~5 万人。

2016 年 8 月，上海颁布了重在顶层指引的《上海市 15 分钟社区生活圈规划导则》，并陆续在全市层面开展了社区生活圈的试点工作，以街镇为主体，上下结合形成行动项目清单，探索存量社区有机更新的新方法和新路径。主要工作体现在对生活圈配置清单、空间布局引导和相应实施机制的思考，重心落在基层邻里级公共服务设施的增量与提质、老旧住区的微更新等规划上，聚焦提升设施及空间的实施率与覆盖率。规划的任务，不仅是统筹安排好城市社会服务、文化营造、交往关怀、健康生活等多元要求，而且关注到与社区治理的紧密结合。

目前，国内已有上海、海口、广州、北京、长沙、杭州、武汉、济南、厦门等许多城市提出了当地的生活圈建设目标。

根据城市居民的出行能力、设施需求频率及其服务半径、服务水平的不同，划分出不同的居民日常生活空间，并据此进行公共服务、公共资源（包括公共绿地等）的配置。这种方式既有利于落实国家有关基本公共服务到基层的政策、措施及设施项目的建设，也可以用来评估旧区各项居住区配套设施及公共绿地的配套情况，如校核其服务半径或覆盖情况，并作为旧区改建时"填缺补漏"、逐步完善的依据；更有利于加快推进城市公园分级分类体系建设，构建以郊野公园、综合公园、专类公园、社区公园、街头游园为主，大中小级配合理、特色鲜明、各类多样、分布均衡的公园体系。

三、提升可达性的策略

对东南沿海高密度典型城市厦门市 4 种公园绿地类型（小型、中型、中大型和大型）、4 种出行交通方式（步行、骑行、小型机动车和公交车）和 3 种行程时间的可达性进行分析的结果表明：城市公园绿地空间分布不均，公园绿地较为集中并且主要分布在高度城市化、人口密集、经济发达的地带，存在一定的供需矛盾。从服务人口角度看，公园绿地可达性水平较高，能够满足城市化发展的需求；从出行交通方式来看，公园绿地步行、骑行可达性较差，未能满足居民日常休闲的需求。公园绿地分布、道路网络、公交线路和慢行系统密度是影响城市公园绿地可达性的主要因素。因此，本书提出以下 3 个提升策略。

（一）通过科学规划实现园林绿地的合理分布

由分析可知，东南沿海高密度城市部分边缘地区中大型绿地和大型绿地服务覆盖度较低，导致这部分地区的人口常常难以通过步行方式享受到满意的绿地服务；而城市中心城区，由于用地紧张，存在城市绿量小、人均绿地面积不足等问题。在人口密度相对较低的城市周边城区，在建设小型绿地同时可依托原有林地，营建大型、中大型绿地，并适当建设如绿道等条带状绿地，将各城市绿地进行串联，以提升公众绿地可达性和绿地服务面积；中心城区可适当增加微型公园绿地如社区公园，以增加绿地服务覆盖重叠度，减少单个城市绿地的游憩压力，以增加公众游憩选择的多样性；还可积极探索多种空间如垂直绿化、商业空间绿化的可能性。相关规划应具有一定前瞻性，在正确分析城市发展前提下科学地进行规划，以提高城市公园绿地分布的合理性。

（二）增加步行道、自行车道、公交站点，提高低碳出行可达性

4种出行交通方式中，小型机动车出行的可达性最高。但机动车出行会导致尾气排放、扬尘等环境污染。公交出行与小型机动车出行的可达性及服务面积变化相似，而公交出行相对于小型机动车更环保，未来的城市规划建设当中，应重点提升公交系统。步行、骑行是居民前往公园绿地的首选出行方式，不仅有益身心健康，同时更为低碳、经济、方便。步行、骑行、搭乘公共交通是对环境影响较小的出行方式，采用这3种方式出行能有效节约能源、减少城市污染、有益于公众健康。因此，在城市发展规划中，应着重考虑提升步行、骑行及搭乘公交的便利性，鼓励公众绿色出行。

（三）改进公园绿地管理，提高公园绿地的可进入性

城市绿地的通行出入口布设能显著影响公众到访绿地的便利性，适当增加城市绿地通行出入口，尤其是中大型绿地和大型绿地通行出入口，可显著提升绿地的可达性及公众抵达绿地的便利性。利用绿道将公园绿地串联可提高其可达性，在小型荒废地块或大型商业综合体等出入口增建社区公园可提高其服务性。此外，政策也是影响城市公园可进入性的重要因素，政策支持能有效促进城市公园提高公园绿地的可进入性；资金投入是公园绿地可进入性提升建设工作顺利进行的基本保障；专业人才的引导以及社会意识提升，可促进城市公园的提升建设。

第三节 预留可扩展性

可扩展性是指系统在面对需求变化时，能够方便地进行功能扩展或规模扩大的能力。一个具有良好可扩展性的建设方案能够适应未来的发展需求，避免重构或重新设计，从而降低了成本和风险。

一、弹性景观与留白

弹性在物理学上可以解释为"当引起物体变形的外力撤掉以后，变形物体恢复其原来形状和尺寸的能力"。在规划学中，弹性规划工作方法是指在整个规划过程或规划的某一环节具有比较大的灵活性和不完全确定性，促使规划既可在城市系统的正常发展中保持相对的稳定性，又能在城市系统发展的某些突发事件中显现出"维系其整体稳定"的可调节性。

实际上，弹性设计是应对需求变化的一种策略，将时间因素纳入空间设计，体现了巨大的包容性。把对于空间设计的理解扩展到从空间建成、使用乃至未来改造与更新的全生命周期。

（一）西方弹性设计理论与实践

在 20 世纪 60 年代，弹性空间设计在相关领域内得到体系化、理论化的发展，出现了一些关于城市空间结构改造的理论，比如富勒提出了"四维"城市空间结构的概念框架：①城市空间结构包括文化价值、功能活动和物质环境等三种要素；②城市空间结构包括空间和非空间两种属性，前者是指上述三种要素的地理空间分布，而后者则指在空间中进行的各类文化、社会等活动和现象；③城市空间结构包括形式和过程两个方面，分别指城市结构要素的空间格局和空间作用模式，形式与过程体现了空间与行为的相互依存；④城市空间结构具有时间特性。

20 世纪 90 年代后，可持续发展思想的渐入人心也促进了弹性设计理论在资源有效利用和人性化方面的有机结合，并逐渐渗透到景观设计等领域。正如科克伍德所说，"风景园林师正越来越多地被迫用更大的尺度和文脉，去解决基础设施的问题，自然和城市生态系统，以及文化和区域问题，而这些都与城市区域的再生、改造城市滨水地带或是河道环境有关。这些问题在以前仅限于工程、生态或区域规划范围，而现在需要风景园林师通过设计将它们进行衔接。"具体的实践包括特里克·盖迪斯在"印度城镇项目"中，从所有公民利益出发，通过保守的方式，使城市和弹性景观以原有的特色生存下去；查尔斯·艾略特为波士顿大都市区域保留剩余的荒地和风景资源，也体现了其弹性设计的思想。

（二）中国传统弹性思维及其应用

中国古代造园家们早就自觉地将弹性思维运用于中国古代园林的建造之中。他们通过对空间的虚实交织，景物的相互资借，从而引人联想，创造变幻无穷的景观，激发出历史无垠、空间无限的感觉。正如《园冶》中形容道："轩楹高爽，窗户邻虚，纳千顷之汪洋，收四时之烂漫。"

（1）"巧于因借"的造园手法。"因"指因地造园，"借"主要指借景。计成在《园冶·兴造论》中指出借景的根本目的是："借者：园虽别内外，得景则无拘远近，晴峦耸秀，绀宇凌空；极目所至，俗则屏之，嘉则收之，不分町疃，尽为烟景，斯所谓'巧而得体'者也。"由于造园要素的相对独立，设计师们需要从整体上将其巧妙地串联起来，这就依靠各种过渡路线和景点的互相影响、制约。一方面要因地制宜创造景观，另一方面还要重视相互资借，组织景观，丰富园景，扩大视觉范围，将有限的空间拓展为无限的空间。

（2）"精在体宜"的技术依据。"精在体宜"不仅是对造园过程中建筑、游园尺寸的要求，更能极大程度上展现景观的弹性，令其伸缩有度，以融合于周围的景观。比如苏州网师园架在水湾之上的小拱桥只有一步的跨度，既寓意长远，又使池面显得开阔。

（3）"松动结构"的弹性魅力。老子对于有无关系做出"虚实相生"的揭示，并在其熏陶下，古代绘画、书法、园林等艺术都遵循了这种原则。南齐谢赫说过，"若拘以体物，则未见精髓；若取之象外，方厌膏腴，可谓微妙也"。中国古典园林的"松动结构"便体现了虚实相生的思想，具体的运用体现在漏窗、假山（尤指太湖石）、门洞的设置，营造出通前达后的弹性景观。

（三）"留白"时空弹性设计

"留白"雅称"余玉"，是中国古代书法、美术、诗词等艺术中的一种艺术表现手法，简单地说就是在作品中留白，赋予其以广袤深远的意境，给人留下更多的想象空间。它既有"字画疏处可以走马，密处不使透风"的视觉美感，又能体现中国传统观念中对客观世界的理解，蕴含深刻的哲学思考，是形式与内容的精妙结合。中国山水画在源于自然的同时又给园林创作提供了灵感，因此留白作为山水画创作过程中重要的艺术手段和中心环节，对于园林具有指导意义。

"留白"最初用于绘画、音乐等文学艺术作品中，需要观者、听众自己体会联想。经过演变拓展，"留白"逐渐应用到摄影、建筑等方面。近年来，为了提高城市规划的弹性，众多学者也将"留白"理念引入规划中，如新加坡的"白地"规划、上海的空间留白机制以及北京的战略留白用地等。

自然资源部办公厅 2020 年 11 月发布的《国土空间调查、规划、用途管制用地用海分类指南试行》（以下简称《分类指南》）中，将留白用地界定为"国土空间规划确定的城镇、村庄范围内暂未明确规划用途、规划期内不开发或特定条件下开发的用地"。其核心内涵有三个：一是土地预留。在当前时间节点，特定的经济社会发展形势下，对条件不成熟或者导向不明确的留白区域暂不规定用途，而是待未来条件成熟后才对区域用途做出规划。二是保持现状。留白并不是使现状用地闲置荒废，而是在规划期内根据现状土地用途正常使用，在未来进一步明确开发导向和开发时序前严格限制范围内其他新的开发建设行为。三是应需而定。留白用地的功能用途与布局，应根据城乡建设发展、生产经营方式和结构调整、民生改善与公共设施建设需求，以及国内外安全保障的客观要求，谋定而后动。

（1）空间视觉上的"留白"。"留白"在弹性景观设计中非常必要，一个景观作品如若被各种要素塞得密不透风，就会给人们带来呆滞感。"方寸之地亦显天地之宽"，适当的留白，稀疏相间，更能使得景观彰显活力。景观在有限的空间内展现出无限的视觉效果和功能变化。比如中国古典园林设计中强调"巧于因借"来扩展变幻空间，"精在体宜"为景观视觉上的伸缩有度提出合理的原则。

（2）时间发展中的"留白"。在设计过程中将历史融入其中，将未来不确定的因素考虑在内，不仅包含横向、纵向、立体这三维视角，还要赋予空间第四维要素，使同一空间在不同时间点呈现出异样的功能形态，更能起到承前启后的作用，即展现出功能与形态的时间弹性。无论是城市规划，还是具体的景观设计，都需要做长远的考虑。园林绿地功能能否适应今后几年甚至几十年的发展变化，需要预留空间。

（四）完善水弹性系统

完善水弹性系统可以从缓解、过滤、净化三方面着手。首先，景观绿地、河岸湿地等能够"消化吸收"雨水和污水，补充地下水，缓解地面缺水的压力。其次，将过去的硬质铺装改造成人、植物和水资源三方的过渡空间，如利用旱地喷泉装置等亲水平台，将硬质铺装转变为可下渗的过渡层，让人们既能够在平台中活动，又能与景观植物亲密接触。最后，在环境所能承受的范围内营造河岸湿地，湿地植物在生长时会对水中的污染物起到净化、降解的功效，能够对水循环、植物以及土壤起到积极的过滤作用。

二、模块化与标准化设计

模块化理念最早出现在儿童玩具中，东方 1 800 余年前有鲁班锁，西方 1934 年发明了乐高积木。两种玩具样貌不同但原理却如出一辙，均是利用几个基本模块元素，拼凑出多种不同形式的组合方式。

所谓的模块化设计，简单地说就是将设计作品的某些要素组合在一起，构成一个具有特定功能的单元，将这个子单元作为通用性的模块与其他产品要素进行多种组合，构成新的单元，产生多种不同功能或相同功能、不同性能的系列组合。

模块化设计能够将产品进行成系列的设计，形成鲜明的套系感与空间特征，同时利于设计作品的后期衍生开发。标准化的组件，使得产品可以进入高效率的流水生产，节省开发和生产成本。各模块间存在着特定的数字关系，可以组合成需要的多种形态模式；各模块间具有通用关系，模块单体在不同的情况下可能充当不同的角色。

一般来说，园林景观规划可以划分为功能性空间和景观性空间两种体系。景观性空间是承担视觉性景观体验的景观设计，主要是指以植物为载体的相关景观设计。景观性空间是以植物的多样化构建而成的，包括住区内植物的品种配置、色彩组合、层次搭配等。功能性空间主要指的是具有主观性的景观设计，其承载了人的行为活动、情感要素、精神交流等具有社交属性的一系列功能空间，主要包含综合活动区、老人活动区、儿童活动区、青年运动区等。

功能性空间是可扩展性的关键，预留模块的尺度是首要问题，模块设计的尺度与该模块承载的功能和人流量息息相关。

各功能模块的尺度不仅需满足单人的生理尺度规范，还需满足多人共同使用的尺度要求，形成有安全感、舒适感、亲切感的功能空间。在进行尺度设计时，首先要明确功能模块的主要使用人群。儿童与成年人的活动尺度存在较大差异。人群和尺度的匹配是尺度设计的重要原则。需注意的是儿童在成长过程中身体机能变化快，在进行器材模块设计时需针对不同年龄层（如 3~4 岁、5~7 岁、8~12 岁等）做具体设计。尤其是"一老一少"是公园的主要使用群体，因此在模块尺度的控制上，需兼顾儿童与老年人的特殊性。此外模块尺度的控制上还需预留弹性生长空间和一定的尺度灵活性，既能够满足多种年龄层段的不同需求，又能兼具未来功能拓展带来的空间变化需求。

对于运动场地模块的预留，要考虑标准尺寸和功能组合。公园绿地内的健身运动主要是以休闲健身为目的而非体育比赛训练，因此运动场地可以选择半场运动场地、非标准运动场地等相对灵活的尺度，在有限的土地面积下并非必须采用标准尺度。排球、羽毛球、篮球、网球等功能模块尺寸需求相似，需大尺度模块。当绿地面积有限时，需进行功能转化或者功能重组的形式，达到多功能的目的。例如，在篮球场旁边同时画上排球或者羽毛球的标线，有利于节约面积。通过平面的合理布置，亦可将篮球场划分为多个羽毛球场和乒乓球场，乒乓球和羽毛球活动可在同一时段进行，满足居民日常活动的需求。

三、建设成长型园林

随着城市建设的不断推进，城市与园林、居民与园林之间形成不同接驳界面；同时随着人口结构的变化，人们会对商业、文化、体育等有新的需求。需求因时而变，功能因需而变，必须建设具有可扩展性的成长型园林。

目前，成长型理念多应用于城市区域交界地带，如新城区、老城区、滨水廊道等，对其的景观更新设计存在矛盾性与复杂性，该理念的运用对城市空间功能多元融合、地域特色文化塑造、景观抗干扰性等具有重要意义。如赵万民以城市旧城区更新改造为例，保留城市肌理并贴合旧城风貌，来促进旧城区都市形态的转变，实现多元化功能的融合，提升城区活力。张琳、冯思豫等从景观设计角度利用植物的可塑性打造滨水生态区，提高整体生态系统的稳定性，从而实现滨水区域的可持续生长。刘子意通过对制度因子、人群需求、空间结构等对大学校园中景观生长型的影响进行研究，其中校园文化、建筑布局的变化会决定整体空间景观的延续性程度。刘彤彤则阐述了景观包含的可生长性，其空间融合性、历史人文的传承力度、形象风格上的变化统一、各区域景观整体发展步调协调等共性特征。

（一）与自然共成长

成长型景观设计在城市尺度上多注重生态廊道的建立，并以此为生长脉络形成极具特色的城市文化内核的景观，优化景观功能结构形成生长肌理，同时有意识提高人群参与的自发性，来打造活力景观空间生态保育区。这是设计师们首要解决的一个比较复杂的问题。

生态保育区应成为可供动植物栖息并对环境没有危害的绿色空间，并保留现状一部分的荒野景观。这一目标的实现，首先需要创新性地提出针对性的措施和细致的实施方案。另外，在现场施工时不能过度扰动地上地下的现状物，也对设计提出了更高的挑战。其次，设计师们以往的设计经验和知识储备大多围绕满足游人的游憩需求方向，而生态保育区是小动物的自由栖息地，是植物实现自然演替的空间，这一新的设计内容提出了有别于传统设计项目的巨大挑战。在设计过程中，设计师们与行业专家共同研讨场地的生态修复策略，并咨询了动物学专家，研究了动物的习性和所喜爱的环境，同时开展了场地的动物观察监测，并会持续开展相关工作，不断积累经验。

（二）与城市共成长

在现代园林绿化的设计建设中，公园项目建设常常一次成型，仅能满足短期内的政策与人群需求，而随着社会现代化进程加快，政策的不断出台与调整，人们对城市公园的功能提出了更高要求。如果无法跟上时代脚步，出现脱节与使用率低等状况，那么就算是重新规划和调整公园建设，也会出现大量资源浪费。

园林绿地的分区布局均与周边城市组团的功能相结合，与保留建设组团的功能互补，未来随着建设组团的完善，不断成长；必须与城市共成长，不能仅满足当下人们的需求，更要具备预见和适应已知或未知干扰的能力，当外界信息发生变化时可以迅速做出回应；具备一定的预判能力和较强的调节能力，进而能够应对随时随地可能发生的衍生和突发情况，有效增强景观的后续力量。

同时要能够将公园绿地空间与外部空间联系起来，与城市绿色廊道相适应，通过合理的功能结构将城市公园内部绿地空间之间联系起来，以更高层次、更高水平的系统设计策略，更新和优化城市绿地的功能结构。

（三）与居民共成长

园林绿地的建设应注重近期发展与长远规划的结合。首先，根据面积大小、发展规划等制定出近期和长久两个要求不同、发展目标不同的蓝图，根据"近期规划、远期预留、动态发展"的原则规划城市园林，要充分利用有限资源，满足人们在不同时期的发展需求。其次，在不影响城市公园景观整体效果的前提下，分区域留出部分闲置用地，将其打造为林荫花园、阳光草坪、运动公园等休闲区，当未来与远期发展目标存在冲突时，可以把这些休闲区改造成适合未来生活的功能场所。公园建筑占地，包括各种游憩建筑、服务建筑和管理建筑，在不超过用地比例的前提下，用足指标、整体设计、分期实施，既减少一次性建设投入，又给未来留有"余地"。预留空间并不是让设计师们完完全全留出一大块空地，而是要求设计师做出前瞻性的设计，尽量减少未来的大幅变动，通过低成本的微更新就能使园林绿地与时俱进。

参考文献

[1] 奚越，陈云文. 实用主义美学对我国园林实用性建设的借鉴与启示 [J]. 建筑与文化，
2022（7）：251-254.

[2] 丁雨柔. 浅析近代苏州园林功能的转变 [J]. 西部学刊，2024（5）：98-101.

[3] 周向频. 中国古典园林的结构分析 [J]. 中国园林，1995，11（3）：26-30.

[4] 梁明捷. 岭南园林实用主义的风格特征初探 [J]. 美术学报，2015（1）：24-27.

[5] 陆琦. 岭南造园与审美 [M]. 北京：中国建筑工业出版社，2005.

[6] 孙艺，宋聚生，戴冬晖. 国内外城市社区公共服务设施配置研究概述 [J]. 现代
城市研究，2017（3）：7-13.

[7] 李远. 基于供需平衡的城市公园布局公平性评价研究 [D]. 重庆：西南大学，
2017.

[8] 李博，宋云，俞孔坚. 城市公园绿地规划中的可达性指标评价方法 [J]. 北京大
学学报（自然科学版），2008（4）：618-624.

[9] 尹海伟，孔繁花，宗跃光. 城市绿地可达性与公平性评价 [J]. 生态报，2008（7）：
375-383.

[10] 黄思颖，徐伟振，傅伟聪，等. 城市公园绿地可达性及其提升策略研究 [J]. 林
业经济研究，2022（43）：89-93.

[11] 李敏稚，怀露. 15分钟生活圈视角下城市公共绿地服务评价 [J]. 南方建筑，2023（6）：
32-41.

[12] 肖作鹏，柴彦威，张艳. 国内外生活圈规划研究与规划实践进展述评 [J]. 规划师，
2014，30（10）：89-95.

[13] 《城市规划学刊》编辑部. 概念·方法·实践：15分钟社区生活圈规划的核心要
义辨析 [J]. 城市规划学刊，2020（1）：1-8.

[14] 陈睿莹. 从模数化到模块化设计 [J]. 艺术与设计（理论），2012，2（12）：
128-129.

[15] 王崑，王静，张九玲，等. 弹性设计理念下的城市河道景观规划设计探索 [J].
生态经济，2018（10）：229-236.

[16] 王笑笑，赵华甫. 留白用地的定位及管控机制研究：基于国土空间规划语境 [J].
中国土地，2021（1）：22-24.

[17] 李诗佳，王崑，么迪，等. 一种新的审美方式："量化留白"在园林景观设计中
应用的可行性 [J]. 江苏农业科学，2015，43（11）：263-267.

[18] 黎子铭，王世福. 关键地段留白的精细化治理：新加坡"白地"规划建设管理借鉴
[J]. 国际城市规划，2021，36（4）：117-125.

第六章　好养园林的技术要点

好养，体现五好园林的生态性。园林管养是长期投入，并直接影响其观赏性和功能性。低成本养护既是节约性的要求，更是生态性的原则之一。好养主要体现在植物及材料选择、新技术及新能源应用、智能管养与智慧管养，通过"低干预"设计、植物及材料的合理选择实现"低维护"；通过新技术应用和智慧管养，减少资源和人力投入，实现"低消耗"。

园林是有生命的艺术，"三分种，七分养"充分说明了养护管理的重要性。不同于工程建设，养护工作实效性极强，又具有长期持续性。常规园林养护的主要内容包括以下几项。

（1）灌排："活不活，在于水。"适当的水分是植物各种代谢活动中最重要的因素。一是根据植物的生活习性及其代谢、光照、温度、空气湿度、土壤湿度等条件，及时适当地向植物提供足量和适量的水分；二是做好排水措施，防止过量用水，造成水涝；三是注重打孔、松土，提高土壤渗透性，增强排水和灌溉效果。

（2）施肥："长不长，在于肥。"植物必须在其代谢活动中不断吸收营养。必须及时、适量地为植物提供营养。肥料应该以有机肥料为主体，辅以速效无机肥料，特别是灌木和多年生木本花卉；同时，针对具体的保护对象及其生长发育条件进行有针对性的施肥。绿肥要注意消杀，防止引入病原菌和害虫；交替使用不同肥料及其组合，避免长期使用一次性肥料。

（3）病虫杂草防治："成不成，在于治。"从水肥、修剪等整体考虑，通过科学管养，增强植物自身抗性和物理手段是主要方法，积极推广生物防治、绿色防治，辅以化学防治。在保留补救措施的同时，注意药物的替代使用；防止影响景观的杂草入侵和蔓延，特别是对一些繁殖力强、扩张能力强的植物。

（4）整形修剪："美不美，在于剪。"一是及时修剪形状，使其外形规整，高低有序；二是根据植物的习惯和生长情况及时修剪；三是及时去除枯枝黄叶、害虫枝条和密枝叶，使其具有优美的姿势和茂盛生长。

（5）更新补植："齐不齐，在于补。"部分死亡植物及时补植更换；生长不良及受损的绿地要及时研究原因，采取修复措施并防止进一步的恶化；按照时序，更新花带、花坛、花镜等。

当下城市园林绿化养护主要存在两个问题。

一是资金投入不足。绿化养护费一般由区县政府财政部门专项拨款。虽然有明确的养护费标准，但在执行过程中因为财政收入的原因，往往被大打折扣，实际用于养护费用的资金并不能够维持较好的景观效果。长期的低价招标，导致绿地养护管理水平严重滞后于绿化建设发展的速度。养护资金投入少，往往造成植物长势衰弱、病虫害严重、杂草丛生，严重影响观赏性和功能性。

二是养护队伍建设不足。目前，园林绿化队伍参差不齐。由于薪资一般，无法吸引高素质、高技术队伍，尤其对于名优树木、珍稀树种的培育和管理的园艺师。多数养护队伍没有建立标准化体系，管理相对松散。许多一线绿化工人都是临时工，没有进行专门的绿化养护培训，操作无法按照养护规范进行，有时甚至因养护不当，损伤园林植物。

第一节　植物与材料的选择

一、乡土植物的应用

（一）乡土植物的定义

一般植物包括自然植物和人工植物两部分，自然植物是指不依赖人为作用，在自然条件下依靠自身的力量萌发、生长、繁衍而完成生活史的植物。人工植物是指在人为的作用下，通过栽植、养护，改善和美化城市环境的植物。

人工植物是城市中植物的主体，又可以分为两类。一类是外来树种，就是被人们从外地引入到某城市，并经过长期的生长发育适应了该城市所在辖区的生态环境，并生长良好的那部分植物。另一类是本地植物，就是被人们从当地的自然植被中引入到城市中，经过驯化，培育能够适应该城市的生态环境的植物。从许多城市的绿地建设来看，越来越多的外来植物成为城市绿化的主角，它们也和本地植物一样，这在当地经历漫长的演化过程，最终适应了当地的生境条件，其生理、遗传、形态特征与当地的自然条件相适应，普遍具有较强的适应能力。

乡土既是空间地域的概念，同时也包含文化层面的含义。乡土是我们的物质家园，也是我们的精神家园。文学意义上的乡土，既是一种客观物质存在形态，更是一种精神现象，是一种文化象征与文化信念。它是民俗文化、民族文化和传统文化的风格特征。不难看出，乡土实际上是一个动态的概念，今天不是乡土的东西随着历史的发展，明天就可能成为乡土，而已经成为乡土的东西将会永远乡土。根据上面的论述，乡土植物含有文化层面的含义。

综上所述，从城市园林绿化的角度来讲，乡土植物应从广义上和狭义上定义。广义上讲，乡土植物就是指经过人工长期引种、栽培和繁殖并证明了已经非常适应所在辖区的气候和生长环境、并生长良好的一类能代表当地植物特色，具有一定文化内涵的植物。狭义上来讲，乡土植物就是指本地"土生土长"的植物，不包括已经适应某城市环境的外来树种。

（二）乡土植物的特点

（1）彰显地方文化。我国历代都重视乡土植物的运用，5 000 年的传统文化，形成了许多乡土植物的文化底蕴，人们在享受城市园林生态环境服务的同时，还潜移默化地融会自己的思想情绪和理想哲理于城市园林中。乡土树种因其浓郁的乡土气息在绿化景观中最能表现地方特色，营造特色景观。它与城市的标志性建筑、城市入口、城市中心、城市节点一样有较强识别性和标识功能，比如日本的樱花、加拿大的枫树，以及我国西安的国槐、成都的木芙蓉、攀枝花的木棉等。

（2）生态适应性强。适地适树是城市绿化的基本原则，植物是体现地方特色的要素之一。不同的地理区域、不同的气候带、不同的土质、水质上生长不同的植物，它是地方环境特色的有机组成部分之一。乡土植物是在本地长期生存并保留下来的植物，已经对周围环境有了高度的适应性。乡土植物有助于提高城市的韧性。在面对全球变暖、极端天气等挑战时，使用乡土植物的城市绿地能够更好地应对变化。

（3）性价比高。乡土植物经过长期的栽培，抗逆性强，栽培技术简单，也具有极高的观赏价值。只要通过科学地配植和养护，乡土植物也完全能够营造出多样的景观效果。乡土植物价格相对便宜，运输成本低，栽植及后期管理较方便。由于它们与当地环境的高度适应性，用水、用肥和维护成本大大降低。

（三）乡土植物的应用案例

在北京，随着对城市热岛效应和空气污染问题的关注，多种乡土树种（如柠檬香樟和北京白杨）被大规模种植。它们不仅能够提供阴凉处，还可以吸收并储存大量的雨水，从而帮助城市应对雨洪问题。

成都作为一个历史悠久的城市，一直重视乡土植物在城市绿化中的作用。通过种植当地的乡土植物如川椒、竹子和香樟，成都成功地构建了一个具有鲜明地方特色的城市绿地系统。

杭州有"人间天堂"的美誉，其独特的水乡风貌和丰富的植被是城市风景的核心组成部分。其中，柳树作为一种乡土植物，在杭州的城市绿化中有着广泛应用。沿着西湖边，曲折婆娑的柳枝随风舞动，为游客带来了一种宁静而诗意的感觉。不仅如此，柳树还有较强的适应性和净化空气的功能，对于改善城市微气候和空气质量都起到了积极作用。

海南岛作为中国的热带地区，拥有丰富的热带植被资源。其中，棕榈科植物是岛上的标志性植物，广泛应用于城市绿化中。这些植物不仅具有较强的耐热和耐旱性能，还为城市带来了独特的热带风情。无论是街道、公园还是居民区，棕榈科植物都为海南的城市景观添加了亮丽的色彩。

诸暨市作为西施的故乡，有着深厚的历史文化底蕴。桂花树作为当地的乡土植物，与城市的文化特色紧密结合。每当秋季，整个城市都被桂花的香气所笼罩，为居民和游客提供了一个独特的文化体验。

国外同样有乡土植物在城市绿化中应用的成功实例。加拿大温哥华，每年春季，整个城市都会被樱花所覆盖，成为一片粉红的海洋。樱花树不仅为城市带来了美丽的景观，还吸引了大量的游客前来赏樱。这种乡土植物与城市的文化和气候完美结合，为温哥华的城市绿化做出了巨大贡献。

美国波特兰有"玫瑰城"的称号，但其城市绿化中不可或缺的还有大量的橡树。橡树具有很强的生命力和适应性，为波特兰的街道和公园提供了浓厚的绿荫，同时也为许多鸟类和小动物提供了家园。

澳大利亚悉尼，其城市绿化中广泛应用了桉树。桉树不仅具有良好的耐旱性，还能够净化空气，提供清新的空气。它的深绿色叶片和特有的香气为悉尼的城市景观带来了独特的风貌，同时也为居民和游客提供了一个宜人的生活环境。

（四）乡土植物的应用原则

（1）遵从乡土植物习性。不同的乡土植物有不同的习性，土壤、温度、气候、移栽季节、向阴地、向阳地、干湿性、抗风力、抗虫害、抗污染等都是重要因素。可选择优良乡土树种作为骨干树种，搭配一定数量的外来树种，形成稳定的群落结构，增强抗逆性和韧性，有利于保持群落的稳定，同时形成丰富多彩的景观效果，满足人们不同的审美需求。

（2）体现乡土植物美感。乡土植物的美感和其他园林植物一样，体现在叶、花、果、色彩、形态等方面，在设计当中，可以充分地利用乡土植物的美感营造景观，或者与其他景观小品搭配，取得相得益彰的效果。

（3）突出乡土植物的地域特色。乡土植物具有很强的地域性，代表了一定的地域文化和地域风情，在长期与人的相互作用中，形成了独特的场地记忆。在设计当中，可以结合这些文化特质营造富于地域特色的景观。

二、土壤和排水处理

虽然乡土树种有更高的生态适应性，但同样需要落实建设和养护一体，在设计和建设阶段，保证施工质量，同时综合考虑养护的需求。对于植物生长，土壤处理和排水处理是重中之重。

（一）土壤处理

土壤处理，必须掌握不同的土壤类型所具有的不同性质和特点，然后制定针对性的措施。

（1）土壤检测。常见的土壤类型包括砂土、黏土和壤土。砂土通气性好但保水能力较差，黏土保水能力强但通气性差，壤土则具有较好的通气性和保水能力。

（2）土壤改良。树木生长的土壤应具备适当的通气性和保水性，因此需要根据实际情况对土壤质地进行改善。对于砂土，可添加适量的有机质，如腐熟的堆肥或木屑，以提高其保水能力；对于黏土，可以加入沙子来提高通气性。如果土壤过于酸性或碱性，可以施用适量的酸碱中和剂来调节土壤的 pH 值。有机肥料是改善土壤质量的一种重要手段。有机肥料能够增加土壤的肥力，改良土壤结构，促进树木的生长。常用的有机肥料包括腐熟的堆肥、鸡粪、牛粪等。

盐碱地含盐量高，碱性大，当土壤含盐量在 2% 以上时，树木根系很难从土壤中吸收水分和养分，造成生理干旱和营养缺乏。土壤中的盐分达到一定浓度时即影响树木的根系吸收活动，甚至对树木根系造成毒害，直接危害树木的生长发育和开花结果。

盐碱地改良措施包括：水利改良，盐一般随水来，随水走，所以需要建立完善的排灌系统，做到灌、排分开，通过灌水冲洗、引洪放淤等，不断淋洗和排除土壤中的盐分；化学改良，可利用磷石膏、石膏、矿渣、硫黄粉等，以及腐殖酸类进行施入，可有效改良盐碱；农业技术改良，通过深耕、平整土地、加填客土、盖草、翻淤、盖沙、增施有机肥等改善土壤成分和结构，增强土壤渗透性能；生物改良，种植和翻压绿肥牧草、秸秆还田、施用菌肥、种植耐盐植物、植树造林等，提高土壤肥力，改良土壤结构，并改善小气候，减少地表水分蒸发，抑制返盐。

选择适合的耐盐碱植物种植，确保选择的植物具有较强的适应能力，能够在相应的盐碱环境下生存和生长。适合在盐碱地上生长的植物分为聚盐植物、泌盐植物和拒盐植物三类。聚盐植物的茎和叶常肉质化，能够从土壤中吸收大量的可溶性盐并聚集在体内，但自身不会受到伤害，这类植物比较常见的有盐地碱蓬、盐角草等。泌盐植物则是通过根部或其他部位排出体内过多盐分的植物，这种特性使它们能够在盐碱地生存和繁衍，有效地减轻了植物体内过多盐分的负担，避免了盐分积累导致细胞毒害，柽柳和补血草是这类植物的典型代表。拒盐植物一般生长在盐碱化程度较轻的地区，根部细胞对于盐分的透性小，使得植物吸收的盐分很少，具有代表性的植物有盐地风毛菊、田菁、艾蒿等。

（二）排水处理

排水的处理同样不容忽视。土壤含水过多，易造成树木生长不良甚至死亡。不同树种、不同年龄、不同长势以及不同的生长条件，树木对水涝的抵抗能力会有所不同。常用的排涝方法有以下几种。地表径流，地表坡度控制在 0.1%~0.3%，不留坑洼死角；明沟排水，适用于大雨后抢排积水；暗沟排水，采用地下排水管线并与排水沟或市政排水相连，但造价较高。

保持土壤湿润是树木成活的主要条件，除在栽植后浇足定根水外，还应根据气候情况及时补充水分，尤其是枝叶萌动、生长旺盛的季节，常绿树栽植后，干旱时除浇定根水外，对枝叶也应经常喷水，但是土壤中水分始终呈饱和状态，通气性不良，也不利于树木生长发育。低洼地区会导致积水，应注意挖排水沟及时排水。

三、观赏草的应用

观赏草包括真观赏草和类观赏草两大类。真观赏草特指禾本科中有观赏价值的种类，其中竹亚科的一些低矮、小型的竹子也列入观赏草范围。类观赏草则包括莎草科、灯芯草科、香蒲科、花蔺科和天南星科菖蒲属等有观赏价值的植物。

观赏草由野生植物驯化而来，因此成本较低；它生性强健，对土壤要求不严，对瘠薄土壤和干旱具有极强的适应能力，具有广泛而优良的生态适应性，以低维护著称。观赏草粗犷、无拘无束，具有优美的叶形、叶色、花序、质地、株形、种穗等；观赏草姿态优美，随风轻轻摇曳，能营造出如画般的光影效果；观赏草种类繁多、形态各异、色彩丰富、观赏期长；观赏草与主景植物组合搭配不会抢其风头，是非常好的背景植物，单独种植也能拥有较好的观赏效果。

（一）观赏草的分类

1. 按植株的形态划分

观赏草的植株高度相差很大，矮的只有几厘米，高的可达 5 米，对于同一种观赏草，在不同季节的高度变化巨大。

高型观赏草（株高 1.8~4.5 米）：片植或者群植较高的观赏草，能快速生长成可以分割空间的屏障，如巨芒草、花叶芦竹等。

中高型观赏草（株高 0.6~1.8 米）：常被用作代替灌木丛营造空间，如画眉草、斑叶芒等。

矮型观赏草（株高小于 0.6 米）：多数被用作地被，更低一点的观赏草可形成低维护成本的草坪。

2. 按叶色颜色划分

常年绿色：大多数的观赏草的叶是深浅不一的绿色，其中有的终年常绿，叶色全年都一致，如多年生的花草和天门冬科沿阶草属；还有一些是秋冬季落叶的种类，如禾本科的画眉草、芒属的芒和一些种与品种。

常年异色：①黄叶的观赏草。拥有鲜黄和金色这种令人激动的色彩，如金叶矮石菖蒲、金心山麦冬。②拥有从蓝到灰的颜色的观赏草。生长季节中，鲜艳的蓝绿色到接近灰色的观赏草，如蓝刚草、黄假高粱。③深色叶观赏草。拥有能带给人们强烈视觉冲击和想象力的红色、紫红色、近黑色的观赏草植物，有紫叶狼尾草、血草。④花叶观赏草。叶片上斑斓的颜色或者斑纹，非常引人注目，如斑叶芒、花叶水葱、花叶芒。

3. 按生长习性划分

冷季型观赏草：适宜的生长温度在 15~25 ℃之间，当气温高于 0 ℃时，生长缓慢。通常在一年中较冷的月份处于最佳状态，并且可以露地过冬。气温低于5℃时，冬季北方大多数植物进入休眠期，冷季型的观赏草还可以保持新鲜，甚至持续整个冬天，丰富冬季的景观色彩，如羊茅属植物、金丝薹草、细茎针茅。

暖季型观赏草：夏季是暖季型观赏草旺盛生长的时期，最适温度为20~30℃，通常它们比冷季型观赏草高大，冬天的叶色较为暗淡，如拂子茅、细叶芒、蒲苇、狼尾草等。

（二）观赏草的观赏特性

（1）多样的株型、叶形。观赏草的植株及叶片形态多样，变化无穷。如高大挺拔的芦竹，株型圆柱状，为直立型观赏草；短小刚硬的蓝羊茅，叶片直立从植株中部长出，属丛生型观赏草；柔软飘逸的薹草，叶片呈优雅的弧形，是匐状型观赏草。观赏草丰富的叶姿株型本身就有很高的美学价值，与常见双子叶园林植物宽大、平展的形态形成鲜明的对比，丰富了园林植物的形态结构，给园林景观增加了美感。

（2）形状独特的花序。与观花植物鲜艳的花朵相比，观赏草变幻无穷的花序美感更加独特。如荻的花序飘逸洒脱；狼尾草的花序美丽俊俏；高大的蒲苇草的花序则朴实壮观，有着雕塑般的凝重美；芒草类银白色的圆锥花序迎风招展，长期宿存，迎霜斗雪，经冬不凋。观赏草的花序色彩还可随着物候而变化，新抽生的花序为暗绿、红色、粉红、青铜色等，成熟后变为棕褐色、灰白色、褐色等。随着光线照射角度和时间的变化，观赏草的花序还可以捕光捉影，营造出丰富的光影效果。

（3）色彩丰富的叶片。观赏草叶色丰富多样，叶片和花序的颜色富于变化，不同种类间叶片色彩差异很大。除了常见的绿色系如蒲苇、针茅等，还有自然古朴的黄色如疏花山麦冬、尊贵壮观的金色如金丝薹草、浪漫多情的红色如血草、高贵典雅的蓝色如蓝羊茅、幽淡空灵的灰色如异燕麦，甚至神秘奇特的紫黑色如紫御谷等。还有一些珍贵的观赏草品种叶片中间或两边生有浅色条纹、斑点等花色，大大提高了其观赏价值。同种类的观赏草叶片在不同的季节也有不同的颜色，如狼尾草叶片的颜色随季节而变化，从春季的淡绿色历经夏季的深绿色、秋季的橘红色到冬季的金黄色，这些都极大地丰富了景观的色彩。

（4）千姿百态的质地。观赏草种类多样，形态万千，质地也千差万别，且每一种质地都有其独到的可欣赏之处，可以通过触觉感知、视觉判定。多种质地的观赏草协调搭配其他植物可以给人以触觉和视觉上的冲击。有的观赏草茎叶细致柔滑，如灯芯草；有的观赏草叶片质地厚重而叶表光滑，如宽叶香蒲；有的观赏草叶片表面粗糙有毛，如玉簪属等。质感迥异的观赏草配置在园林景观中，使得景观更加新奇、活泼、生动。

（5）独特的韵律之美。观赏草在园林景观中带给人们视觉美的同时，还展示出独特的韵律美和动感美。许多观赏草叶片细长柔软，伴随温柔的春风、萧瑟的秋风抑或冬日里的寒风，纤细的茎秆与柔软的叶片摆动出婀娜的舞姿，或轻挪柳腰，或上下翻滚，高低起伏，尽现动感之美。枝叶间随风沙沙作响，演奏出自然的韵律，使人们真切地感受到自然界的无穷魅力，并焕发出无限的遐想。

（三）观赏草选择原则

（1）适配生态性和稳定性。绝大多数的观赏草生长迅速，管理粗放，在生长过程中几乎不需要特别维护，只需要春季将地上部分修剪一次。它们的适应性高于其他植物，既耐干旱又耐水湿，在其他植物不适宜生长的地方，大部分草都能生长。适应性强的观赏草对土壤的适应性广，砂土、黏土、壤土等都能生长；pH 5~8都能生长，耐贫瘠性强。如蓝羊茅、狼尾草、芒等禾本科的一些种与品种都是很好的选择。

湿地公园拥有复杂的生态系统，是水陆之间的过渡地带，大多数土壤浸泡在水下，这种土壤成分和类型有其特殊性。现在选择应用较多连接两岸的水生观赏植物如蒲苇、芦苇、灯芯草，这些观赏草都广泛地存在并能忍受冰冻。要营造一个完整的湿地生态系统，提高当地的生物多样性，所选择的观赏草植物本身具有较高多样性，能提供不同层次的林冠或具有较好的隐蔽性的草丛，来建造湿生植被带，水生植物带所组成的各种湿地植被以及过渡退化带。湿生芦苇群落、野茭白群落、香蒲群落和水生莎草科群落是目前应用较多的主要群落类型。

（2）突显地域和荒野之美。荒野之美近年来走进大众的视野，人们开始欣赏野草之美，而利用有地方特色的乡土植物来营造野态的环境景观的手法已渐渐被人们所欢迎和接受。选取当地的原生观赏草植物材料大量地应用，如当地野生芦苇、芒这类茎秆柔韧种类，花序特殊，能随风摇曳，能够营造荻芦散花、蒹葭苍苍这种质朴野趣的意境，给人们耳目一新的感觉。

（3）构建视觉色彩效果。从美学的角度出发，多种多样形态和色彩的观赏草植物无疑是最优的选择。选择观赏效果好的观赏草为主，在营造场地的自然状态的同时，能增加景观的观赏性。需要注意选取姿态优美，色彩丰富，花期果期时间长，且秋季变色明显的品种。以滨水地带为主的湿地滨水岸线塑造依靠湿生水生植物的自然配植，类似观姿的再力花、雨久花，观叶的莎草科莎草属、梭鱼草、茭白、香蒲，观花的花叶美人蕉、水生菖蒲等。

（四）观赏草组合配置

（1）与灌木配置。观赏草生长迅速，株型高大挺拔，可以代替乔木与灌木组合种植，自然野趣倍增。如色彩鲜艳的红瑞木与形态优雅的晨光芒组合，刚柔并济，颜色互补，大大提高了美感；芦竹质地朴素平淡，月季色彩艳丽多姿，二者组合在一起，观赏效果令人神往。此外，灌木在园林景观中常被修剪成规则、整齐的几何造型，使人感觉生硬，而观赏草纤细、飘舞的枝叶可以软化灌木被修剪的生硬界面，生发出阴阳协调的组合美。

（2）与水体配置。许多水生和湿生的观赏草种类可应用于水塘、溪流等水体及其驳岸的绿化。如灯芯草、香蒲等品种，结合荷花、睡莲等水生植物配置，可以净化水体，构成极富自然野趣的水体景观。驳岸用水生观赏草来镶边，可以柔化单纯由岩石或混凝土所做驳岸的生硬线条，并形成生态性的驳岸景观。

（3）与景石配置。景石是园林中的重要素材，园林景观中常置景石筑假山做峰峦。部分观赏草品种耐干旱贫瘠，植株低矮、生长缓慢、节间短、叶小，色彩绚丽，适宜生长于岩石缝隙中。观赏草纤细的叶形和精致的花序体现出观赏草飘逸柔和的特性，与岩石颇富沧桑感的硬质表面形成形态和质地上的对比，二者相得益彰，使得景石更富动感野趣。

（4）多种观赏草组合配置。将各种观赏草根据其生态特性与生物习性组合种植在一起，可以创造出别致美丽的观赏草专类花园，达到意想不到的景观效果。例如，将质地细腻的细茎针茅、粗糙的蒲苇与中等质地的细叶芒、玉带草随意配置在一起，尽显各种观赏草的特色。

四、新材料的应用

新材料是指具有环保性、可持续性和高效性的材料，采用环保的生产工艺，生产过程具有较低的能耗和排放量，同时可以通过回收再利用或再生制造来减少对自然资源的消耗。常见的新材料包括可渗透材料和再生材料。可渗透材料包括透水混凝土、透水砖等，可以有效地增加土壤透水性，减少雨水径流，还能够为植物根系提供更好的生长环境；再生材料是通过回收再利用废弃物或通过生物材料制造而成的。如再生木材、再生塑料等都可以替代传统的原材料，降低对自然资源的需求，并减少废物的产生。

（一）应用可渗透材料

2012年4月我国第一次提出"海绵城市"，2013年底，提出了海绵城市12字方针"自然积存、自然渗透、自然净化"，从此拉开了我国海绵城市发展建设的序幕。2015年10月《国务院办公厅关于推进海绵城市建设的指导意见》指出，通过海绵城市建设，最大限度地减少城市开发建设对生态环境的影响，将70%的降雨就地消纳和利用。

透水性铺装是一种能够让雨水渗透到地下的铺装方式，主要用于道路、广场、停车场等场所，根据不同的材料和设计方式，可以分为以下几种类型。

（1）透水混凝土，一种将水渗透到下方地下水的特殊混凝土。它的结构会形成许多微小的孔隙，使水能够很容易地通过，达到透水的效果。透水混凝土可以通过添加适量的粗骨料、掌握合适的比例以及使用针对透水性的添加剂来实现。

（2）透水砖，一种通过特殊设计的砖块，使水能够从其表面渗透到地下。透水砖通常具有形状多样、尺寸规格统一的特点，可以根据设计需要进行各种组合和铺装。透水砖的表面多为微凹凸状态，以增加其透水性能。

（3）透水草砖，将草坪与透水砖结合起来的一种铺装方式。它的表面通常为多孔性的透水砖，草坪则种植在透水砖的孔隙中。透水草砖既具有草坪的美观和绿化功能，又拥有良好的透水性能。

（4）透水格栅，一种以方格状的网格形式铺装的透水性铺装方式。这种铺装方式允许草坪或者其他植被通过格栅的孔隙长出来，同时也能保证地表的透水性。透水格栅通常用于需要保持草坪或者植被生长的道路、停车场等场所，既能提供排水功能，又能保持地表的绿化效果。

（5）透水沥青，压实后空隙率在20%左右，能够在混合料内部形成排水通道的新型沥青混凝土。透水沥青可大幅提高道路的排水能力，减轻城市排水系统的负荷，有助于防止城市内涝发生。同时可以快速排水，避免积水现象的发生，对于保证道路行车安全尤为重要。

（二）应用可再生材料

再生材料是通过回收和重新加工废弃物或利用可再生资源制成的材料，具有降低资源消耗、减少环境负荷的优势。通过回收和重新处理废弃塑料，人们可以制造出再生塑料材料，如木塑复合材料、再生大理石、再生花岗岩等。

木塑复合材料（wood-plastic composites，WPC）在园林中的使用较为普遍，是一种新型的替代传统建筑装饰装修材料的复合材料。木塑复合材料的制作包含植物纤维（如花生壳、木屑、竹屑等）与高分子塑料（如聚乙烯、聚丙烯之类）、高分子塑料以及添加辅助剂。

木塑复合材料通过加工合成和现代工艺的处理，通常具有和天然木材相同的质感与木纹，满足了人们对传统木材美观度的需求。同时具有很强的耐磨性和抗腐蚀性，使用寿命比传统的建筑装饰装修材料长；同时木塑复合材料比传统木材的握钉力更高，加工性能优良，具有可粘接性、可锯性、可刨性等；安装省时省力，操作简单便捷，而原材料的价格相对于传统木材要便宜很多，是一种无公害、无污染且绿色环保的材料。同时，木塑复合材料具有很强的分解性，可以回收后用于再生产，循环利用。

（三）应用园林废弃物

园林废弃物主要是指园林植物自然凋落或人工修剪所产生的植物残体，包括树枝、树叶、草屑等。随着城市绿地总量稳步上升，园林绿化所产生的废弃物也日益增多。如何妥善处理这些园林绿化废弃物，使之得到有效的资源化利用，已成为亟待解决的问题。

园林绿化废弃物含有木质素、纤维素等有机质营养元素，在堆肥、燃料、再生产品等方面有较高利用价值与生态价值。其资源化利用不仅可以减少园林绿化废弃物对环境造成的污染和土地资源的浪费，还可以节约能源和减少温室气体排放。目前，对园林绿化废弃物的资源化利用主要集中在以下几个方面。

（1）堆肥化利用。堆肥化利用即粉碎处理各类园林废弃物，人工控制含氧量、水分、温度及菌种，将园林垃圾进行发酵腐熟、消毒杀菌处理，制成土壤改良剂、栽培基质等生物有机肥。生物堆肥作为国内外最常见的处理工艺，能够改善土壤水稳性及通透性，对酸性土壤重金属污染修复具有良好的效果。相比普通堆肥产品，其产出原料成本低、具有可替代性、环保属性更突出，能够在一定程度上为植物生长提供营养成分，缓解施用化肥导致的土壤板结问题。但有机物混杂堆肥过程中的气味辐射仍难以避免，以及堆肥场地建设对土地资源的占用浪费问题仍不可忽视。

将园林废弃物粉碎消杀后用作食用菌栽培基质，也是园林废弃物的利用途径之一。园林废弃物中的纤维素与木质素能被食用菌再次吸收，从而提高食用菌的品质，栽培基质废渣仍可再次转化为有机肥料等。

（2）生物质能源利用。园林绿化废弃物中的木本材料、竹子等可用于生产生物质能源，如木屑颗粒、生物质燃料等。近年来，人们通过气化和催化转化技术，将废弃物转化为合成气。这类能源具有燃烧效率高、环境污染低等特点，能够减少污染，替代传统化石燃料，实现能源的可持续利用。但这一处理模式相比填埋处置的成本高，且仍是以焚烧为核心，在资源转换为电气过程中能耗损失高，对后端污染控制要求高。

（3）有机物覆盖利用。利用废弃树枝、木片等植物残体进行就近粉碎，形成可自然降解的覆盖物。因其就近粉碎的方式，能够快速便捷地将园林绿化废弃物"化块为片"，降低废弃物清运压力。园林有机物覆盖能够增强土壤有机质含量，相比无机物覆盖具有更好的透气性及直观的生态效益，经过简单塑性、有机染色，能够形成更为多样美观的景观效果。

（4）绿色建筑材料的制造。园林绿化废弃物与建筑垃圾粉碎物中砖块、水泥、石料等组合，可制成高强度、高保温性新型环保透水砖；或通过纤维制备、施胶干燥的方式进行高密度纤维板材制造。

植材砼是以木屑为主要原材料的园林铺装材料，具有环保、透水、耐腐蚀、强度高等优势，广泛适用于园林游步道、运动广场等场地。植材砼砖块虽然大小与普通砖块相仿，但重量却不足普通砖块的二分之一，因此在运输和安装时更加方便。经过处理后，其实际强度最高能达到与 C40 混凝土相同的水平。添加阻燃剂等多种化学材料还可以使植材砼料兼具高强度透水、耐盐腐、耐盐冻、气候适应性强及阻燃的特点。同时，植材砼还有丰富的色彩、多变的形状，在不同环境、不同场景下都能使用。

安全可靠的处理技术以及经济高效的生产工艺是实现资源化利用的重要基础。园林绿化废弃物的资源化利用需要有成熟稳定的技术基础、合理的中端处置、畅销的末端产品，形成正循环产业链。综合考虑经济效益，通过商业运作实现资金回收和企业自身的长期发展；同时需要合理定价和政策引导等相关措施，从而促进废弃物的有效利用；还要加强政策扶持，政策引导与扶持是推动园林绿化废弃物资源化利用的重要手段。在明确责任主体的基础上，完善相关部门协同处置机制，进一步明确园林绿化废弃物的规定要求，为整体形成资源循环产业链提供政策支持。

（四）发光路面的应用

近年来，越来越多的景观项目中出现了"夜光跑道""荧光路面"等自发光路面的应用，其夜晚可自行发光的特点新奇有趣，其中不少项目因此成为网红打卡点。自发光材料，即可不借助外部光源或能源而自行发光的材料，目前景观项目中所应用的基本为蓄光型自发光材料的商用产品。蓄光型自发光材料是一种光致发光材料，该材料在光照下吸收光能并储存起来，光照停止后，将储存的能量以光的形式慢慢释放出来，并可持续几个甚至十几个小时。该材料可吸收的光能除太阳光外，还包括普通灯光、紫外光、杂散光等，且吸收所需时间短，通常置于可见光 10~20 分钟后就基本饱和，可持续发光。

蓄光型自发光材料制品种类很多，按照形态可划分为两大类，一是液体类，二是固体类。液体类包括发光涂料、发光釉料、发光油漆油墨等；固体类包括发光石、发光玻璃、发光塑料、发光橡胶、发光工艺品等。二者的原理大体相同，都是将一定比例的自发光原料调配进液体或固体基质中，通过不同的工艺流程处理，使其充分相融并结构稳定，从而达到自发光效果。

发光石也叫夜光石、荧光石等，是应用最多的一种自发光材料制品，其特性与自然石材相似，强度和耐磨度均较高，可根据需要加工成各种形态和尺寸的产品，如夜光碎石、夜光卵石、夜光砖等。发光石制备的所需材料包括蓄光型自发光材料原料（铝酸盐体系或硅酸盐体系）、填料、不饱和聚酯树脂及辅助材料。填料可选用石英砂、碳酸钙、滑石粉、氧化铝等；辅助材料主要有固化剂、促进剂、脱模剂等。

目前蓄光型自发光材料的颜色基本以冷色调为主，主要有蓝、蓝绿和黄绿 3 种颜色。自发光路面作为新型景观材料被应用在越来越多的项目中，其丰富的夜景体验也得到了越来越多人的关注。但自发光材料在发光时长和余晖亮度等方面还有一定的局限性，其余辉衰减曲线呈指数型下降，景观效果较好的余晖高亮期仅有 2~3 小时，并非一句"光照 10 分钟，发光 10 小时"这么简单。设计师在实际项目中需全面了解自发光材料的特性，选择合适的材料，运用合适的设计手法，应用在合适的场景；同时也需要综合了解自发光路面的做法要点以指导施工，使设计达到预期效果。

第二节　新技术及新能源应用

一、新型养护技术

（一）病虫害绿色防治技术

绿色防治以保护植物、减少化学农药使用为目标，协调采取生物防治、物理防治、生态控制和化学调控等环境友好型防控技术措施来控制有害生物的行为。城市绿地是人类重要的活动和休憩场所，也是生物多样性最丰富的城市基础设施，在维护城市生态安全和生态环境平衡中发挥着无可替代的重要作用。绿地绿色防控是推进园林植物病虫害防治精细化、绿色化、系统化的内在要求，是病虫害综合防治在新时期的深化与发展。

生物防治是利用有益生物或其他生物来遏制或消灭有害生物的一种防治方法，主要是利用生物物种间的相互关系，以一种或一类生物抑制另一种或另一类生物。这种方法既不会产生抗药性，又不会对环境造成污染，可长期控制病虫害。微生物自身的特异性对某些特定的病虫害具有较强的针对性，而对人、自然环境基本无害。因此，园林植物病虫害生物防治技术相对于物理防治和化学防治有明显优势，是一种针对性强、环境友好型的病虫害防治技术。

常规的生物防治手段主要包括利用天敌昆虫进行"以虫治虫"，利用生物菌剂进行"以菌治虫"，以及研发植物源农药、培育抗病虫品种等手段进行病虫害防治。"以虫治虫"主要是为病虫害天敌创造合适的栖息环境，加强有益鸟类的招引、保护驯化等手段，增加昆虫天敌数量，从而抑制植物害虫繁殖。"以菌治虫"主要是指利用生物菌剂、抗生素配置等手段达到灭虫的目的，常见的生物菌剂包括苏云金芽孢杆菌、盐角草提取物、甜叶菊提取液等。采用生物菌剂灌根，结合害虫物理防治、生物防治及病害生物防治等手段，可有效降低植物病虫害的发病率。

（1）运用天敌防治病虫害。所有动物都是生活在食物链中的一部分，天敌防治法是指通过为病虫害天敌创造合适的栖息环境，加强有益鸟类和昆虫的招引、保护、驯化等手段，增加天敌数量，抑制园林植物害虫繁殖，从而有效地控制园林的生态平衡，满足园林的健康发展。为了确保城市园林绿化的保护效果，需要合理地选用天敌，确保其繁殖能力、产卵数量和交配能力，才能在短期内大量繁殖，从而有效地控制病虫害的发生。病虫害在寄主、天敌间存在着固定的数量和代际关系。如赤眼蜂、寄生蝇等在林虫害的控制中得到了广泛的应用。在实际工作中要对园林病虫害进行深入调查，了解病虫害的主要类型和数量，再引进某些益虫、益鸟等。在日常管理中，要对益虫、益鸟的生活环境进行科学的保护，从而提高其数量。另外，应对引进生态效应进行客观评价，以防止外来生物的入侵和其他有害生物的出现。

（2）运用人工诱杀技术防治病虫害。一是诱虫剂诱杀。害虫能够在各种复杂的环境中存活，包括很多对自身不利，甚至是敌对的环境，这是因为害虫具有较强的适应性，尤其是嗅觉灵敏。利用害虫特有的感官特性，人类开发出了诱虫剂，诱饵可分为性诱剂、食物诱饵和产卵诱饵。近年来，我国已经成功地人工合成100余种昆虫性诱剂，并应用于棉花、水稻、甘蔗、玉米等不同类型的植物，大大降低了病虫害的数量和危害，同时也减少了化学农药的使用。

二是人造信息素诱杀。人造信息素诱杀是通过人为地为某种生物发出信号，或是人为制造出某种特定的物质，让害虫在接到信号后集合，当大量的害虫聚集在一起时，工作人员再将其集中灭杀。人工诱杀技术操作方便、成本低、效果好。

（3）运用菌类防治病虫害。利用对病虫害起抑制作用的病原微生物能够有效地降低病虫害，是病虫害防治过程中较为常见的方法。如白僵菌是一种被广泛使用和研究的虫生真菌，白僵菌易于栽培，无污染，致病力强。但是，由于昆虫的种类和状况的多样性，同时白僵菌的传播途径具有针对性，所以在菌类的选择中，要结合当地病虫害的种类进行分析研判，确保微生物菌类能够真正起到遏制病虫害的效果。

当前，青虫菌、松毛虫菌及杀螟松杆菌的运用较为普遍。菌类病虫害防治技术的应用方法不尽相同，应根据实际情况，结合不同季节、不同病虫害选择不同的防治方法，如喷雾法及土壤处理法等。在应用相关菌类方法时需要遵循应用步骤及使用说明，准确了解区域病虫害类型，充分发挥菌类的应用价值。

（4）加强生物防治药剂的研发和创新。病虫害的控制是城市园林绿化保护的关键环节，过分依赖化学杀虫剂，会对周围环境和生态系统产生不利的影响。应该大力推进病虫害防治技术的研发和创新，坚持绿色无公害、无污染的原则，充分发挥天然优势。此外，应积极运用生物防治技术进行病虫害控制，有效地预防病虫害的发生，减少其对园林绿化生长的影响，使园林植物保持最佳的生长状态，从而减少管理成本。如噻虫啉是一种新型的植物源农药，主要用于防治松材线虫。松材线虫病的传播媒介是松褐天牛，一般药剂很难控制，但吡虫啉对其有很好的控制作用。又如"印楝素"，是从"印楝树"中提炼出来的一种物质，不但能广泛灭杀昆虫，而且不会对天敌造成危害。

目前我国生物防治技术发展迅猛，但在研发应用、管理等方面仍面临许多问题，新材料、低成本材料的短缺，致使新品种较少，成本较高，需借助新工艺、新技术，反复试验确定最佳的药剂配比，加大生物药剂的研发。

（二）杂草生物防治技术

杂草是指那些因过度生长而干扰人类活动或影响人类环境的植物，大多为外来入侵物种，因适宜的气候和天敌的缺失而恶性生长。农业防治和化学防治是有效的，但持效短，成本高。事实上，化学防治越有效，杂草对除草剂产生的抗性或耐性也就越快。杂草防治不应该只考虑单一地杀死杂草，而应该是采取合理的策略，减轻杂草的即时危害，并注意不要让新的杂草替代原来的杂草。

1.杂草生物防治的方法

杂草生物防治是指谨慎地利用寄主范围较为专一的植食性动物或病原微生物，将杂草种群控制在经济上、生态上或环境上可容许水平，在世界上已有200多年历史。

（1）天敌昆虫的利用。1795年印度从巴西引进胭脂虫成功地控制了仙人掌的危害，是引进天敌控制杂草的第1例。1920年，澳大利亚从墨西哥和阿根廷引进48种天敌，释放19种，11种建立了种群，其中一种螟蛾对防治恶性杂草仙人掌有90%的控制作用。1945年，澳大利亚、新西兰从墨西哥引进的泽兰实蝇，防治紫茎泽兰，在比较干燥地区几乎全部控制了这种害草。泽兰实蝇具有专一寄生紫茎泽兰的特性，卵产在紫茎泽兰生长点上，孵化后即蛀入幼嫩部分取食，幼虫长大后形成虫瘿，阻碍紫茎泽兰的生长繁殖，削弱大面积传播危害。20世纪60年代初期，美国弗吉尼亚大学从阿根廷引进空心莲子草叶甲，控制空心莲子草取得了成功，开辟了世界水生杂草生物防治成功的先例。1969年，美国弗吉尼亚大学从法国引进取食麝香飞廉的象甲，至1980年，该草植株的抽芽数减少80%~97%，获得成功。

（2）病原微生物的利用。利用植物病原微生物防治杂草的成功首例是澳大利亚利用粉苞苣柄锈菌防治灯芯草粉苞苣，田间释放后很快建立种群，其致病率可达50%~70%。

1963年，我国山东省农业科学院开始利用菟丝子盘长孢状刺盘孢的培养物（产品名为鲁保一号）防治大豆菟丝子，这是我国首次将真菌用于杂草生物防治的研究。

2. 杂草生物防治的成就

1985年4月在扬州召开第一次全国杂草生物防治会议，明确了主攻重点：紫茎泽兰、空心莲子草、豚草的生物防治。1988年在云南宜良召开了第二次全国杂草生物防治会议，总结了"七五"期间杂草生防的成果，提出今后发展的重点和策略。1988年和1991年，中国农业科学院生物防治研究所分别与美国农业部农业研究局和加拿大农业部农业局开展了有关乳浆大戟、柽柳、加拿大蓟等杂草的生物防治合作研究，使我国杂草生物防治的研究和发展在世界杂草生防领域中占有了一席之地。

依据生物地理学、种群动力学及群落生态学的原理，在明确了天敌—寄主—环境三者关系的基础上，对目标杂草进行调节控制：通过降低寄主植物种子量，通过天敌的压力，使其与其他植物的竞争力下降，最终被其他植物取代；使其不能对抗环境所产生的压力，增加死亡率，以达到降低其种群密度的目的。

3. 杂草生物防治的作用物

（1）植物病原物作为杂草生物防治的作用物。通过比较自然生态系统和农业生态系统植物病害流行的特点及考察历史上植物病害发生流行的原因后，人们发现植物病害的流行是人类引起的。

农田生态系统是人为操纵下形成的，利用植物病原菌在农田生态系统中造成病害流行是可行的。施肥、灌溉等措施，在保证了农田杂草对水分、养分的需求，同时却也为植物病原微生物的萌发、侵入创造了条件。

在演化与演替方面，农田生态系统比天然草场年轻，在寄主与病原物关系中出现的变化常不能恢复到稳定状态，病害易形成流行状态。调查发现，几乎所有的恶性农田杂草上均可发现 1~2 种病原微生物，这就为复合型生物除草剂的开发提供了物质基础。由此可见，如果引进、培育一种强毒性病原物，可以在一定程度上抑制农田杂草种群，达到控制农田杂草危害的目的。

（2）天敌昆虫作为杂草生物防治的作用物。利用专食性昆虫控制杂草的原理与利用天敌对害虫进行生物防治的原理是基本一致的，都是利用了生态系统中的食物链营养关系。如果是在农田生态系统中实施杂草生物防治，要协调杂草天敌与化学农药的使用，降低化学农药对杂草天敌的影响；同时在农田周围保留适当的天敌越冬场所，为来年种群恢复提供虫源。

（3）相生生物作为杂草生物防治的作用物。相生生物是指在植物群落中，各种植物之间通过长期的生存与竞争的演化，形成直接生存空间和养分的互为依存的关系，或者通过动物、微生物形成间接依存的关系。利用相生生物最直接的证据就是化学他感作用，作用机理有两个方面：一方面通过化学他感物质控制杂草的生长，包括抑制杂草种子萌发、幼苗生长等方面；另一方面尽量减少杂草分泌化学他感物质所产生的异毒作用。该方法在生产上考虑环境后果，在经济上考虑长远利益，在目标上追求需求平衡，在哲学上强调协调共存，符合现代农业与生态的发展趋势。

（三）飞絮治理技术

（1）杨、柳树飞絮治理。杨、柳树是常见的乡土树种，应用十分广泛。杨树高大挺拔，具有很好的遮阴效果，而柳树冬天落叶晚，春季发芽早，具有良好的景观效果，同时杨、柳树还具有释氧固碳，降温增湿、减菌杀菌，吸收有毒有害物质等显著的生态功能。

二者皆为雌雄异株植物，柔荑花序，每年春季，当雌树的雌花序中的果实长大变圆后裂成两瓣，具有白色茸毛的种子就随风飘散出来，借助风力及昆虫传播扩散，造成满城飞絮的景象，不仅影响行人出行，还会导致易感人群过敏，而且易引发火灾隐患。抑絮工作往往是每年春季的养护重点。

一是在新建绿化项目时，尤其是行道树应尽量使用无絮杨树品种。雄性毛白杨无飞絮、树干通直、枝繁叶茂、树形优美、生长快、寿命长，抗性强。在绿地养护中，要对过密的林子选择杨柳雌株进行间伐，并对现有老、弱、残、病等杨柳树雌株进行替换，从根本上减少飞絮总量。二是在飞絮高峰期到来之前，进行高压喷水和回缩修剪，减少枝条量，压低植株高度，减少飞絮的下落高度和数量，并将1~2年生枝条剪除，全面消除飞絮。三是可以喷施杨柳絮抑制剂，使絮凝成团，飞絮收缩比重增加，降低了飞扬条件，在施用1小时后可迅速控制飞絮。在杨柳絮发生初期（一般是杨柳絮刚开始飘后的第3~4天）进行第一次喷雾防治，杨柳树盛花期进行第二次喷雾，一周以后进行第三次喷雾，若前期防治效果不理想或者后期杨柳絮发生依然较多时，可进行第四次喷雾。合理规范使用后，能控制飞絮50天左右，防治率达到80%以上。

（2）法桐抑球处理。法桐又称悬铃木，是常见的行道树树种，其树体高大壮观、叶片宽阔、遮阴性强，有"行道树之王"的美誉，同时是城市记忆和重要人文景观之一。

法桐作为城市绿化树种，存在落球现象。法桐也有雄花和雌花之分，它开花之后可以结果，长出毛球，毛球成熟后自动开裂，一个个的小毛毛就漫天飞舞，十分影响市容，且还难清理，造成一定程度的城市污染。通过合理修剪可在第二年减少90%果毛；物理冲刷和药物技术在防控果球、治理飞絮方面取得了一定成效。物理冲刷技术采用的是"四件套"，即高射程风力机车、雾炮抑尘车、高压洒水车和机动清扫车。高射程风力机车将风筒对准树枝，吹落树上成熟欲脱落的果毛。雾炮抑尘车对准半空喷出水雾，用水将果毛裹挟到地面。高压洒水车对准路面射出高压水柱，将粘在地面的果毛冲到路牙边。机动清扫车和环卫人员最后收尾，机动清扫车负责路面，环卫人员负责人行道，彻底带走果毛。在花芽分化前或初期（南方4~6月、北方5~7月），使用抑制剂，通过调节法桐树体内源激素水平，控制雌花芽的分化、干扰雌株结实或让花芽不能正常发育，同样起到少结果、不结果的作用。

（四）控花控果技术

（1）杧果树控花控果。杧果树作为岭南乡土树种，生长迅速、容易养活、树冠大而匀称，无论是遮阴、净化空气还是隔绝噪声都是优良树种。在市区大街小巷，每到杧果成熟季，满树金黄的果实吸引着市民的目光，但随之而来的杧果掉落问题却也令人困扰。大量的杧果掉落在地，不仅难以清理，还会影响市容环境，甚至引来市民采摘等不文明行为和安全隐患。

树干瓶插控花是一种新型的花期控制技术，将以前在杧果树的盛花期修剪花枝、果实期修剪打果的被动工作转为主动预防工作，这样不仅节省大量的人力物力，方便灵活，而且更高效、更快捷，又可以避免绿化杧果成熟期掉落或市民采摘时发生的安全问题。

喷洒控花一般采用40%乙烯利1 000倍液植物生长调节剂，利用高压喷雾器，将药物进行雾化，尽可能增加喷洒面积，通过催熟方式加速杧果树落花败育，降低结果率。喷洒的药剂一周内作用完会自然降解，对人体及周边的绿化没有影响。

（2）香樟树控花控果。香樟是樟属常绿大乔木，高可达30米，直径可达3米；枝叶茂密，气势雄伟，是优良的绿化树、行道树及庭荫树。香樟木材坚硬美观，对氯气、二氧化硫、臭氧及氟气等有害气体具有抗性，能驱蚊蝇，能耐短期水淹，是生产樟脑的主要原料。

目前主要有三种药剂可以对植物控制苗木的开花结果。第一种药剂的作用机理是在盛花期喷施，可阻止花粉管正常生长，使花朵受精不良而脱落；对刚谢花的幼果喷施植根源，可以干扰树体内源激素的代谢和运转，导致幼果脱落。

第二种药剂的疏花疏果机理是抑制花粉管的伸长，并能产生乙烯促使花果柄发生离层而达到疏花疏果的目的。

第三种药剂的作用机理是药液输入树体后，打破了树体原有的激素平衡，从而抑制花芽分化，起到抑制开花的作用。

二、新能源供给

"绿色、零碳、智慧"公园是未来城市园林建设的主要目标。2022 年 9 月，第十三届国际园林博览会在徐州铜山吕梁山悬水壶景区举办,本届园博会围绕"绿色城市、美好生活"主题，建设超过 9.2 万平方米的各类场馆，同时建设了集食、宿、购、娱为一体的水街商业区作为园区的配套设施。水街商业区内建成了集"变、配、光、储、充"一体的多能融合、绿色互补的微网系统作为商业区商户和充电桩的供电电源。

据了解，该微网系统以为园区供电的 10 千伏预制舱为主体，采用模块化、集约化、融合化设计理念，整合变电站、分布式能源、电动汽车充电站等多类型功能，增加分布式光伏、智慧储能、电动汽车充电等多种元素，构建站内微电网，具有能源转换效率高、电网可靠性强、平抑负荷波动好等特点。该微网系统配置使用纯交流组网的系统架构和并网运行方式，包括光伏发电系统、储能系统、电动汽车充电系统、能量管理系统等四部分。其中光伏部分建在开闭所预制舱舱顶，由一组 11 千伏的光伏发电系统组成，采用平铺方式建设，满足舱顶建筑使用功能，同时具备光伏发电功能；该系统发出的电经微型逆变器后直接接入微网 400 伏交流母线，可供给水街商业区的用户使用。智慧储能系统由一块 3 千瓦 /10 千瓦时的磷酸铁锂电池组成，可用来实现少量削峰填谷，能够平衡不同用电时段的用电差异，消纳光伏发电。电动汽车充电系统配置 7 千瓦交流慢充设备两套，通过外网接入专用充电云平台，电动汽车车主可通过扫码启动充电。微网能量管理系统由就地的微网控制器和云端的微网能量云两部分构成，具有快速数据采集、故障录波等多种功能，可实现微网的运行状态监视及优化控制。

在能源供给和消费方面，分布式光伏电站、光伏廊架、光伏景观亭、太阳能路灯、太阳能座椅、光伏太阳花等正在成为公园的标准化配置。

（1）太阳能座椅。太阳能智慧座椅是一种集太阳能光伏板、智能控制系统和人文设计于一体的公共设施。它利用太阳能光伏板将太阳光转化为电能，通过智能控制系统实现对座椅的加热、通风、照明等功能。此外，太阳能智慧座椅还具有环境监测、无线充电、语音识别等智能化功能，为用户提供舒适便捷的休闲环境。与传统座椅相比，太阳能智慧座椅无须消耗额外的能源，只需依靠太阳光就能实现自身功能的正常运行。据统计，每安装一台太阳能智慧座椅，每年可减少约 1 000 千瓦时的电力消耗，相当于节省了约 400 千克的标准煤，减少了约 1 吨的二氧化碳排放。这对于实现碳达峰目标具有重要意义。

（2）光伏太阳花。自动追踪太阳光直射角度，最大限度利用太阳能发电，所发电量用于园林景观照明。例如北京世园会国际馆就安装了近百株太阳能发电花，94 把优美"花伞"簇拥在一起，形成一片白色的花海；夜间搭配灯光照明，更呈现出一片五彩斑斓的景象；光伏太阳花还能随着音乐翩翩起舞，动感的律动和灯光，是广场夜晚最耀眼的光环。广场舞、散步的人群、太阳花的动感开合，形成一幅动感的山水画。

三、新能源养护机械

园林机械设备的作业对象是具有生命力的植物，且作业环境较复杂，园林机械的使用效率很大程度上受场景场地的限制。即使是公园养护也有郊野公园和城市公园、社区公园和综合公园的区别，同时也存在道路绿化养护和公园养护的差异，不同的养护场景涉及的作业面对机械设备的需求也有差异。对于一些精细化程度比较高的园林绿化养护项目，目前机械的工作效能以及对场地的要求，难以更好地满足多元化的实际工作需求。所以越来越多的机械产品朝着多样化、品系化的方向发展，根据不同场景来选用适宜的机械才能发挥机械的最大使用效率。

（一）园林养护机械的类型

园林养护机械主要是园林养护管理中用于草坪养护、苗木修剪整形、病虫害防治、灌溉施肥、苗木更新种植以及绿化废弃物处理清运等工作的机械设备。我国园林绿化机械设备的发展始于 20 世纪 80 年代，20 世纪末全国园林建设开始蓬勃开展，进入快速发展时期，较早普及的机械类型主要是修剪整形、病虫害防治和灌溉等中小型机械。改革开放以后，挖树机、高空作业车等国外大型机械也纷纷进入国内。近年来，新能源技术的革新进步使得新能源园林养护机械也得到了一定的发展。2004—2018年园林行业有关机械设备类的标准规范经历了以汽油—电动—锂离子电池为动力源的升级变化，这也表明了园林机械设备动力源的转变发展趋势。

目前我国园林养护机械在新能源动力方面也有了初步的尝试，主要在小型园林机械和绿化保洁的运用推广上，比如割灌机、绿篱机、吹风机、无人割草机、智能扫地机、电动清扫车、电动洒水车等。按照动力类型来分，园林养护机械分为燃油动力、交流电动力、直流锂电动力。按照用途，园林养护机械可以分为草坪养护类、乔灌木修剪类、绿地保洁类、植保施肥类、树木移植类、其他小型工具管养类。草坪养护类机械主要包括旋刀剪草机、割灌机、滚刀剪草机、打孔机、草坪施肥机、草坪车等。乔灌木修剪类机械主要包括绿篱机、油锯、高空作业平台、多功能修剪车等。绿地保洁类机械主要包括粉碎机、垃圾清运车、扫地机、抓机、多功能作业车等。植保施肥类机械主要包括洒水车、滴灌系统、施肥机、打药机等。树木移植类主要是指挖树机、切根机、高空油锯等。其他小型工具管养类主要是高枝剪、平剪等。

（二）新能源园林养护机械应用现状

新能源园林养护机械是基于锂电动力技术，相较于传统的以燃油动力驱动的园林机械产品，具有清洁环保、噪声小、振动小、操作简单等特点。目前新能源园林机械设备生产商主要集中在欧美等制造业发达的国家和地区，其园林机械设备具有高效节能、安全可靠、自动化程度高等特点，并通过锂电池管理系统、智能控制技术的开发应用，将园林机械设备行业推向高效率、低排放、智能化发展方向，趋向于一机多用化、联合作业化以及无人自动化。虽然国内的新能源机械发展相对缓慢，但是国内的园林机械设备生产企业也在不断地生产不同类型和用途的园林绿化机械设备，部分企业如格力博、宝时得等也致力于新能源机械的开发与应用，推出了一系列绿色机械产品，并在海外市场占据了重要的地位。

　　近年来，国家加大了对建立绿色、低碳、循环发展的产业体系和清洁、安全、高效的现代能源体系的支持。部分走在前列的省市如深圳市在新能源机械推广中也做了初步的试点，通过选取新能源园林机械示范点，进行新能源机械低碳及性能测试。主要测试的新能源产品有智能扫地机器人、锂电池割草机、锂电池割灌机、锂电池油锯、锂电池绿篱机、锂电池吹风机等。这些新能源机械的运用对试点园区的低噪、低碳、低维护的环境起到了重要的作用。

　　虽然我国园林养护机械也在持续不断地更新发展，但是国内产品性能和应用推广的成效与国外相比还存在较大的差距，特别是新能源园林养护机械自主创新产品性能还需要经历市场的长期考验。根据国内园林养护机械的使用现状，燃油机械仍然是目前园林养护的主要机械类型，新能源园林养护机械的推广也存在一定的阻碍。如行业普遍认为燃油机械动力足，持续作业时间长，整体工作效率高。对于园林养护企业而言，存在比较看重园林养护机械的实用性和效能，容易忽视机械使用的污染、安全、便携、舒适等现象；在新能源机械产品运用的初期，普遍出现了续航能力差、性能不稳定、后期运行成本不确定等问题，这也极大地影响园林企业使用新能源园林养护机械产品的积极性；现有常用的园林养护机械存在部分机械超负荷使用、维修管理不到位等问题。新能源机械与传统燃油机械工作原理不同，需要有一定电动力专业人才。

（三）主要的新能源园林养护机械

　　目前新能源园林机械设备，覆盖了20伏、40伏、60伏、80伏等多个电压平台，产品包括割草机、打草机、吹风机、链锯等，可以满足多种使用场景需求。目前新能源园林机械多用于小型机械。

　　（1）锂电池割灌机。一般割灌机分为小型、大型两种。小型割灌机在市政园林、城市公园道路绿化以及庭院养护中应用比较普遍，常见的有侧挂式割灌机和背负式割灌机两种，集割灌除草为一体的多功能机械。大型割灌机动力强劲，适合荒草灌木丛清除以及农林大场景作业，如装拆式轻型割灌机、自走式沙柳割灌机、自走式灌木平茬机。近年来发展比较成熟的锂电池割灌机主要适用于小型的应用场景，相较于传统燃油动力割灌机，其采用一键启动、自锁开关，无复杂的调试和前置准备工作，不再需拉绳，不需要手动泵油，不再需要控制阻风门的发动机启动，安全可靠，操作简单。

（2）锂电池绿篱机。绿篱机又称绿篱剪，传统动力依靠汽油机带动刀片切割转动。绿篱机主要分为小型便携式绿篱机和大型车载式绿篱机，按切割刀的形式可分为单刃绿篱机和双刃绿篱机。作为园林绿化修剪作业中修剪树篱、灌木丛和绿墙不可或缺的机械，它操作简便、通过刀片的运转方式对植物的高度、厚度以及弧度进行修剪。同时燃油动力绿篱机也存在噪声大、振动强、废气污染以及操作者工作时不舒适等缺陷。目前使用最多的绿篱机为日本小松绿篱机与德国斯蒂尔绿篱机，相对国产绿篱机它们拥有更好的机械性能与稳定性。

（3）锂电池吹风机。吹风机又称为鼓风机，主要用于落叶、碎草的吹扫和收集，是近年来园林机械较常用的新宠。对于灌木丛等难以用人工清扫的地方，使用一键吹出，方便快捷。对于季节性大面积的落叶清扫，极大地提高了清扫效率。以动力十足、清扫高效著称的传统燃油吹风机被广泛使用，但同时它也存在噪声巨大、严重扰民的问题。锂电池吹风机可无线操作，具有灵活轻便、动力强、更长续航、低能耗、低噪声的特征。

随着我国新能源汽车的快速发展，蓄电池技术也得到快速提升，为新能源园林养护机械带来了技术创新机会。虽然目前蓄电池技术仍处于发展起步阶段，但是园林机械行业正经历从燃油动力到新能源动力的革命性转变，机械的品类也越来越完善，前景非常广阔。

第三节　智能管养与智慧管养

园林绿化管养逐步迈入科技化时代，不断出现新的智能化设备和智慧化平台技术，主动探索"智能管养、智慧管养"新模式。

一、智能化养护机械

智能割草机器人的概念是在 1997 年的 OPEI 年会上被正式提出的。目前割草机的智能化发展已经从最初的人工遥控到依照特定路径进行自主作业，再到路径自我规划与决策的高智能作业发展阶段。以色列 Friendly Machines 公司设计的 Friendly Robomow 是世界上第一批走向市场的割草机器人，德国博世研发的智能割草机器人通过折返式行走，真正实现了路径规划。2019 年 2 月，富世华机器人割草机——Automower435X AWD 正式发布，该机器人具有全轮驱动系统，能够在坡度高达 70% 的斜坡上行驶作业。2021 年赛格威智能割草机器人 Navimow 发布，提出家用无边界割草机器人的创新产品概念。这款割草机器人突破了安装边界特定路线的烦琐程序，只需要通过手机 App 建立虚拟边界，操作更便捷。采用"弓"字形规划式切割路径，以及断点续割功能，有效避免了重复切割，极大地提升了割草效率；2011 年，宝时得成功研发出国内首台机器人割草机并投入市场。集定位、环境感知、路径规划、决策控制等功能于一身的割草机器人相较于传统燃油割草机具有很明显的优势，可全自动独立自主地工作，省时省力、低碳、环保、低噪；具备避障爬坡的能力，相对于乘骑式割草机更安全可靠，且具备省心的自动安全充电的返回功能。

尽管割草机器人技术已经比较成熟，但是目前推向市场的割草机器人仍以特定路线的割草机器人为主，机器人在导线所围的特定区域内作业。这种割草机器人最大的缺点是需要在养护现场预先铺设路线，工作效率较低，覆盖作业面有限。而突破线路限制的多传感器系统割草机器人，又以昂贵的定位和视觉处理设备为代价，因成本问题导致无法推广使用。当然割草机器人也存在很大的发展限制，目前割草机器人整体的割草效率并没有传统割草机高，即使能保证完全覆盖除障碍以外的其他所有区域，也不能完全脱离人工修整。再加上割草机器人高昂的价格，因而现今园林养护中仍以人机协作的割草机为主。而随着新能源技术的发展，如格力博锂电池草坪车采用全铜无刷电机直驱系统，性能动力和燃油机相当，使用也更便捷、安全、灵活。

无人植保机在园林养护中使用越来越普遍，相比以往人工四五天的工作量，无人植保机只需 3 个小时就能全部完成，不仅作业效率大幅提高，喷洒量也更加均匀。尤其对于高大乔木，更为方便。无人机植保能够按照预先设定的飞行路线，将雾状药剂精准喷施在植株上。以往高大乔木打药工作均采用人工作业，每次均需 4 人以上作业，且由于打药机作业范围有限，对于过高的乔木作业存在打药不充分、不均匀的情况，导致整体防治效果不佳。采用植保无人机作业后，只需两人操作，即可完成喷药作业，同时有效解决了高大乔木农药喷洒难的问题，提高了整体防治效果。

在自动化、智能化、平台化的深度孵化下，人工智能、电机控制及系统控制技术、电池包及电源管理技术、充电器技术等新技术的革新，为新能源园林机械的智能化运用提供了关键性技术支撑。随着人工智能领域技术的不断革新，园林养护机械也会在技术创新的牵引下，不断地开拓新的智能产品。

二、智慧控制系统

智慧管养系统一般包括智慧控制和信息化管理两大部分。智慧控制系统利用物联网、智能监测设备、自动化养护机械等，实现土壤墒情监测、气象监测、病虫害监测防治、智能灌溉等工作，提高响应速度和管理精准度。

土壤监测设备可以安装在草坪、灌木、树木附近地面，现场感知植物的真实需求，监测土壤的温度、湿度，如实反映土壤水分变化，地表地下温度等诸多对苗木需水及生长环境产生影响的因素，通过测量土壤的介电常数，观测和研究土壤的发生、演变、改良以及水盐动态，让养护人员可以及时准确地掌握辖区内苗木的生长情况。通过电子气象站的气象传感器，对空气中的大气温度、湿度、气压、雨量实时监测，对各个气候条件设置灾害条件预警分级，积累气象灾害数据库。通过测量土壤和气象等数据的录取，与自动灌溉控制系统相连接，实现自动监测、计量、评估灌溉和施肥等智能化养护功能。

智能化养护与传统人工养护的区别在于是否可以通过较少的人工更及时准确地了解各处苗木的具体生长情况，通过信息的综合整理，研究不同地块、不同苗木的需水规律，实现动态智能化分区灌溉管理，根据不同的土壤性质、地形条件，进行间歇灌溉，从而避免灌溉过量和灌溉不足等问题，在降低人工工作量的同时提高苗木成活率，降低苗木更新换代成本，同时促进植物健康苗壮生长，改善城市园林景观效果。

建立园林病虫害数据库，研究、预测园林病虫害的发生，如最近几年在北方城市造成大面积灾害的美国白蛾虫害，目前还主要靠市民举报来进行预防，费时费力效果还不明显。如能建立病虫害防治系统，在灾害发生初期就可以及时预警，采取措施提前进行防治，可在短时间内将虫害消灭在萌芽状态。添加虫情测报灯、孢子捕捉仪等绿色防控设备，运用理化诱控技术和科技手段相结合，智能识别病虫害，为针对性治理提供重要依据，最终为园区苗木提供保护，减少苗木因病虫害造成的损失。虫情灯测报灯平台系统具备昆虫知识库，对采集昆虫数据进行AI智能识别，并对昆虫种类、名称、形态特征、防范方法进行说明。无人值守，智能采集分析识别灭杀，远程手机、电脑查看。智能化养护依靠手机终端等物联网智能设备的使用，实现园林养护全过程动态监测，让养护过程简单化、标准化、流程化、自动化，在降低一线养护工人学习成本和工作量的同时，减少对人工的依赖，进而也可以用少量人工管理更大、更多的区域。

三、智慧管理系统

园林建设与管养是智慧城管的重要组成部分，也是国家智慧城市试点体系中的重要指标。智慧管理系统一般包括可视化资源管理、动态化养护巡查、智能化辅助决策等模块。

通过管理人员 PC 端建设，即智慧园林后台管理系统和数字可视化驾驶舱建设，建立全域性、全天候、全覆盖的智慧监管体系。园林管理方全面掌握辖区游客、员工、作业等资源概况，实现各层级之间的互通，提升园林管理效率，沉淀数据资源作为辅助分析决策。

通过作业人员 APP 端建设，打造便捷高效、可追溯的基层人员工作 APP，通过掌上 APP 实时接收预警事件、工作任务、巡查轨迹，同时可进行问题上报，接收月度考核任务、查询考核结果，进一步提升公园管养效率以及面对突发事件的反应能力。

智慧养护管理要形成数字可视化驾驶舱，包括以下环节。

（1）园林一张图。一张图统筹管理整个园林，集成养护管理、资产管理、巡更巡检、环境监测、能耗监测等数据资源，通过园林要素和事件的智能化识别、跟踪、分析和管理，利用物联感知、GIS 地理信息等技术，实现"全域性、全天候、全覆盖"的园林监管体系。

古树名木管理系统是重要子系统之一，涵盖古树名木属性信息管理、地图浏览、属性信息查询、图属互查、关联信息查询等。具体内容包括古树名木的名称、地址、所在区域、主管单位、栽种年代、树种、保护级别等信息，以及照片、登记卡、视频等文件资料等。

（2）巡查管理。巡查管理由一线养护管理人员通过手机移动端对园区项目内的行道树、植物、公园、附属设施进行的日常检查，及时发现绿化植物及附属设施的损害情况，记录各绿化植物状况、病害发展情况及存在的安全隐患、给出标准的养护措施建议或病虫害防治方法建议，同时记录巡查人员的巡查轨迹，有效处理项目内发生的各类状况。

（3）人员管理。集人员定位、车辆定位、移动装备定位展示，对其运动轨迹追踪与识别，并进行记录保存，超出移动范围后系统可自动报警，推送至相关作业人员。

（4）人流统计管理。基于前端感知设备及大数据分析技术，实现园林人流分析，根据各种维度分析园林人流情况，实现人员预警告警，方便园林管理统一指挥调度。

（5）智慧设施监管。基于 AIOT 平台，支持海量设备接入，实现公园所有智慧设施一张网统一纳管。实时掌握智慧设施的运行状态和预警信息，确保设施时刻处于服务状态。

（6）能耗监测。针对建筑用电、养护设备、室外设施以及游客互动设备的水电耗能情况进行实时监控，异常数据预警，并通过数据分析进行能耗管理指导。

（7）智能安保系统。整合所有安保力量、装备物资，打造集安保事件巡查、上报、分拨、处置、监督、评价为一体的全流程线上工作平台，构建安保业务"横向到边、纵向到底、重点突出、精细智能"的安保体系。

（8）统计报告。对所管理的养护项目的用电量、用水量、考勤人数、工单用工人数等多项数据进行精准统计，并自动生成项目日、周、月报告，便于管理人员随时查看，及时对项目的养护工作做出针对性的调整和安排。另外，平台针对群众反映问题、项目巡查记录、项目灌溉记录等相关信息进行整理统计，生成统计报表，让园区管理有"据"可寻，有"表"可依，对园区管理全面掌控。

通过智慧管理平台的建设，可以全面、准确、实时监测，全区域全过程管控园林养护及处置异常特殊业务，保证采集资源信息的管护效果。政府方通过移动巡查、物联网监测、遥感监测等辅助技术，打造多级一体的智慧园林管理体系，促进园林管理由"被动、事后管理"向"全程、实时管理"转变，全面提升管理效率。

参考文献

[1] 董丽，王向荣. 低干预·低消耗·低维护·低排放：低成本风景园林的设计策略研究 [J]. 中国园林，2013（5）：61-67.

[2] 陆庆轩. 关于乡土植物定义的辨析 [J]. 中国城市林业，2016，14（4）：12-14.

[3] 孙卫邦. 乡土植物与现代城市园林景观建设 [J]. 中国园林，2003（7）：63-65.

[4] 李科霞. 乡土植物在成都风景园林中的应用研究 [D]. 西安：西安交通大学，2014.

[5] 杨建虎. 乡土植物与城市园林绿化中的景观营造 [D]. 西安：西安建筑科技大学，2006.

[6] 刘建秀. 草坪·地被植物·观赏草 [M]. 南京：东南大学出版社，2001.

[7] 刘坤良，袁娥. 多姿多彩的园艺观赏草 [J]. 浙江林业，2005（1）：26-27.

[8] 井渌，刘莉. 观赏草及其在园林景观中的应用 [J]. 湖北农业科学，2011，50（19）：3984-3987.

[9] 余璞. 北京市大兴区园林废弃物再利用探析 [J]. 南方农业，2023，17（15）：105-107.

[10] 马耕，殷保国，王晓军. 环保木塑复合材料的特性及在建筑装饰工程中的应用 [J]. 粘接，2023，50（4）：88-90.

[11] 张舒. 新型建筑材料实现城市园林与道路绿化的可持续发展研究 [J]. 建材发展导向，2023，21（24）：15-17.

[12] 张骞，任蓉，屠明峰. 自发光路面的景观应用探析 [J]. 中国园林，2022，38（S1）：122-126.

[13] 黄志宽，陈文霞，卢一萱. 南京地区绿地病虫害绿色防控技术集成示范推广 [J]. 现代园艺，2021，44（19）：91-93.

[14] 何国昌. 生物防治技术在园林植物病虫害防治中的应用探讨 [J]. 现代园艺，2017（16）：53.

[15] 万新艳. 互联网＋背景下公园绿化养护智能化管理模式 [J]. 现代园艺，2023，46（17）：186-188.

[16]蒋慧,黎国健,翁恩彬,等.新能源园林养护机械应用现状研究[J].安徽农业科学,2023,51(16):196-200.

[17]韩冬菊.智慧型模式下园林植物养护管理[J].建筑结构,2023,53(9):181.

[18]祝遵凌.智慧园林研究进展[J].中南林业科技大学学报,2022,42(11):1-15.

第七章　好省园林的技术要点

　　好省，体现五好园林的节约性。以最少的地、最少的水、最少的钱，选择对周围生态环境最少干扰的园林绿化模式，具有可持续、自我维持、高效率、低成本等基本特征，即根据现有资源的情况，遵循提高土地使用效率、提高资金使用效率、政府主导与社会参与、生态优先与功能协调等四个基本原则，在园林规划、设计、建设与管理的全过程，实现资源最大化合理利用，降低能源消耗量，提高资源利用率。

　　"节约型园林"这一概念是在建设"节约型社会"的背景下，由建设部在2007年8月30日出台的《关于建设节约型城市园林绿化的意见》中首次提出，旨在扭转当时的园林绿化建设方向，促进园林绿化行业的可持续发展。

　　"节约"应有两层含义，一是"节"即节制，与浪费相对。在保证合理效益的基础上，降低投入，是一种绝对节约。二是"约"即集约，与粗放相对。在投入不变的基础上，提高综合效益，是一种相对节约。如果投入小幅度增加，却能大幅度增加园林整体效益同样是一种"节约"。从经济学的投入与产出进行分析，有利于辨识节约型园林的科学内涵。经济学中投入与产出，是探究经济体系不同部门间呈现为投入与产出的彼此依赖联系的经济指数法则。园林建设中，"投入"就是前期的建设和后期的维护管理成本，"产出"就是建设完成后的园林绿地带来的经济、社会和生态效益。不能将"高投入"与"高质量"简单地联系在一起，更不能将"低投入"与"低质量"关联。

　　《关于建设节约型城市园林绿化的意见》指出："城市园林绿化是城市重要的基础设施，是改善城市生态环境的主要载体，是重要的社会公益事业，是政府的重要职责。改革开放以来，特别是2001年国务院召开全国城市绿化工作会议以来，我国城市园林绿化水平有了较大提高，生态环境质量不断改善，人居环境不断优化，城市面貌明显改观，为促进城市生态环境建设和城市可持续发展做出了积极贡献。但是随着社会经济和城市建设的快速发展，城市土地、水资源和生态环境等面临着巨大压力，矛盾日益突出。一些地方违背生态发展和建设的科学规律，急功近利，盲目追求建设所谓的森林城市，出现了大量引进外来植物，移种大树古树等高价建绿、铺张浪费的现象，使城市所依托的自然环境和生态资源遭到了破坏，也偏离了我国城市园林绿化事业可持续发展的方向。建设节约型城市园林绿化是要按照自然资源和社会资源循环与合理利用的原则，在城市园林绿化规划设计、建设施工、养护管理、健康持续发展等各个环节中最大限度地节约各种资源，提高资源使用效率，减少资源消耗和浪费，获取最大的生态、社会和经济效益。建设节约型城市园林绿化是落实科学发展观的必然要求，是构筑资源节约型、环境友好型社会的重要载体，是城市可持续性发展的生态基础，是我国城市园林绿化事业必须长期坚持的发展方向。"

2021 年 5 月，国务院办公厅印发《关于科学绿化的指导意见》，对科学绿化进行系统谋划，成为今后一个时期国土绿化高质量发展的基本遵循。

意见指出："立足新发展阶段、贯彻新发展理念、构建新发展格局，践行绿水青山就是金山银山的理念，尊重自然、顺应自然、保护自然，统筹山水林田湖草沙系统治理，走科学、生态、节俭的绿化发展之路；加强规划引领，优化资源配置，强化质量监管，完善政策机制，全面推行林长制，科学开展大规模国土绿化行动，增强生态系统功能和生态产品供给能力，提升生态系统碳汇增量，推动生态环境根本好转，为建设美丽中国提供良好生态保障。"

"节俭务实推进城乡绿化。充分利用城乡废弃地、边角地、房前屋后等见缝插绿，推进立体绿化，做到应绿尽绿。增强城乡绿地的系统性、协同性，构建绿道网络，实现城乡绿地连接贯通。加大城乡公园绿地建设力度，形成布局合理的公园体系。提升城乡绿地生态功能，有效发挥绿地服务居民休闲游憩、体育健身、防灾避险等综合功能。推广抗逆性强、养护成本低的地被植物，提倡种植低耗水草坪，减少种植高耗水草坪。加大杨柳飞絮、致敏花粉等防治研究和治理力度，提升城乡居民绿色宜居感受。鼓励农村'四旁'（水旁、路旁、村旁、宅旁）种植乡土珍贵树种，打造生态宜居的美丽乡村。选择适度规格的苗木，除必须截干栽植的树种外，应使用全冠苗。尊重自然规律，坚决反对'大树进城'等急功近利行为，避免片面追求景观化，切忌行政命令瞎指挥，严禁脱离实际、铺张浪费、劳民伤财搞绿化的面子工程、形象工程。"

从规划、设计、施工到后期管理养护，不合理的园林建设，不但使珍贵的水土、植物资源等严重流失，还使得花费巨额投入得到的是地域文化特征的极度遗失。从循环经济"减量化、再利用、再循环"的理念出发，园林发展的过程还存在很多冲突，梳理清楚这些问题及其产生的根本原因，才能促进行业的健康、持续发展。

在立项策划阶段，需要在总体城市规划和绿地系统规划的基础上，对项目的规模、功能、风格、造价等进行科学的论述和研讨，制定详细的设计任务书。设计任务书是连接政府、社会和专业人士的纽带。政府职能部门和决策者是这个阶段的主体，若政府监督管理力度不足或观念、认识上不正确，都会影响园林建设的正常运行，进而造成资源的浪费。园林行业存在行业标准规范不健全、不完备的情况，尤其节约型方法的规程更是寥寥无几，经常存在一些不科学的策划和定位。如一些项目决策者的审美观偏离了正确方向，盲目地崇拜外国文化，大搞异国风情，动不动就花上千万请国外设计师来设计，并把它当成"高品位"。异域风情的建筑、景观符号往往成为昙花一现的潮流，不但无法产生生态和社会效益，还没有持久的生命力，完全与节约型园林的要求相背离。

在规划设计阶段，容易出现对全生命周期的成本考虑不周，仅关注当前的一次性投入，忽略将来有关的后期维护成本的问题。这也导致后期养护成本、维修成本过高，政府难以为继。在植物设计上，存在设计师不能全面理解园林植物的特性，无法在有限的成本下实现植物生态和季相美学的平衡，更多关注空间形态和序列，乃至过度仿效国际大师的设计手法，采用极简和规则式种植；在地形设计上，自从西方现代景观设计传入我国后，一些景观设计师过分追求线性、平面几何式构图，盲目改变地形地貌，使用感受无从谈起，养护成本大幅增加；在水体设计上，自然水体本身是一个连续的整体，这一连续性时常会被各种构筑物切断、肢解，无法持续地稳定运转，还需耗费巨大的维护成本，往往出现水景设施残破、水质恶化等现象；在小品设计上，出现了景观性堆砌过多，空间尺度比例不协调、场域感不强、缺乏细节处理等问题。

在施工阶段，容易出现设计和施工脱钩。设计方一般很少能够落实驻场指导，与施工单位之间缺乏有效的沟通协调机制，对于设计图纸的专业交底和施工过程的具体指导不足，使得施工方难以精准把握和实现设计理念和设计意图；施工方专业技术水平参差不齐，对新技术、新工艺、新理念的掌握有限，尤其是在复杂地形处理、空间营造、植物搭配等方面，难以达到设计标准；在面临成本与工期压力时，为了降低成本、压缩工期，往往会调整设计，过多的设计变更使得项目变得平庸，缺少特色。

在运营使用阶段，重建设轻管养的情况仍然存在，普遍市场化程度低、机械化水平低，养护投入少，养护方式粗。如在病虫害治理上，往往重治轻防，忽略病虫害监测和生物防治技术的推行；在水资源使用上，前期建设灌溉设备考虑不足，也很少使用节水设施，仍沿用人工浇灌；对于园林废弃物，基本当作垃圾处置，资源化利用率极低。

第一节　应用节约型园林技术

节约型园林的技术体系可以分为节地、节材、节水、节能和节力，最终实现节约资金。

一、节地技术要求

国务院办公厅印发的《关于科学绿化的指导意见》要求，合理安排绿化用地，科学划定绿化用地，实行精准化管理。土地资源的日益紧缺和用地矛盾的日益加剧，绿化建设用地的管理必须更为集约。节约用地不等于不供地或减少绿化用地的供给，而是要在保障城市园林绿化用地的基础上使土地效益最大化。同时结合城市更新，采取拆违建绿、留白增绿等方式，增加城市绿地；大力推进"见缝插绿"的口袋公园、边坡绿化、屋顶花园、垂直绿化、立体绿化等节地型园林形式，提高土地资源利用率，使有限的土地资源最大限度地发挥园林绿化的生态功能和环境效益。

保护现有绿地是节地的前提。必须加强对山坡林地、河湖水系、湿地等自然生态敏感区域的保护，维持地域自然风貌，反对过分改变自然形态的人工化、城市化的园林建设倾向。在城市开发建设中，要保护原有树木，特别要严格保护大树、古树名木，因为树木生长需要时间，而时间是最宝贵的。在道路改造过程中，反对盲目地大规模更换树种和绿地改造，禁止随意砍伐和移植行道树，坚决查处侵占、毁坏绿地和随意改变绿地性质等破坏城市绿化的行为。

二、节材技术要求

节材技术的评价指标包括原地形利用率、乡土植物应用率、材料循环利用率等。尽量节约利用宝贵的土壤资源，一是保持场地原有的地貌特征，尽量做到土方就地平衡；二要避免进行大规模的地形改造工程，并充分利用场地原有的表土作为种植土进行回填；三是植物应用应以各种乡土植物、自然材料和人工材料的合理利用、循环利用为原则，减少各种废弃物对环境的影响。应充分利用地方材料和地方工艺，以及环境友好型材料，在降低工程造价的同时改善生态环境，突出地方特色。

三、节水技术要求

节水技术的评价指标包括透水路面及铺装率、耐旱植物使用率、节水技术覆盖面积率、灌溉用水非传统水源量等。我国是一个水资源贫乏的国家，三分之二以上的城市都面临着不同程度的缺水问题。节水园林应从开源和节流两方面入手，一方面增加可利用的水源总量，如雨水回收、中水利用等措施；另一方面减少水资源的消耗。坚决反对破坏自然资源的围湖造园，反对不顾资源条件的人工挖湖。同时积极选用耐干旱的植物种类，灵活应用微喷、滴灌、渗灌等节水技术。

四、节能技术要求

节能技术的评价指标包括再生能源利用率、节能产品使用率等。一方面因地制宜，充分利用当地取之不尽、用之不竭的自然能源，如风能、太阳能、水能；除自然利用之外，要通过能源系统，实现收集、储存和重新分配使用。尤其在大型城市广场、景观大道等，往往实际有大型音乐喷泉、照明路灯和亮化照明等，电能的消耗量巨大，除了必须控制灯具数量和亮度、广泛采用节能灯外，必须合理配置新能源供电系统。

五、节力技术要求

节力技术的评价指标包括低养护植物应用率、低修剪植物比例、节力技术（生物防治、智慧养护、智能设备等）使用率、单平方米养护成本等。园林养护费用已经成为政府的巨大负担，尤其是随着人力成本逐年提高。随着科技进步，园林绿化管养逐步迈入科技化时代，不断出现新的智能化设备和智慧化平台技术，主动探索和推广"智能管养、智慧管养"新模式，以减少人力、物力、财力的投入。

　　提倡节约型园林，应用节约型园林技术，但不能进入误区。节地不等于减少园林绿化用地，而是要集约利用宝贵的土地资源；节材不等于因陋就简建设园林，而是要因地制宜地突出自身的特点；节省资金不等于减少投入或不投入，而是要追求最佳的资金投入效益。

第二节 提升绿地系统效益

一、欧洲经验及 3-30-300 策略

（一）欧洲经验

如今，欧洲近四分之三的人口生活在城区。在英格兰，这一数字预计在 2030 年达到 92%。由于人口增长和城市扩张，英国大片绿色空间被占用。2015 年的一项调查显示，5 年内有超过 22 000 公顷的绿色空间被改造成了"人工表面"，超过 7 000 公顷的森林被砍伐，14 000 公顷的农田和 1 000 公顷的湿地被占用，以为城市扩张提供更多土地。

1. 改善身心健康

全欧洲每 15 人中就有 1 人死于缺乏体育活动。在英国，只有三分之一的人口达到了建议的运动水平。据估计，这对健康的影响每年造成 10 亿英镑的直接经济损失。大量研究表明，接触绿地对我们非常有益。生活在一个更绿色的环境中可以改善人们的心理健康，降低循环系统和哮喘等疾病的死亡率，同时通过体育活动可以降低肥胖水平。

2018 年，苏格兰医生已开始为患者开自然处方。在大自然中度过一段时间，即使是很短的时间，也会在大脑中产生与降低压力水平有关的化学物质，同时也有助于降低血压；丹麦奥胡斯大学一项研究发现，在接触大自然受限制地区长大的儿童，比在更绿色的地区长大的儿童容易患上与压力有关的抑郁症和其他心理健康障碍疾病，数据高达 55%。而在充满绿色地区长大的儿童其注意力更集中，记忆力更强。绿地为人们提供了良好的锻炼和活动空间，与植被稀疏或灰色区域相比，绿地中的社交活动也增加了 83%。绿色基础设施对建立社区凝聚力和产生更大的社会包容感具有巨大影响。研究表明，在医院里，当人们被安排在一个可以看到风景的房间里，而不是看到相邻的建筑时，他们的恢复速度会更快。城镇绿地的好处已被证明对社会经济地位较低的群体作用更大。

2. 减少洪水的影响

2014 年 1 月是英国有史以来最潮湿的 1 月，降雨量是该月平均降雨量的三

倍多，洪水造成了超过 15 亿欧元的损失。到 2050 年，欧洲各地发生严重洪水的频率预计将翻一番，预计洪灾造成的年度经济损失将增加近五倍，达到每年 235 亿欧元。到 2100 年，预计洪水每年可直接影响多达 365 万人，每年的经济损失预计将高达 9 610 亿欧元。

城镇通过灰色基础设施改变自然环境，使城市更容易遭受洪水风险。植被覆盖的地表则通过储存和拦截降雨来减少地表水径流，而绿色屋顶则有能力在给定时间内捕获 70% 的降雨量。

3. 缓解城市热岛

2003 年席卷欧洲的热浪在中欧和西欧的四个月时间里造成了多达 20 000 多人死亡。预测表明，像 2003 年这样的极端天气以后也许会成为常态。一个解决方案是优先考虑城市绿化以应对高温。

欧洲各地的城镇将不得不应对日益增加的夏季高温以及更强烈和更长时间的热浪。老人、儿童，以及来自低收入社区的人尤其容易受到热浪的负面影响。这些负面影响包括皮肤癌和晒伤、中暑、心脏病发作和器官衰竭的风险增加。热浪还会导致生产力的降低，甚至会增加犯罪率。

树木和其他自然植被通过直接遮阴、蒸腾和将太阳辐射转化为潜热来冷却周围的空气。研究表明，绿色屋顶可以使建筑物的制冷需求减少 75%，供暖需求减少 10%，这可以支持城镇地区的气候缓解战略。在英国进行的一项研究显示，如果绿色基础设施的容量增加 10%，降温效果高达 2.5 ℃。其他研究表明，现有公园绿地的降温效果远远超出了公园和绿地本身的范围。

4. 改善空气和水质

2019 年初发布的一份报告显示，欧洲空气污染导致的年死亡人数为 79 万人，同时平均预期寿命缩短了 2.2 年。罪魁祸首是 $PM_{2.5}$ 和二氧化氮。

通过树叶、植物表面甚至树皮吸收空气中的污染物，植物可以影响污染物的扩散，有效地为城镇地区提供免费的空气净化服务。2015 年，伦敦的树木估计已清除 2 241 吨空气污染物，这项服务价值 1.26 亿英镑。树木和其他植被还可以在减少地面臭氧和烟雾的形成方面发挥关键作用。

绿色基础设施也被证明有助于改善水质，减少进入水系的污染物量。树木和植被能够通过树冠和树根拦截大量雨水，从而降低城市洪水风险。与传统屋顶空间相比，绿色屋顶有助于改善建筑物的径流质量。2015年英国的一项研究表明，与附近采集的空气样本相比，绿色屋顶上方空气中的二氧化硫水平降低了37%，亚硝酸水平降低了21%。

5. 增强本地生物多样性

自20世纪40年代以来，英国已经失去了97%的野生花卉草地，在整个欧洲，每10种野生蜜蜂中就有1种面临灭绝的风险。绿地可以为蜜蜂、蝴蝶等传粉者提供重要的栖息地。

欧洲各地的城镇鼓励种植更多本地野花，或者让草长得稍长，减少修剪城市公园绿地草坪的频率，增加本地蜜蜂和其他传粉媒介的数量。许多城市为保护生物多样性，通过创建"无割草区"，进一步减少割草计划。

城镇绿地无疑对当地的生物多样性产生了积极影响，它可以帮助增加栖息地面积，或者创造一系列"野生动物走廊"，使物种更容易在各个绿地之间移动。树木和植被为野生动物提供庇护所，并促进生物多样性，否则这些生物可能难以在城市环境中生存。一棵成熟的橡树已被证明能支持多达5 000种昆虫和无脊椎动物的生存。

（二）3-30-300 策略

世界卫生组织欧洲区域办事处提出了3-30-300策略。这一策略从景观、生态、服务三个维度对城镇绿地的建设提出了针对性要求。

1. 每家能够看到3棵树：景观

第一条策略是，每个市民在家中至少能看到3棵大小适宜的树木。研究表明，可见的绿色植物对人的身心健康影响明显。

2. 每个社区达到30%的林荫覆盖率：生态

城市良好的林荫覆盖与降温、更好的小气候、身心健康，以及减少空气污染和噪音之间存在有效关联。改善社区的林荫覆盖，可以促进人们来到户外，互动交流，促进身心健康。目前许多城市，如巴塞罗那、布里斯托、堪培拉、西雅图和温哥华，都设定了实现 30% 林荫覆盖率的目标。在社区层面，30% 的标准应该是最低线，在气候适宜的城市和地区应该尽可能提高林荫覆盖率。

3. 居民距离最近的公园绿地 300 米：服务

世界卫生组织欧洲区域办事处建议居民距离大于 1 公顷绿地的最大距离为300 米，强化了绿地的休闲功能和对身心健康的改善。尽管低密度郊区的需求与密集城市地区的需求不同，但所有地方都需要高质量的城镇绿地。新建 1 公顷的公园绿地可能实现困难，尤其是在需要"改造"的现有社区。在这种情况下，至少应该保证 0.5 公顷的公园绿地。此外，像绿色大道这样的线性空间也可以拥有大量的植被、座位以及可以游憩和锻炼的区域。

二、我国经验及"300 米见绿、500 米见园"

（一）园林绿化的综合效益

园林绿化具有生态效益、社会效益和经济效益三大综合效益。

1. 生态效益

（1）改善空气质量。绿地系统通过吸收二氧化碳、释放氧气以及过滤雾霾颗粒物等方式，显著改善了城市的空气质量。植物通过光合作用将二氧化碳转化为有机物，减少了二氧化碳的排放量。同时，绿地中的植物也能够吸收空气中的尘埃和有害物质，净化空气。每公顷绿地每天可以吸收约 1 吨二氧化碳，释放约750 千克氧气。

（2）调节气温。城市绿地系统能够通过蒸发散热和阴凉效应等方式调节城市的气候。城市地区人口与建筑物高密度聚集，自然界面被人为改变，使城市中人为热与大气污染物的扩散比较缓慢，产生了明显的城市"热岛效应"。而规模较大、布局合理的园林绿地系统可以在高温的建筑组群之间交错形成连续的低温地带，将集中型热岛缓解为多中心热岛，有效地缓解城市"热岛效应"。林下空间比空旷地气温低 3~5 ℃。当室内气温高达 35 ℃时，林下只有 22 ℃。当沥青路面温度为 56 ℃以上时，草坪地温度只有 30 ℃。

（3）改善水资源管理。绿地系统通过拦截和滞留降水，减少了城市的洪涝风险，并起到了保护水资源的作用。据统计，绿化植被可以减少城市雨水径流的30%~50%，有效减轻城市排水系统的压力。

2. 社会效益

"公园 20 分钟效应"，发表在《国际环境健康研究杂志》上的一项研究显示，每天在户外待上一小段时间能够让人感到更加快乐，即便不做运动，只是每天到公园待上 20 分钟，也能显著降低体内的皮质醇含量，减轻压力。经常在绿色环境中散步的人，短时记忆容量会提升 20%。注意力恢复理论（ART）指出通过自然暴露进行认知恢复，具体来讲就是自然唤起无意注意，帮助有意注意改善；并且压力恢复理论（STR）也强调了自然环境的减压能力，包括积极情绪的增加以及唤醒，同时如恐惧、紧张等负面情绪的减少。

一项针对城市居民的调查显示，超过 80% 的受访者认为绿化能够提升城市的形象和吸引力。园林绿化间接的经济价值是它本身直接经济价值的 18~20 倍，其中控制环境污染的收益为 6 倍，流行病减少收益为 2 倍，综合收益为 10~12 倍。

3. 经济效益

（1）提升土地和房地产价值。园林绿地系统的建设和改善会提升周边房地产的价值。绿地景观的美化和增加将吸引更多购房者。有研究表明，绿地的存在会使周边房产的价值提高 5%~20%。

（2）增加就业机会。园林绿地系统的建设和维护需要大量的劳动力投入，为城市创造了就业机会。据统计，每投入 1 亿元的园林绿化项目，可以直接和间接创造约 1 000 个就业机会。

（3）促进文化和旅游发展。城市核心公园每年可以吸引超过 100 万游客，通过营造场景、植入业态和组织节会活动，保守估计能够带来数千万元的收入。

（二）"300 米见绿，500 米见园"

住建部 2012 年发布《关于促进城市园林绿化事业健康发展的指导意见》，要求各地按照城市居民出行"300 米见绿，500 米见园"的要求，加快各类公园绿地建设，尽可能实现居住用地范围内 500 米服务半径的全覆盖。服务半径是衡量公园绿地的均布性和可达性的一项重要指标。

（1）全市性综合公园服务半径：2~3 公里。

（2）区域性综合公园服务半径：1.5 公里。

（3）居住区公园服务半径：0.5~1.0 公里。

（4）小区游园服务半径：0.3~0.5 公里。

按照"300 米见绿，500 米见园"的目标要求，全国目前已建设和改造"口袋公园"近 3 万个。口袋公园是指面向公众开放、规模较小、形状多样、具有一定游憩功能的公园绿化活动场地，面积一般在 400~10 000 平方米之间，包括小游园、小微绿地等。口袋公园也称袖珍公园，指规模很小的城市开放空间，常呈斑块状散落或隐藏在城市结构中，如小型绿地、小公园、街心花园等。

口袋公园是城市微更新的一项重要内容。不少城市人口密度高、公园绿地不足，这些选址灵活、因地制宜的口袋公园，通过见缝插针式布局建设，补齐城市老城区、人口高密度区等绿色空间不足、分布不均衡短板。从公园选址到规模大小，再到设计风格、设施配备，都要充分考虑周边社区居民的实际需求，如为老年人提供适老化设施，为儿童提供适儿化配套，为上班族提供更多户外休息区等。在细节和功能上更多考虑便民性、实用性，满足居民休闲、健身、娱乐等需求。在景观设计上，也可更加突出地域特点、历史文化等元素，注重保护原有地形地貌和大树老树，优先选用乡土植物等。在提供绿色休闲空间的同时，融入了邻里社交、城市客厅、公共服务驿站等多种功能，成为贴近群众生活的多元公共空间。

三、绿地系统布局结构

城市绿地系统布局是城市绿地的组分构成及其空间分布形式，它是一种复杂的经济、文化现象和社会过程，是在特定的地理环境和一定的社会发展阶段中，人类各种活动和自然因素相互作用的结果。城市在其自身发展的过程中，针对日益突出的城乡环境不协调发展、城市绿地系统布局结构不合理等问题进行了长期不懈的探索和实践，以寻求更为合理的城市绿地系统布局模式，实现城市的"绿色梦想"。城市绿地系统是构筑与支撑城市生态环境的自然或近自然空间，是城市社会、经济持续发展的重要载体，是唯一有生命的城市基础设施。发展城市绿地对维护城市生态平衡、改善人类的生存环境、保持人与自然相互依存关系、提高人们的生活质量和文明程度具有广泛而积极的意义。

一个城市的绿地是否可形成一个稳固的体系，该体系是否可发挥最大的生态、景观、社会及经济效益等，均与在城市绿地系统规划中是否能选择一个合适的布局结构密切相关。城市中分散的绿地不是通过简单的、随心所欲的"见缝插绿"就能发挥最大效能的，而是要通过合理、科学的布局，经历分散—联系—整合的过程，彼此有机联系才能发挥最大效能。城市绿地系统布局是城市绿地系统规划中的重要及核心环节。城市绿地系统是城市系统的有机组成部分，其布局结构形态受到城市发展控制原型——基因的决定和影响，与生物体基因一样，不同城市具有自身独特的城市基因，当城市基因发生突变时，绿地系统生长显现出新的结构。

大城市和特大城市一直保持着较高的增长势头，不仅数量在增加，而且地域范围也不断扩展，甚至出现众多的城市连绵区、大都市圈等。当前特大型城市人口的高密度聚集、水资源紧缺、环境污染、温室效应和城市气候灾害、土地资源锐减与不合理开发等，所引发的各种生态和环境问题已经直接影响甚至制约到特大型城市区域的发展，与市民日益提高的居住环境要求背道而驰。

纵观国内外城市绿地系统构建发展历程，城市绿地系统空间布局结构是系统内在结构与外在表现的综合体现，是系统内外物质、能量和信息运动方式的体现。城市绿地系统需要不断地有机进化，从非系统形态到系统形态，从无机系统到有机系统，从单一分散到相互联系，从联系到融合，最终逐步走向网络连接、城郊融合。典型布局结构模式类型包括集中型（块状）、线型（带状）、组团型（集团状）、链珠型（串珠状）、放射型（枝状）、嵌合型（楔形）、星座型（散点状）等。可以将其归纳为环状圈层式（伦敦／莫斯科／东京）、楔向放射式（墨尔本／哥本哈根／慕尼黑）、廊道网络式（波士顿／美国新英格兰地区／伦敦／华沙）及依城市地理人文特点发展式（哈罗新城／平壤）4种布局结构模式。

相对而言，中国城市绿地系统规划理论研究虽然起步较晚，但在国外城市绿地系统规划理论基础之上发展较快。城市绿地系统布局非常多样，最常见的模式是采用环网放射型的模式（如上海／北京／南京等），这也是目前城市绿地系统布局的趋势和走向。还有一些城市形成结合城市山水格局的绿地系统布局模式（如杭州／苏州等），与当地优越的自然条件结合，造就绿地与城市交织的宜人环境。绿心模式多在中小城市及新城的建设中采用，可以形成"山水中的城市，城市中的山水"的山水城一体化城乡生态格局。另外当今有些城市突破传统的"点、线、面"结构，从绿地的生态性、人文性和景观性的功能性入手，以及结合城市居民的休闲游憩行为，满足城市绿地的游憩功能形成了以功能性为主导的城市绿地系统布局模式。

客观地说，在城市绿地的规划布局中，没有一个固定的模式可以套用或推广，任何一个城市的绿地布局都要从自身的绿地现状及自然条件出发。在城市绿地系统规划理论不断进化、城市不断发展的同时，城市绿地系统布局结构模式也随之进化发展，总结为网络化、多元化、立体化、城乡一体化、区域化及空间均布化。

（一）网络化

城市绿地系统的发展经过了由集中到分散、由分散到联系、由联系到融合的过程，现在又呈现出逐步走向网络连接、城郊融合的发展趋势，绿地系统布局模式也将趋于网络化。

美国的相关专业人士预测，城市绿地生态网络规划必将成为 21 世纪户外开放空间规划的主题，相信总有一天我们会像今天使用交通地图一样来使用绿地网络地图。中国城市绿地系统布局借鉴国外大都市经验也在向网络化方向发展，形成城市绿色网络。绿色网络以保护、重建和完善生态过程为手段，利用绿廊、绿楔、绿道和结点等，将城市的公园、街头绿地、庭园、苗圃、自然保护地、农地、河流、滨水绿带和郊野公园等纳入绿色网络，组建扩散廊道和栖地网络等，构成一个自然、多样、高效、有一定自我维持能力的完整的生态系统，起到促进自然与城市的协调互动、健康发展的作用。

（二）多元化

中国幅员辽阔、资源丰富，在广阔的国土上分布着各种不同类型的城市。各个城市的自然地理条件和社会经济条件的差异，以及生产、生活的需要，形成了不同类型城市布局的不同特点，而绿地系统以城市总体规划为依据，其布局与城市布局相互影响，故也呈现出多种多样的布局形态。由于不同的城市拥有不同的自然环境基础和城市发展格局特征，面临的问题和机遇也各不相同，而具有针对性的规划才富有创造性，才是城市的需要。

（三）立体化

城市绿化的立体化是绿化生态效应的进一步扩大化，它跳出了对用地的依赖，缓减城市热岛效应的同时也丰富了城市再生空间的层次与形式。具体包括两种含义。

（1）利用建筑物垂直面、建筑物顶部、立交桥、停车场等建筑和构筑物所形成的再生空间，通过各种现代建筑和园林科技的手段，进行多层次、多形式的绿化，拓展城市绿化空间。

（2）在绿地上通过乔灌草的复层配置，实现单位面积绿地的最大生态效益。绿化朝立体化方向发展，已成为人们的共识，三维绿量和绿色容积率的提出，更是为立体化绿化的度量确立了评价指标，绿地系统的布局模式也必将朝着空间立体化方向发展。

（四）城乡一体化

城市绿化不仅仅围于城区，城乡之间、城市之间的广阔生态绿地也构成了城市、区域发展的"绿肺"。城乡区域是一个快速发展与演变的人工系统，尤其是城市，无论是其外部拓展还是内部更新改造，均造成区域生态格局以及生态过程的巨大变化，直接冲击并威胁到人类的生态安全。

在城市绿地系统规划中，不可能也不能回避市区周边大环境的问题，城市从来就不是孤立存在的，城市与郊区、乡村是一个有机整体，是一个统一的复合生态系统，只有在城乡一体化的基础上，以绿地生态网络连接城区和郊区，至更大区域的绿地生态空间，才能实现城市生态的可持续发展。

（五）区域化

国际上的特大城市绿地系统规划就是城市区域性总体规划，其城市绿地的布局寻求城市与自然协调的区域性模式，注重从大的区域角度组织和规划城市绿地系统布局结构。城市不再只停留在城市本身，而是将城市放在城市带或城市群中一起来考虑，形成一个系统性的整体，城市绿地系统布局结构模式将朝着区域化的方向发展。例如，上海正在修编的城市总体规划（2015—2040 年）中，就提出了增加长江三角洲地区区级公园绿地体系和生态廊道体系的构建。

（六）空间均布化

国内几乎所有的城市，特别是其中心城区都存在着各类公共绿地分布不均匀的现象。中心城区的绿地景观斑块破碎化程度较高，且斑块小而分散，小面积零星分布的附属绿地类型占绝对优势；缺少一定量的较大规模的绿地（如风景林和公园绿地），这对城市绿地生态环境功能的发挥及生物多样性保护十分不利，也制约了城市游憩功能的发挥。

一个城市绿地系统的布局结构是否科学、合理，很大程度上是体现在绿地系统与城市自然地理、城市形态、用地结构及经济结构等相互关系上的，是一项与城市其他系统相互制约、相互促进的综合性系统工程。在特大型城市中，城市转型发展引发产业结构调整，空间结构发生突变导致其性质更加多样及复杂。特大型城市绿地系统的布局结构已经不能仅仅以某 1 个或 2 个的布局结构模式来建构起庞大复杂的绿地系统，其绿地系统布局结构将朝向多层次、多结构、多功能的方向发展，适应城市发展的格局变化，才能提高城市绿地生态系统的整体效能，才能实现发展城市经济、社会与生态保护之间的融合共生，才能实现可持续的协调发展。

必须在科学的绿地系统布局的基础上，持续推进自然保护区、森林公园、湿地公园、地质公园等资源整合优化，提升生态服务功能，保护自然生态系统；推动生态廊道断点地区生态修复和绿地增补，结合绿道、碧道、道路绿带建设，形成功能复合、连续贯通的绿色生态网络；同时面向不同频次、不同类型的游憩活动需求，完善四级公园体系。结合社区生活圈，强化社区公园和游园、口袋公园等在全域公园体系中的基干地位；加强绿道、碧道等活力绿廊建设，促进公园有机连通，形成高质量的游憩空间网络。

第三节　困难立地绿化与立体绿化

一、困难立地定义与分类

（一）困难立地的定义

在林学上，"困难立地"的概念一般指沙地、砾石戈壁、盐碱地、滩涂海岛、崩岗区、水土流失严重等自然条件差的土地，包括石灰岩裸露山地、受损山地边坡、交通干线工程创面等地方，需要投入大量的人力、物力改良立地条件，以及一定的工程措施辅助才能常规造林。

立地的"困难"一般具备如下4个特征：①"立地"具有空间地域属性，主要对象是植被；②第一生产力较低或生产力不稳定，尤其是建群种或关键种出现大规模退化或灭绝；③遭受超过阈值的干扰（以人为干扰为主），或生态环境条件恶劣，生态系统脆弱性高，并表征受损或退化症状；生态系统稳定度极低，仅靠自然恢复和常规植被恢复措施，短期内无法恢复并形成正向演替。

由于城市所处地带性生境、配套基础设施、发展阶段等差异存在，在一定时间空间内出现了符合上述4个特征的立地条件，一般分为如下情况：①城市分布在盐碱地、山地丘陵、滩涂海岛、荒漠化、石漠化等"困难立地"区域；②一般城市都依河流发展起来，利用河岸带湿地拓展不透水下垫面和排入污染物，形成受损湿地；③城市建立或发展过程中砍伐植被，开展建设活动，形成建（构）筑外立面、废弃地、工业搬迁地和垃圾填埋场等。

（二）困难立地的分类

在上海市园林科学规划研究院，以研究员张浪为首的科研人员一直致力于医治城市困难立地。首先，城市是一类以人类活动为中心典型的社会—经济—自然复合生态系统，其核心是人，发展的动力和阻力也是人，人与地（包括立地的水、土、气、生物和人工构筑物）的生态关系是核心问题。其次，城市困难立地类型划分应表征土壤、水对植被的刚性约束。城市化在中小尺度对自然生境产生强烈影响，甚至是在完全或部分人工构建基础上演变。立地分类研究的核心基础是立地与植被的相互关系，是对立地与植被共同组成的综合体类型划分，其中，土壤和水是关键性指标。从容易进行城市土地类型识别操作的角度，建立基于园林绿化的城市困难立地类型划分体系，共计3个一级类别（含12个二级类型）。

1. 自然型城市困难立地

自然型城市困难立地主要是指城市及其近远郊范围内，立地条件因气候、地质等自然因素主导，对林木生长造成障碍的生态用地。主要包括4个类型：011盐碱地；012沙（荒）漠地；013自然水土流失地；014土层瘠薄岗地。

2. 退化型城市困难立地

退化型城市困难立地主要是指城市及其近远郊范围内，立地条件因工业、工程建设、污染物排放等主要人为干扰因素主导，对林木生长造成障碍或生态系统功能严重受损的生态用地。主要包括5个类型：021工业搬迁遗留地；022非工业整治遗留地；023未利用废弃地或空闲地；024受损湿地或水域；025已建成低效绿林地。

3. 人工型城市困难立地

人工型城市困难立地主要是指城市及其近远郊范围内，林木立地在人类活动中完全由人工构建的生态用地或空间。主要包括3个类型：031垃圾填埋场；032立地绿化空间；033地下空间覆土场地。

二、困难立地绿化存在问题及对策

（一）困难立地绿化存在的问题

目前，我国城市困难立地绿化，除了其关键技术不成套以外，对城市困难立地绿化的监管和修复并没有明确立法。城市困难立地资源监管监测体系还不完善，缺乏城市困难立地的信息管理系统。

第一，法律和法规缺乏。我国对污染土壤防治和管理缺乏全面系统的专门性法律法规体系，关于污染土地的法律责任的归属，现有法律的界定还不明确，对于规范城市困难土地的利用，也缺少相关法律法规。第二，技术标准和规范缺乏。国内现行仅出台了土壤污染防治等相关方面的指导意见，以及场地环境调查、场地环境监测、污染场地土壤修复、污染场地风险评估等方面的技术导则；缺乏明确的技术标准规范，城市困难立地方面更是缺乏。第三，监管真空。我国对城市困难立地的监管和修复并没有明确的立法。土地监管监测体系不完善，缺乏污染土地的信息管理系统。由于没有相关的法律政策要求，土地环境状况信息公开目前还是设想。第四，资金保障不力。资金是城市困难立地生态修复与再开发的重要瓶颈，城市困难立地生态修复资金需求量大，工程时间长，如果没有充分的资金保证，很难执行。第五，缺乏民间组织机构的参与。在我国，城市困难立地的改造缺乏对民间组织的激励机制，政府往往只充当卖地的角色，一旦出现问题，部分开发商往往选择隐瞒以节省大笔的修复资金。

（二）困难立地绿化的对策

实施城市困难立地绿化是一项创新型探索性的系统工程，应从调查评估评价、建立数据库等基础工作做起，建立相应技术规范和标准，进而制定相关法律法规，通过财税、政策等优惠措施，鼓励和引导私营部门与公众积极参与，同时，还应纳入干部考核体系等。

1.开展调查评估

全面调查评估城市自然环境质量，特别是中心城区及周边的山体、河道、湖泊、海滩、植被、绿地等自然环境被破坏情况，识别城市生态环境存在的突出问题、亟须修复的区域。

2.加强规划引导

根据城市生态修复需要，修改完善城市总体规划，编制生态保护和建设专章，确定总体空间格局和生态保护建设要求；编制生态修复专项规划，加强与城市地下管线、绿地系统、水系统、海绵城市等专项规划的统筹协调。

3.制订实施计划

根据评估和规划，统筹制订"城市困难立地绿化"实施计划，明确工作任务和目标，细化成具体的工程项目；建立项目库，明确项目的位置、类型、数量、规模、完成时间和阶段性目标，建设时序和资金安排，落实实施主体责任；加强实施计划的论证和评估，增强实施计划的科学性、针对性和可操作性；重要项目纳入国民经济社会发展规划和近期建设规划。

4. 强化组织领导

明确政府是"城市困难立地绿化"的责任主体，城市主要领导要将"城市双修"工作作为主要职责，排上重要议事议程，统筹谋划，亲自部署；建立政府主导、部门协同、上下联动的协调推进机制，形成工作合力，保障"城市双修"工作的顺利进行；要结合实际，完善城市规划建设管理机制，扎实推进工作，确保取得实效。

5. 配套技术研发

针对城市棕地、受损湿地、新成陆盐碱地、立体空间和垃圾填埋场等困难立地，进行水土质量快速监测与综合评估技术研发、动态监测体系和网络建设，生活垃圾等城市废弃物资源化处置利用关键技术研发，抗逆、适生植物种质资源库、群落配置模式和景观营建关键技术研发，以及技术集成示范工程与标准体系建设，构建城市困难立地生态修复和景观营建的理论创新和技术创新体系。

2010 上海世博园区是城市困难立地绿化的最典型的案例，5.28 公里的园区用地是中国重工业和民族工业的发祥地，整片的旧工厂、巨量的建筑垃圾是建设之初的场地难题，通过园林绿化途径的生态修复关键技术"先行先试"及材料储备，实现了快速建成、稳定高效的园区生态空间网络，为举办一届精彩难忘的世博会大力增色。亚洲最大的老港垃圾填埋场生态修复是另一个典型案例。此外，白龙港污水处理厂开展污泥改良高盐分盐碱地、迪士尼开展表土保护与再利用等，都诠释了通过城市困难立地绿化途径生态修复的科技引领。

2016 年 6 月，上海率先正式筹建了中国首个"城市困难立地绿化工程技术研发与推广的创新平台"——上海城市困难立地绿化工程技术研究中心。"中心"将重点科学分析评价上海城市困难立地（废弃地和污染土地）的成因、受损程度、场地现状及其周边环境，综合运用生物、物理、化学等技术改良土壤，消除场地安全隐患；选择种植具有吸收降解功能、抗逆性强的植物，恢复植被群落，重建生态系统；研发城市困难立地水土质量快速监测与综合评估技术及其指标体系和应用标准，构建城市困难立地生态修复与景观营建技术集成示范与标准体系；开展创新成果工程化转化应用，发挥技术转移、扩散和辐射作用。

6. 开展监督考核

建立监督考核制度，明确考核指标体系和监督管理标准，严格目标考核、问责管理，定期组织开展"城市困难立地绿化"实施效果评价；结合城市建设管理情况，把城市困难立地的绿化工作开展情况纳入领导干部考核体系。

7. 加大资金投入

各级财政积极支持各地开展"城市困难立地绿化"，鼓励把城市困难立地的绿化项目打包，整合使用各类转移支付资金，提高资金使用效益；力争在每年年度计划中安排一定比例的资金用于"城市困难立地绿化"项目，发挥好政府资金的引导作用；鼓励政府与社会资本合作，发动社会力量，推进城市困难立地的绿化。

8. 引导公众参与

制订宣传工作计划，充分利用电视、报纸、网络、期刊等新闻媒体，提高社会公众对城市困难立地绿化工作的认识，形成良好氛围；创造条件，鼓励广大市民和社会各界积极参与。

三、立体绿化

立体绿化是"立体的画，流动的诗"，是市民群众最易接触、最易感知的美好生活元素，也是城市风貌最直观最具艺术特色的标识符号，被称为城市的"第五立面"。

在快速城市化的过程中，特别是大型的城市，人口密集，土地稀缺，城市核心区绿化面积比较小，扩绿难度非常大。如何在有限的城市区域中开拓生态建设空间，让钢筋水泥与生态绿意趋于平衡；如何在空间资源紧的约束条件下不断提升生态环境质量，持续改善人居环境，是新时代城市发展建设的重要命题。立体绿化作为一种增绿新模式、植绿新场景应运而生。立体绿化能够在不占用土地资源的前提下产生显著的生态环境效益，规模化发展立体绿化对改善城市生态环境的作用巨大，也是打造一流城市环境的重要举措。

德国早在 1982 年就已立法强制推行立体绿化，平均屋顶绿化率在 21 世纪初就已超过 10%。过去，德国曾实行雨水和污水处理费用混合征收。20 世纪 80 年代联邦法要求将雨水费征收办法透明化，即家庭废水排放与雨水排放按自来水消费量和非透性屋面的面积分别征收。有屋顶绿化的家庭，按比例减免征收雨水费。这项间接的鼓励政策，被认为是最成功，也是最公平的一项政策。

新加坡规划局 2009 年 4 月 27 日推出的 LUSH 项目：所有建筑，凡涉及绿化的部分、公共通道或休闲空间，包括建筑中间层天台、阳台、屋顶等均可以在满足某些条件后不计入建筑楼面面积（GFA），同时实行间接的财政鼓励政策，间接的鼓励政策一般涉及多项费用减免，包括建设项目许可费的减免、绿色建筑认证费用的减免、雨水费的减免等。

立体绿化在中国的推进已超过 30 年。2022 年，上海新增立体绿化 44.63 万平方米，上海的立体绿化总量超过 550 万平方米。"十四五"期间，上海计划建设立体绿化 200 万平方米，届时，全市立体绿化将达到 670 万平方米以上。立体绿化在首次纳入上海市节能减排行动计划后，依据《上海市建筑节能项目专项扶持办法》（2012），建设屋顶绿化可获得"建筑节能"专项补贴。截至 2016 年，上海市级扶持资金在立体绿化上的投入总计达到 5 600 多万元，补贴面积 45.3 万平方米，即上海约 17% 的立体绿化受到市级财政补助。2014 年，上海市为进一步激励立体绿化的发展，酝酿已久的立体绿化折算为地面绿化的政策——《本市新建屋顶绿化折算抵算配套绿地实施意见（试行）》终于出台。其中首先明确了折算的前提条件：地面绿化至少已达到法定配套绿地率 80% 的基础上，屋顶绿化才能进行折算。同时折算率考虑了屋面标高与地面的高差、屋顶绿化的类型等影响因子，平衡了地面与空间的关系。

2008 年，上海制定并正式颁布了《屋顶绿化技术规范》，随后又制定了《绿墙技术手册》《立体绿化技术规程》等一系列技术规范；2015 年又新增加了《高架桥体绿化建设管理技术指引》（试行）、《高架桥柱立体绿化项目管理暂行办法》《新建项目立体绿化规划控制操作细则》等规范性技术标准。

深圳市立体绿化的推进同样取得了可观的成果。经过 30 多年的高速发展，深圳开发强度已经接近 50%。这个数字是惊人的，法国大巴黎地区的开发强度不过为 21%，英国大伦敦地区的开发强度也只有 23.7%，日本东京、京都和名古屋三大都市圈的平均开发强度仅为 15%，香港的开发强度仅为 24%。因此，深圳选择立体绿化，不仅仅是地面绿化的补充，也不是锦上添花的"面子工程"，而是高度城市化的必然选择。立体绿化既是有效增加中心城区绿量，再造城市绿色空间建设生态城市，同时，立体绿化也是解决土地资源稀缺和生态建设用地需求之间矛盾的重要措施与有效对策。

深圳出台了《深圳市立体绿化实施办法》，制定了《立体绿化管养技术规程》《立体绿化工程验收规程》等技术标准制定。到 2024 年年初，全市立体绿化总面积超过 600 万平方米，产生的生态效益是巨大的。有专家指出，其一，根据夏天每平方米屋顶绿化可降温 3 ℃、每天可节电 0.106 6 度的国际最低标准计算，每天可节电 3 万多度；其二，按每 1 000 平方米屋顶绿化一年可滞尘 160~220 千克的联合国环境署研究结果计算，30 万平方米的屋顶绿化每年可滞尘 48~66 吨，这对降低 $PM_{2.5}$ 会起到很好作用；其三，屋顶绿化每年能截留 70% 的雨水，30 万平方米的屋顶绿化，可大大减少城市水处理设施的压力。

（一）立体绿化的定义

立体绿化是指利用城市地面以上的各种不同立地条件，选择各类适宜植物，栽植于人工创造的环境，使绿色植物覆盖地面以上的各类建筑物、构筑物及其他空间结构的表面，利用植物向空间发展的绿化方式。

一是扩大绿地面积。由于城市用地紧张，导致增加地面绿化面积有很大难度。相比之下，立体绿化基本上不会占用地面空间，且绿化效果好。改善热岛效应，降低粉尘、噪声研究表明，绿化后的屋顶能通过植被吸收 80% 的太阳辐射，可使屋顶表面最高温度降低 15~20 ℃。也可以通过充当"填充物"，将噪声水平降低 10 分贝。二是可以丰富城市景观。城市中的建筑常给人一种坚硬、冷漠的感觉，若将绿色融入墙面，可以增添建筑物的色彩，形成四季变化，丰富人们的视觉感官，愉悦心情。屋顶花园和空中露台可以为社会互动创造更多的公共空间，以及一种与自然保持联系的方式，给居民带来舒适的生活环境。

（二）立体绿化的分类

立体绿化一般需要依托不同的载体而存在，或是钢筋水泥形成的建筑，或是悠然自得的小院围墙栅栏，抑或车流熙熙攘攘的立交桥。因此通过对其载体的分类，立体绿化主要分为建筑类、交通类、构筑物类以及其他类型。

（1）建筑类立体绿化主要是在建筑物的顶面、立面、架空层以及阳台空间进行植物栽种，是建筑艺术与景观艺术的完美结合，更体现出了崇尚自然，低碳环保的生活理念，如屋顶绿化、墙体绿化、阳台绿化等。

（2）交通类立体绿化主要是在城市高架桥以及隧道、隔离带进行的植物绿化，以此增加城市绿地覆盖率、美化环境，如桥沿、桥墩、立柱、中间隔离带、隧道涵洞入口处等。

（3）构筑物类立体绿化主要是依托小型构筑物或龙骨框架表现出形态各异的造型，或憨态可掬的动物，或吸引眼球的造型小品，如围墙栅栏绿化、立体花坛等。

（4）其他类型的立体绿化主要是在防洪减灾、减少水土流失以及美化环境方面发挥重要作用，如护坡、驳岸绿化等。

（三）立体绿化的规划建设要求

（1）"微观"与"宏观"结合。立体绿化从"景观项目工程"模式向"综合生态系统工程"转变。微观上，研究各类立体绿化建设发展特征、空间特征要求、建设品质保障等，转化为政策中相关流程、关键技术的把握；宏观上，充分考虑城市整体建设水平和发展需求，进而明确立体绿化的总体发展定位和要求。

（2）"政策"与"空间"结合。以"政策"+"空间"的模式全面推动立体绿化，实现从散点式、单体式发展向"有序地、规模化"的建设发展转变。政策上，明确发展定位、理顺实施机制、强化鼓励措施、落实重点发展对象刚性要求等；空间上，对立体绿化进行精细尺度的调查和科学的发展潜力评估分析，规划配合重点对象、重点项目进行空间规划指导。

（3）"指引"与"管控"结合。通过"指引"与"管控"相结合，最大限度地调动社会各方参与立体绿化建设。针对新增建设配套新增立体绿化，重点通过建设审批环节落实重点地区、重点对象的指标、相关建设标准制定等"管控"方式来实现；针对存量建筑改造新增的立体绿化则需要更多采用"指引"形式，通过政策奖励补贴、公共项目引领示范等方式促进实施。

（四）立体绿化的规划建设内容

（1）通过构建"调查评估＋规划计划＋技术标准＋公共政策"立体绿化规划建设管理框架体系。通过调查摸清家底，通过评估识别建设潜力，在此基础上开展市、区两个层级的规划和年度实施计划编制，为规模化、系统化推进提供空间指引；同时制定推进立体绿化的公共政策，明确重点实施范围、指标要求以及鼓励性政策，推动社会参与建设。

（2）立体绿化尺度较小、对象复杂且缺乏通用的分类标准，调查工作量和难度大。需要明确立体绿化分类外业调查技术细则，探索基于遥感技术的已绿化屋顶矢量提取方法。摸清屋顶绿化、墙体绿化等各类立体绿化的基本情况以及建设与管养维护的状况，建立翔实的空间数据库，为规划编制和公共政策、技术标准的制定提供基础支撑。

（3）编制总体规划指引。结合实际情况，提出生态优先、城市修补、美化城市、注重实用发展策略，识别出重点片区和重要节点，提出分类分区指引，对立体绿化的建设发展提供了系统全面的规划指引。

（4）编制分区建设空间规划。结合空间立地条件和潜力评估，确立详细发展指标，对接上层次相关空间规划，明确了规划目标、策略、各类立体绿化重点实施范围、重点片区，制定近期实施项目库和年度建设发展实施计划，明确年度计划指标、主要任务、责任分工及保障措施，指导年度工作的开展。

（五）攀缘植物和耐旱植物的应用

1. 攀缘植物的应用

攀缘植物是指由于适应环境而长期演化，自身不能直立生长的具有攀缘能力的植物。现有的垂直绿化技术手段，如人工造壁、模块垂直绿化、水培垂直绿化等，大大增加了垂直绿化植物材料的品种，并不限于攀缘植物。根据植物的攀缘方式、攀缘器官等特性，将攀缘植物分为下列四种。有些植物具有两种以上的攀缘方式，将其称为复式攀缘，如倒地铃既具有卷须又能自身缠绕。

根据立体绿化的形式可以分为以下几种。

（1）附壁式。附壁式是最常见的垂直绿化形式之一。依附物为建筑物或土坡、挡土墙等，多用于住宅楼、企事业单位的办公楼、立交桥、道路两侧边坡等。北方最常用的附壁生长植物为自行攀缘类植物，如爬山虎、美国地锦、凌霄、金银花等。近年来，常绿的扶芳藤、木香等作为新发掘的北方地区垂直绿化的材料亦颇看好，这类植物对依附面要求有一定的粗糙度。种植方法：墙体基部有裸露土地的可直接种植，为防止人为践踏，可在离基30~50厘米处砌高25~35厘米的护坎，形成一个种植槽，把苗植于槽内；若墙基无土，可建槽填土种植，槽高度45厘米以上为宜；也可把苗栽植于大型的可移动的种植盆、槽内沿墙30~50厘米摆放。

（2）悬挑式。悬挑式多用于阳台、窗口、檐口、女儿墙等部位，绿化形式多为人工设置种植槽，同时要考虑防漏和建筑物的承重问题。种植槽内一般种植花卉、地被及观叶植物，也可以种植一些藤蔓类植物。这是逆向思维在垂直绿化中的应用。某些攀缘类植物材料由于其茎枝柔软细长，故可令其凌空悬挂，形成疏密有致的绿色挂毯。

（3）篱栏式。篱栏式依附物为各种材料的栏杆、透绿墙、花格窗等通透性的立面物。观花的攀缘植物为其主体材料，花、叶、篱栏相掩映，虚实相间，颇具风情，多应用于公园、街头绿地以及居民小区等，具有分隔空间、形成充当绿色屏障或背景的作用。实施"拆墙透绿"工程的墙面如果应用此种形式，将会增加城市绿地。所用的植物材料为蔓性月季、金银花、木香、山荞麦、牵牛花等花叶秀丽的植物。此外篱栏式绿化需对绿化材料作适当牵引以使其花叶均匀地分布于篱栏的两面。

（4）棚架式。棚架式依附物为花架、长廊等具有一定立体形式的土木水泥构件。此种形式多应用于人口活动较多的场所，可供居民或游人休憩。其绿化材料北方首推紫藤。紫藤茎干粗壮，冬季枝干势若苍龙，早春花如璎珞流苏，夏秋浓荫如亭亭华盖且荚果悬垂，形成四季盛景。其他较适合棚架绿化的材料还有葡萄、猕猴桃、观赏葫芦、葛藤等兼观果的植物，可以营造春华秋实的景观。常与篱栏式相结合，在通道处设计成拱门的形式，是园林绿地中分隔空间的一个过渡性装饰。常用植物材料有蔓性月季、金银花、三角花、素方花等。

（5）附柱式。附柱式依附物为高架路立柱等有一定粗度的柱状物。随着城市高架路的增多，其立柱的绿化也是提高城市绿化面积的有效措施之一。由于其立地条件一般较差，故绿化材料宜选用适应性强的攀缘植物种类或品种。目前较为常用的有地锦、常春藤、凌霄等。

2.耐旱植物的应用

耐旱植物的特性对立体绿化的植物选择和应用具有深远的影响。这些植物的独特构造使它们能够在干旱或低水分的环境中生存并保持良好的生长状态，从而提供新的维度和可能性。

（1）耐旱植物的一个关键特性是高水分利用效率和环境适应能力。随着全球气候变化的加剧和城市化的快速发展，水资源的短缺成为城市发展面临的重大挑战，特别是在干旱和半干旱地区。在这种背景下，耐旱植物的遗传特性，特别是它们的高水分利用效率和强大的环境适应能力，为生态城市景观设计提供了新的思路。这些植物能够在土壤水分较低的条件下有效地吸收和利用水分，从而维持生命活动和健康生长。耐旱植物如薰衣草、地中海马鞭草、石莲花和串钱柳等，即使在依赖雨水或有限灌溉的条件下也能保持良好的生长状态，有助于节约宝贵的水资源。此外，这些植物在适应城市环境方面表现出色，能够适应城市中常见的多变和极端气候条件，如高温、干旱和贫瘠的土壤。例如，串钱柳具有强大的耐旱能力，能够在城市的高温和干燥条件下生存，为城市提供必要的绿色覆盖，同时兼具观赏性。

（2）耐旱植物通常具有生长缓慢和寿命较长的特点。此类植物在其生命周期内所需的水分和养分较少，更加适应水资源有限的环境，这意味着在维护和资源投入方面的需求较低，这对于城市环境尤为重要，因为这样可以降低长期的维护成本和人力。同时，耐旱植物的长寿命特性意味着一旦种植，它们可以在很长一段时间内维持其美观和功能，无须频繁更换，这对于城市公共空间的可持续性和经济效益至关重要。如生长缓慢的植物灰绿蒿和岩白菜，不需要频繁地修剪和更换，这使得城市绿地更易于管理，同时保持了其美观性和生态功能。这些植物的稳定性和耐久性为城市景观设计提供了一种长期有效的绿化解决方案，降低了长期维护的复杂性和成本，使它们在城市景观设计中具有独特的优势。

（3）耐旱植物的叶片通常会适应干旱环境而发生退化，减少气孔的数量。耐旱植物在适应干旱环境的过程中，展现了一种独特的生物学特性，即它们的叶片会发生退化以减少气孔数量。气孔是植物叶片上用于气体交换的微小孔洞，它们在植物的蒸腾作用中扮演着重要角色。在干旱环境中，气孔数量的减少可以显著降低水分通过蒸腾作用的损失，这对于耐旱植物在水分蒸发率高的环境中保持水分至关重要。例如，鼠尾草和石竹等植物，它们的叶片结构经过了适应性演变，以减少水分损失，使得它们能够在干旱条件下生存。在城市环境中，许多绿地区域，如屋顶花园，常常暴露在直射日光和高温下，这使得水分蒸发成为一个突出的问题。耐旱植物能够在这种条件下有效地保存水分，减少灌溉需求，这一特性使它们成为城市景观设计的理想选择。此外，这种特性还有助于降低城市热岛效应，因为这些植物在减少水分蒸发的同时，也降低了周围空气的温度。

（4）耐旱植物往往具有发达的根系，使它们能够在土壤深层吸收水分和养分。这种深根性特点使得耐旱植物非常适合在干燥的土壤条件下生存。例如，深根的多年生草本植物熊耳草和长春花等，它们的根系较深，在干旱的环境中能够稳定生长。这些植物的根系不仅有助于它们自身的生长，还可以增强土壤结构，提高土壤的持水能力，对整个城市生态环境产生积极影响。这一点在城市环境中尤为重要，因为城市土壤经常面临着密集的建设活动和高度的人为干扰，容易导致土壤松散和流失。利用这些植物，可以在一定程度上缓解上述问题，同时提高城市绿地的生态稳定性和持续性。此外，耐旱植物的根系还有助于防止水土流失。在城市斜坡和未开发地区，这些植物可以通过它们的根系固定土壤，减少雨水冲刷带来的土壤侵蚀。

佛甲草有"死不了的地被"之称，在屋顶绿化方面，已得到较大范围的应用。常用佛甲草种类有常绿佛甲草、金叶佛甲草、细叶佛甲草、银边佛甲草和圆叶佛甲草等，叶片颜色有绿色、金黄、银边等，花色以黄色为主，偶有白色和红色。

佛甲草为多浆植物，含水量极高，叶、茎表皮的角质层，具有超常的防止水分蒸发的特性，耐干旱性强；管理粗放，除培植初期为促进其尽快长满成园而需要科学地管理外，之后只需少量养护。对水肥要求不严格，无须修剪。草种分枝茂盛，茎秆直立，高矮基本一致，保持自然平整，给人以生机勃勃、朴实之美感。同时它适应性极强，不择土壤，可以生长在较薄的基质上，极耐干旱，耐寒性也较好。

佛甲草喜水，但不耐淹，因此做好排水系统非常重要。建立排水系统时，既要防止热桥的形成，又要考虑养护的需要。屋顶处于高处，四周又相对空旷，光照强、风速大，空气的温湿度和土壤的含水量都比地面变化大得多，骤干骤湿，骤热骤冷，没有地下水支撑，生物种类少，生态环境脆弱，这种恶劣的环境对于种植在轻型屋顶上只有 5 厘米种植基质的佛甲草来说更为严峻。在屋顶撒播草种成坪和用无纺布草坪卷铺的，要在其基质中加进一定比例的骨架材料。

立体绿化重要地位虽已在地方性法规中得到确认，但未建立完善的立体绿化规划建设发展体系，普遍存在政策和相关技术标准配套不完善，建设发展家底不清、潜力不明，缺乏系统调查和规划统筹，综合效益未能体现，难以规模化、系统化推进等问题。立体绿化不仅仅是锦上添花的面子工程，只有实现"可远观、能近赏、有实效"才能形成发展共识并合力推进，规划引导实现"适建才建，需建才建"。要总结各类立体绿化的建设特征与要求，进行分类建设指导，明确各类立体绿化的建设目标、建设特征、适用空间、建设指引、植物选种指引等，确保各类立体绿化实现"生态化、实用化、可持续发展"目标。

参考文献

[1] 朱建宁. 促进人与自然和谐发展的节约型园林 [J]. 中国园林, 2009, 25 (2): 78-82.

[2] 聂磊. 关于建设节约型园林技术体系的研究 [J]. 广东园林, 2007 (4): 64-68.

[3] 俞孔坚. 节约型城市园林绿地理论与实践 [J]. 风景园林, 2007 (1): 55-64.

[4] 董丽, 王向荣. 低干预·低消耗·低维护·低排放: 低成本风景园林的设计策略研究 [J]. 中国园林, 2013 (5): 61-67.

[5] 方金生, 戴启培, 吴雯雯. 节约型园林指标体系的构建与评价 [J]. 南京林业大学学报: 自然科学版, 2014, 38 (5): 170-174.

[6] 马鹏辉, 张凌云. 节约型理念在园林景观建设中的应用策略研究 [J]. 农业与技术, 2024, 44 (5): 125-127.

[7] 张浪. 城市绿地系统布局结构模式的对比研究 [J]. 中国园林, 2015, 31 (4): 50-54.

[8] 张浪. 试论城市绿地系统有机进化论 [J]. 中国园林, 2008 (1): 34-36.

[9] 吴人韦. 国外城市绿地的发展历程 [J]. 城市规划, 1998, 22 (6): 39-43.

[10] 张庆费, 杨文悦, 乔平. 国际大都市城市绿化特征分析 [J]. 中国园林, 2004 (7): 76-78.

[11] 欧阳志云, 王效科, 苗鸿. 中国陆地生态系统服务功能及其生态经济价值的初步研究 [J]. 生态学报, 1999, 19 (5): 607-613.

[12] 杜钦, 侯颖, 王开运, 等. 国外绿地规划建设实践对城乡绿色空间的启示 [J]. 城市规划, 2008 (8): 74-80.

[13] 张浪. 谈新时期城市困难立地绿化 [J]. 园林, 2018 (1): 2-7.

[14] 张浪, 朱义, 薛建辉, 等. 转型期园林绿化的城市困难立地类型划分研究 [J]. 现代城市研究, 2017 (9): 114-118.

[15] 陆红梅, Mayer A. L. 从政策视角看上海立体绿化的发展与思考 [J]. 人文园林, 2021 (2): 57-62.

［16］郝洪章，黄人龙，吕立祥．城市立体绿化［M］．上海：上海科学技术文献出版社，1992．

［17］荆冠斌．耐旱植物特性对生态城市景观设计选择和应用的影响［J］．植物遗传资源学报，2024，25（2）：306-307．

［18］蒋静．攀缘植物在边坡水土保持工程中的应用［J］．黑龙江水利科技，2021，49（7）：201-203．

［19］单伟红，张玉芳，张军．佛甲草屋顶绿化前景分析［J］．林业科技情报，2022，54（4）：93-96．

第八章　好玩园林的技术要点

　　好玩，体现五好园林的运营性。以园林绿地为主体的绿色空间作为载体，统筹生态、功能、场景、业态、节会组织等多维要素，提升活力、吸引力和开放度，以城市品质提升平衡建设投入的建设模式，以消费场景营造平衡管护费用的发展模式。运营性要素主要包括场景营造与业态融合、打造节会品牌和公园特许经营。

截至 2022 年末，全国城市公园数量已达到 24 841 个，公园绿地面积 86.85 万公顷，人均公园绿地达到 15.29 平方米，我国园林绿化建设事业取得重大成就，人居环境持续向好。城市公园发展到这一阶段，浮现出一系列相似问题——配套不足、活动稀少、服务匮乏、管护困难等。虽然各国国情不一，公园体系各有差别，但都以改革公园管理制度、创新公园运营体系作为城市公园"提质"转变的主要方法。

政策层面，公园绿地运营限制已经逐步松动。2023 年，住建部启动城市公园绿地开放共享试点，提出在公园草坪、林下空间以及空闲地等区域划定开放共享区域，完善配套服务设施，更好地满足人民群众亲近自然的户外活动需求。2021 年，国家发展改革委在《关于推进体育公园建设的指导意见》中提出优化体育公园运营模式，鼓励第三方企业化运营，提高运营管理水平，支持企业和社会组织参与。2022 年 11 月，文化和旅游部、中央文明办、国家发展改革委等 14 个部门联合印发《关于推动露营旅游休闲健康有序发展的意见》，其中提到"鼓励城市公园利用空闲地、草坪区或林下空间划定非住宿帐篷区域，供群众休闲活动使用""鼓励各地采取政府和社会资本合作等多种方式支持营地建设和运营"，对盘活存量公园资产，引入社会资本经营提供新的发展思路与政策支持。

2022 年 7 月，北京市园林绿化局办公室发布了《北京市公园配套服务项目经营准入标准（试行）》，保障公园公益属性的同时，规范了公园配套服务项目经营活动，拓展了公园设施功能，提升了服务管理水平，促进了公园事业健康有序发展。该文件明确：一是鼓励各公园管理机构可以依法引入社会资本投资、建设、运营公园内配套服务项目，包括餐饮零售、游览游艺、体育健身、智慧管理、无障碍环境等各类项目，激发经营活力；二是重点规范了公园配套服务项目和主体的准入条件、实施程序以及监管要求，既保障公益属性不变，又能拓展公园设施功能、提升服务水平。上海市绿化和市容管理局 2022 年发布的《上海市公园城市规划建设导则》，鼓励公园内的各类服务设施和场馆建设兼容设置，按需复合体育、文化、科普、商业等多元功能。上海市规划和自然资源局也在《关于促进城市功能融合发展　创新规划土地弹性管理的实施意见（试行）》中指出，在确保公园绿地主导功能不改变的基础上，允许在原规划地类上混合设置文化、体育、休闲等公共服务设施。

2021 年 10 月，国内制定出台首部公园城市领域地方性立法——《成都市美丽宜居公园城市建设条例》（以下简称《条例》）公布施行。《条例》在法治轨道上推动公园形态与城市空间有机融合，为促进生产生活生态空间相宜、自然经济社会人文相融，为高标准建设人、城、境、业高度和谐统一的美丽宜居公园城市提供有力法治保障。

《条例》由总则、生态本底、空间格局、以人为本、绿色发展、低碳生活、价值转化、安全韧性、可持续发展、监督检查和附则十一章组成，共七十六条。明确了成都市依托以大熊猫国家公园为主体的自然保护地、生态廊道、天府绿道以及全域公园体系等构建山水林田湖城为一体的生态基础。突出生态管控、生态修复、生态治理，实施增绿筑景、增花添彩、拆墙透绿、综合造绿、严格管绿。至 2035 年森林覆盖率不低于 43%，森林质量逐年提高；城市建成区绿地率不低于 40%，绿化覆盖率不低于 45%，人均公园绿地面积不低于 15 平方米；公园绿地服务半径覆盖率不低于 90%；林荫路推广率不低于 85%。

《条例》提出，成都将构建生态资源市场化运营机制，创新生态系统价值核算体系，建立城市生态资产统计评估交易系统，发展绿色金融，运用绿色信贷、绿色债券等金融手段激活生态资源的经济价值，形成完整的生态经济价值链。要求实施生态建设资金平衡计划，创新投入产出平衡机制，构建以城市品质提升平衡建设投入的建设模式，以消费场景营造平衡管护费用的发展模式。

市和区县人民政府有关部门应当统筹城市经营性生态资源运营，按照政府主导、市场主体、商业化逻辑的原则，通过营造生态景观、构建生态场景、实施生态项目，顺应个性化、体验化、品质化消费趋势，打造新业态、培育新场景、创造新消费，推动公园城市生态、经济、美学、人文、生活、社会等多元价值持续增值。鼓励市场主体参与绿色开放空间多元运营，依法以商业收益反哺运营维护。

第一节　场景营造与业态融合

一、场景的概念与分类

（一）场景的概念

"场景"一般指文学、戏剧、影视剧等艺术作品中的场面或情景。自20世纪70年代开始，"场景"概念逐渐被应用到城市研究中。场景概念集合了空间结构、商业价值、艺术、美学与人文氛围，是城市中多样设施、活动、服务与人群等构成的舒适物系统集成。场景开始重新定义城市经济、居住生活、政治活动和公共政策，诸多学者对此展开研究，进而形成了"场景理论"。如欧文提出了城市场景（urban scene）概念，用来描绘城市中人们集体参与并表现特定生活方式与身份认同的活动场面；艾伦·布朗将场景解释为把人们连接成共同言说者的聚集场所，这些场所是城市生活的戏剧性呈现；特里·克拉克和丹尼尔·西尔等在《场景：空间品质如何塑造社会生活》一书中对"场景"概念进行细致解读，并把它作为考察城市文化与潜力的理论工具。国外学者普遍认为"场景"包含了社区空间、基础设施、多类型人群或组织机构、各种活动、意义价值等众多要素。

《公园城市公园场景营造和业态融合指南》（DB 5101/T 159—2023）指出：公园场景是"满足不同人群在城市公园、自然公园和郊野公园的需求，代表特定的生活方式和文化符号，并由反映一定生活品质的实践活动共同构成的物理环境"。

其中，城市公园场景营造是指"围绕公园城市'城绿融合'建设理念，提升植物景观品质，彰显城市地域文化，完善公共服务设施，推广绿色低碳技术，推动城市公园有机更新"；自然公园场景营造是指"结合成都自然保护地体系建设要求，以生态保育和生物多样性保护为主，守护自然山水生态本底，展现多维度、差异化的自然风貌，营造多栖环境的生态场景"；郊野公园场景营造是指"加强山水林田湖草等一体化保护与修复，依托乡野生态优势和农业发展基础，围绕生态价值转化，推动农商文体旅融合发展"。

（二）场景的分类

公园场景的打造，需要诸多文旅和消费场景来表现和支撑。按照场景都是"物理事实＋群体事实＋文化事实"构成的研究方法，基于公园城市的语境，这三个要素与一般城市场景相比，其特殊性在于：物理事实存在于公园式的生态场景之中，而非一般的场景；群体事实发生在优良的生态环境之中，包括自然生态、文化生态、人口生态、族群生态、消费生态等环境系统及其组合；文化事实是群体在对生态价值的认同过程中所共享的文化价值。这是公园城市场景的共性，以此为前提，可依据不同的标准构建以下几种类型。

1. 自然生态场景

自然生态场景即由自然生态构成的场景。具体可以分为滨水生活场景、山地生活场景、林盘生活场景、田园生活场景、溪谷生活场景、公园生活场景（社区在狭义的公园之中）。自然场景的物理事实就是自然生态，如草坪、绿植、森林、雪山、流水、动物、自然驳岸、荒野趣味等；群体事实就是居民或游客在其中的生活（所以又称为"自然生活场景"，没有人生活在其中的场景不是城市意义上的场景）；文化事实就是居民对自然生态价值的高度认同、对生态文化的重视和传播、对生态环境的保护和自觉维护。此三者共同构成自然场景的物理场，作用于环境中的个体和游客，产生对自然的敬畏、对生命的敬畏之情。

2. 历史文化场景

历史文化场景即体现城市历史文化的场景。可以分为历史遗迹公园场景、历史地段公园场景、历史遗址公园场景、历史遗物公园场景、古建筑公园场景以及书院文化公园场景等。历史文化场景的物理事实就是这些场景中固有的文化积淀，包括已有的文化设施、设备，已有的文化空间、文化景观、文化小品以及由这些要素所构成的有机的文化生态，等等。历史文化场景的群体事实就是关乎场景历史文化的文化活动，如学术活动、历史讲座、历史的光影再现、围绕历史文化的创新活化行为等。历史文化场景的文化事实就是居民和游客的文化认同感和对文化的自觉保护、弘扬和传承。历史文化积淀、历史文化活动及其所衍生的文化价值所构成的文化环境，就是历史文化场景的物理场，这种文化环境对居民和游客产生的影响，或自豪感或优越感，或对自身生活品质的提升等，就是历史文化场景可能的心理环境。

3. 现代文化场景

现代文化场景可以分为时尚（服饰艺术）公园场景、流行文化公园场景、大众文化公园场景等。现代文化场景的物理事实就是为表现现代文化而创立的设施、设备和相应的社会生态空间。群体事实就是在空间内的相应的现代文化活动及其消费族群生态，如服装秀、街舞、广场舞等。文化事实就是居民和游客对文化价值的重视，对流行时尚的趋鹜，等等。这些事实构成物理场，对个体的生活和行为产生影响，形成心理环境。

4. 艺术生活场景

从艺术的角度，艺术生活场景可以分为绘画艺术公园场景、工艺美术公园场景、音乐公园场景、舞蹈公园场景、电影公园场景等。艺术场景的物理事实就是与艺术生产和消费有关的设施，如美术馆、展览馆、小型音乐厅、小剧场、电影院等构成的艺术生态。艺术场景的群体事实就是懂得并欣赏艺术的大众及相关的艺术活动，如艺术品鉴活动、艺术创作活动、艺术讲座、艺术展览或展演、新艺术探索、艺术家沙龙等产业生态。艺术场景的文化事实就是居民都崇尚高品质的、审美的生活，追求日常生活的艺术化。艺术设施、艺术活动和其中所蕴含的文化价值就是艺术场景的物理场，而生活在其中的居民，或者参与到其中的游客对艺术的体验和感受，就是艺术场景的心理环境。如果这种心理环境引起了场景中个体的快乐体验、认同体验，这种场景就被赋予了生命力。

5. 居民生活场景

各地市民生活有自身的文化特点，集中再现这种生活场景的社会空间就是市民生活场景。如成都从文化特点出发，市民生活场景可以是"慢生活场景""滋味生活场景""龙门阵生活场景""街头生活场景""茶馆文化场景""川西林盘生活场景""客家生活场景""公馆生活场景"，等等。市民生活场景的物理事实就是体现成都市民生活特点的设施设备和社区空间；群体事实就是市民在这个空间真实的、能够体现成都市民文化的生产和生活情状；文化事实就是空间和情状所展示的成都市民的世界观、价值观和人生观。而这些事实共同构成了一个物理场，对个体的思想、情感和行为产生影响，形成市民文化场景的心理环境。

6. 科技文化场景

科技文化场景是指运用现代科学技术，特别是 AI 技术所构成的城市场景，如"3D 打印公园场景"（运用 3D 技术打印出来的公园场景）"文化 VR 技术展示场景""AI 智能服务场景""机器人餐厅""虚拟生活场景"，等等。科技场景的物理事实就是科技设施设备及其组合所构成的社区空间；群体事实就是与科技前沿、科技发展、科技发明、科技推广、科技运用有关的一切活动；文化事实就是科技伦理、科技哲学、科技文化等在社区和游客中形成的一致的价值观念。它们又构成科技场景的物理场，决定社区居民和游客的心理感受。

除了以上六类场景以外，还可以从其他的角度来构建各种的文创和消费场景，比如动漫场景、游戏场景、博物馆场景、田园生活场景、露营场景、外语生活场景、野炊场景、游学生活场景、汉服生活场景等。

二、场景的营造

场景的营造，首先要处理好"场"和"景"的关系。"场"是硬件，是空间，是实体物，是各类观赏性要素。"景"是软件，是情景，是氛围，是文化性要素。在硬件与软件的综合营造中，无论是具体的空间设计，还是品牌调性，都应重视对在地文化底蕴的理解与挖掘，注意历史文化底蕴与当下社会生活的链接，将文化表达真正嵌入空间的骨架。其次要处理好供给和需求的关系，推动场景本身的可持续发展。不少场景停留在成为网红的阶段便止步不前。一波流量过后，场景迅速步入衰败，仿佛从城市里消失了一般。

公园场景的打造，都需要对设施和要素进行优化组合、植入重构，对功能进行创新开发、拓展提升。场景营造的基本步骤如下。

（一）定义目标受众

在进行场景营造之前，首先需要深入了解目标受众的需求、喜好和行为模式。其次对园林绿地的主要游园人群进行统计，对于游憩时间、年龄分布、职业分布等进行分析。最后通过对市场的细分和对目标群体的定位，能够更有针对性地为他们创造一个有吸引力的场景。

（二）设定主题和调性

明确场景的主题和氛围是场景营造的关键。一个成功的场景应该有其独特的主题和调性，以使它与目标受众产生共鸣，并为他们提供独特的体验。可以结合所在城市和区县的整体 IP，作为共性主题；也可以结合公园的主题定位，针对性进行规划设计。

（三）空间布局与设计

合理的空间布局和设计是场景营造的重要组成部分。这包括对空间的大小、形状、高度以及照明、色彩、材质等元素的使用，这些都会影响人们的感知和情绪。合理的空间布局和设计能够创造出满足人们需求的氛围和环境。

（四）内容策划

根据场景的主题和目标受众，需要策划有趣、有吸引力的活动和项目。这可以包括表演、展览、讲座等内容，以及各种互动体验活动。精心策划的内容能够增强场景的吸引力和活力。

（五）持续优化

场景营造是一个持续优化的过程。在实施过程中，需要根据反馈和数据分析，不断调整和优化场景的营造。这包括对空间布局、照明、色彩等方面的调整，以及对活动和项目的更新和改进。持续优化能够使场景保持新鲜感和吸引力。

三、绿道场景的提升

（一）自然生态场景提升

生态自然景观的品质是影响绿道游憩满意度的关键因素，绿道场景营造应当以生态设计为基础，结合场地的具体特点，因地制宜地进行生态环境建设。尤其位于中心城区的绿道建筑密度高，人口密集，部分节点水系沿岸的生态价值没有凸显，更多潜在价值有待进一步挖掘。基于此，应进一步改善水体质量，强化城市生活垃圾治理，提升公众对环境保护的认识，减少河岸两侧生活垃圾的投放。利用生态修复技术，增强水体自净能力，增加水生动植物、底栖生物，建立生境良性循环。营建生态化驳岸景观，通过多种方式提升河岸绿量，如"疏解还绿""闲置增绿""立体拓绿"等。保护动植物群落原生态，增加滨水区生物景观多样性，选用易管理、易维护的品类，塑造四季有景的滨河景观带，并通过生态场景营造赋能公共空间，增强公众对城市的宜居舒适性体验。

（二）历史文化场景营造

文化资源和历史底蕴是彰显城市特色的关键内容，创造有生命力的文化场景，需要从城市历史中提取精华，才能反映文化的丰富性及历史的延续性。绿道文化场景的营造，首先应在梳理历史文化的基础上，明确定位，营造氛围，突出场地的独特性和地域性，并结合沿线的文化资源，优化提升历史遗迹、传统园林景观、特色建筑等现有文化遗存，在重点区位打造特色地标性建筑，凸显河道的文化形象。其次是挖掘名人故事、历史典故、民俗文化、诗词文化、仙道文化等资源，运用现代化设计形式重新演绎，将其应用到环境景观中，打造地域特色小品设施。可以将河道作为链接历史文化节点的纽带，把绿道分割成多个文化主题，打造滨水历史文化走廊，展现古今相映的蜀都特色。同时，可结合游线定期策划植入多元化的、原汁原味的本地文化体验，如游江游园、民俗节庆、水上赛事等活动，增强市民的城市荣誉感和地方归属感，重塑传统文化场所，激发滨水区活力，营造亲水性的人文场景。

（三）休闲娱乐场景优化

中心城区公共绿地不足，滨水绿道的土地资源更是相对稀缺，如何提高河岸周围绿地的使用效率，拓展场地综合使用功能，打造多元化活动空间是滨水绿道休闲场景品质提升的关键。滨河绿道在满足基本的通行和游憩功能之外，可根据河道两岸的环境特色，规划不同功能的休闲活动空间，如体育健身、教育科普、科技应用、亲子互动、儿童学习玩乐空间、青年社交和健身空间、老人闲趣颐养空间等，同时针对不同年龄段人群的活动需求，整合多种形式的功能设施，如适当增加涉水类设施，完善无障碍设施，增设智慧设施，为各类人群休闲娱乐活动提供更多选择，营造全龄友好、共生共享、交互关怀的休闲生活场景。

基于"场景营城"的建设理念，为激发城市消费活力，释放消费潜力，打造特色消费场景、培育新型消费模式。将绿色开放空间与多元消费业态充分融合，在绿道场景中植入创新科技、文化、商业模式，延长消费时间，拉动周边关联消费；围绕特色文化设置景观节点，加入互动体验活动，重点拓展集文化、休闲、健康、生活服务等全龄、全时的多种消费业态。依托河道两岸的不同功能，植入多元活动，在形态、业态、文态等多个维度创新场景业态布局，集合观光游憩、文化休闲、演艺体验、格调餐饮、购物娱乐等多个产业，积极引入新型业态，如趣味亲子厨房、巴士餐厅、文创空间、生活美学馆、主题体验购物馆等，注重游客特色体验，促进多种消费活动的跨界融合，激发人群消费乐趣，打造以旅游服务为主导、文化创意为特色的多业态复合化消费场景。

成都公园城市的建设可以分为"公园化城"和"场景营城"两阶段。"公园化城"即遵循公园城市理念，以绿色空间作为城市建设的基础和前置性配置要素，将公园形态与城市空间有机融合形成"三生共融"的复合系统，是具有美学逻辑的城市发展理念。"场景营城"是聚焦城市发展的文化动力，强调城市发展研究从只关注经济与生产转变到文化消费及生活方式上。

四、业态融合的基本要求

《公园城市公园场景营造和业态融合指南》（DB 5101/T 159—2023）指出公园业态是"以城市公园、自然公园和郊野公园的服务对象需求为导向，提供配套商业或服务的具体形式和状态"。

（1）城市公园业态融合。以满足大众日常需求、多元消费体验为主要目的，在符合相关部门管理要求的前提下，根据公园类型及规模合理配置多样业态，包括零售类、餐饮类、科普类、文化艺术类、体育运动类、休闲娱乐类等。其中休闲娱乐类业态考虑以下要点：结合市民日常休闲活动需求，引入儿童游乐、文艺休闲、民俗娱乐等全龄大众娱乐业态；可发展公园特色夜间体验活动，合理引导公园夜游、夜娱、夜购、夜演等业态。

（2）自然公园业态融合。在坚持保护优先、充分考虑生态环境承载能力的前提下，深入挖掘自然资源与文化资源，培育体现资源差异的生态价值转化模式，优先植入"低干扰、轻介入"的业态类型，包括零售类、科普类、体育运动类、康养类等。其中康养类业态考虑以下要点：依托森林、溪谷、温泉、中草药等自然资源、景观资源和食药资源，合理引入森林康养、温泉疗养、中医药养、食物疗养、避暑休闲等业态；可结合康体步道、森林绿道等策划康养旅游路线，串联旅游观光、健康养生、运动健身等业态。

（3）郊野公园业态融合。依托乡村生态优势和农业发展基础，结合在地资源属性和环境特点，以林盘聚落及特色院落等为载体，融合多样业态，满足田园观光、休闲娱乐等功能需求，避免过度商业化开发，包括住宿类、餐饮类、科普类、文化艺术类、体育运动类、休闲娱乐类、特色产业类等。其中住宿类业态考虑以下要点：在满足场地生态及设施承载力的前提下，合理利用农户住房、林盘院落进行改造，植入彰显当地资源特色的民宿、客栈等业态；可提供帐篷、房车、树屋、集装箱等露营服务，丰富个性化、多元化住宿体验。

五、场景营造与业态融合案例

2021年7月，成都市公园城市建设管理局发布《关于进一步规范成都市公园（绿道）场景营造和业态植入工作的指导意见（征求意见稿）》，对相关原则、管理内容等进行了规定。

（一）基本原则

——坚持公益优先、共建共享。公园（绿道）是与群众日常生活息息相关的公共服务产品，是供市民公平享受的绿色福利。公园（绿道）应突出公益属性，建立健全市民参与监督管理的制度机制，全面提升群众参与度、获得感、幸福感。

——坚持生态优先、融合发展。保护公园（绿道）内自然山体、生态植被、水体、地形、地貌，保护整体风貌和建筑格局，严禁大拆大建、违规搭建；促进公园（绿道）与城市街区、社区有机融合，有机植入生活场景、文化场景，提升城市宜居品质。

——坚持文化传承、彰显特色。充分挖掘公园（绿道）历史文化内涵，传承文化基因，厚植文化底蕴，突出文化特质与地域特色，打造公园特色文化场景、业态，实现有机更新与文化传承相得益彰。

——坚持政府主导、市场运作。积极引导社会多元主体参与，创新运营模式，创构生态投资和价值转化的新范式。

（二）主要内容

1.严格规范场景业态植入用地

（1）已建城市公园中游憩建筑和服务建筑用地比例未达到《公园设计规范》用地规定上限的，在保证公园绿地率和配套服务设施用地指标符合规范的前提下，鼓励适当利用公园草坪及道路、广场等铺装场地因地制宜植入新经济、新产业、新业态等场景业态。

（2）鼓励新建城市公园（绿道）在用地规划时于公园（绿道）绿线外毗邻区域因地制宜配置不超过公园（绿道）用地面积 3% 的商业用地，用于公园（绿道）建设发展需要，以更好实现生态价值转化：100 亩（1 亩 ≈ 667 平方米）以下的城市公园（绿道），按用地面积配置不超过 3% 的商业用地；100~300 亩的城市公园（绿道），按用地面积配置不超过 2.5% 的商业用地；300 亩以上的城市公园（绿道），按用地面积配置不超过 2% 的商业用地。公园绿线内用地要求按《公园设计规范》执行。

（3）非城市建设用地内的乡村公园、山水公园、绿道应合理配置场景、业态设施用地；鼓励利用既有房屋、院落、林盘植入场景、业态。

2.合理设置公益类服务业态

符合用地规范前提下，各类公园应以游客需求为导向，服务大众为主，除为市民游客提供餐饮、零售等基础配套服务外，还应提供配比合理、满足多样需求、可参与可体验的"公园 +"新业态，呈现文、体、旅、商、游、研、学等多元复合的公园业态结构。各类公园合理配置基础配套类（包括商业零售、餐饮）与大众体验类（包括文化体验、科普、运动休闲）业态，纠正重商业场景、消费场景，轻文化场景、生活场景的片面做法。

3.分类引导场景业态植入

（1）城市公园应以市民需求为导向，以大众服务为主，为市民游客提供大众餐饮、零售、游览、游艺等配套服务；鼓励创新"公园+"新业态、新模式，营造多元化公园场景，满足市民多样化需求。

（2）乡村公园应以川西林盘、田园景观等为载体，营造多元场景、业态，促进绿色消费，实现农商文旅体融合发展。

（3）山水公园应依托山地、丘陵、湿地、湖泊等优质生态资源，通过生态文化融合、风景旅游融合，合理引导发展主题化、体验化、品质化特色场景、业态，以"生态+"带动周边片区发展，促进公园生态价值充分转化。

（4）绿道应充分利用沿途自然景观，串联城乡公共开敞空间，打造天府绿道公园场景，创新低碳消费模式；完善公共服务设施体系，促进生态环境与人文景观有机融合。

4. 场景业态植入负面清单

（1）严禁违规占用耕地，严禁占用永久基本农田，严禁擅自新建、改建、扩建公园（绿道）配套服务设施和场地。

（2）严禁擅自改变或破坏公园（绿道）内建（构）筑物原有风貌和格局，严禁擅自改变公园（绿道）内建（构）筑物的公共资源属性，严禁在公园（绿道）内设立为少数人服务的私人会所、高档餐馆等场所。

（3）坚决防止违规搭建、噪音扰民、损害生态环境、破坏文化底蕴等行为。

5. 强化业态运营管理

（1）公园（绿道）管理机构应采用向周边社区征集意见、园内公示、社区代表座谈等多种形式，将拟定业态服务项目设立计划、实施及运行管理方案向公众公开，广泛征求意见，强化公众参与，接受社会监督。

（2）公园（绿道）场景、业态植入方案实施前应经专家论证，公众意见作为方案论证的重要参考。论证通过的方案报送公园（绿道）建设行政主管部门进行合规性审查。

（3）坚持公平、公正、公开的原则,公园（绿道）管理机构依法依规确定公园（绿道）业态服务项目经营主体，并向社会公示，接受社会监督。

（4）公园（绿道）业态服务项目经营主体应在公园管理机构指定范围依法

依规从事经营活动，严格遵守公园管理制度，接受公园管理机构和相关行政管理部门的监督管理。

六、业态融合的基本要求

从广义的消费和文旅角度，业态融合的应考虑以下基本要求。

（一）创新业态组合

业态融合的核心是创新，通过将不同行业的业务或服务融合到一个场景中，能够创造出独特的商业模式和消费体验。在选择融合的业态时，需要考虑市场的需求和趋势，以及不同业态的互补性和协同效应。

（二）寻找共同点

在进行业态融合时，需要寻找不同业态之间的共同点，以便将它们有机地结合在一起。这可以是目标受众、品牌理念、审美追求等方面的共同点，通过找到这些共同点，能够更好地实现业态之间的融合。

（三）强化互补性

成功的业态融合需要充分发挥不同业态之间的互补优势。通过互补，能够弥补单个业态的不足之处，提升整体竞争力。例如，将餐饮与娱乐业态融合在一起，能够为顾客提供更全面的消费体验；将艺术与商业业态融合在一起，能够提升公园商业的品位和文化内涵。

（四）提升体验感

业态融合的目的是为顾客提供更丰富、更优质的体验。因此，在融合不同业态时，需要注重提升顾客的体验感。这包括提供便捷的服务、舒适的环境、有特色的产品等，以满足顾客的需求和提升他们的满意度。

（五）建立生态系统

成功的业态融合需要建立一个互利共赢的生态系统。这需要与相关的合作伙伴建立合作关系，共同打造一个良性发展的生态圈。通过资源共享、品牌推广等方式，实现共同发展。

场景营造和业态融合是一个持续改进的过程。在项目实施完成后，需要根据反馈和市场变化进行持续的改进和优化，才能保持项目的竞争力和吸引力，从而实现商业价值和社会价值的双重提升。

第二节　打造节会品牌

"办好一次会，搞活一座城""办好一个节，叫响一座城""赴一场音乐节，邂逅一座城""节会经济""赛事经济"等词语屡见报端。2023 年，多地城市音乐节、演唱会、大型赛事活动呈井喷式增长，朋友圈里的刷屏、微博的热点，各种音乐节、戏剧节、文化展和赛事活动上，年轻人的身影随处可见。在大众更愿意为文化和情感买单的当下，"造节"已然成为各城市和各旅游目的地的基础配置，"造节"大潮也再次席卷。

全国具有一定体量、社会影响力的节事活动已经超过 6 000 个。2023 年第十七届中国品牌节发布了《2023 中国节庆品牌 100 强》，其中中国洛阳牡丹文化节、青岛国际啤酒节、中国·哈尔滨国际冰雪节、潍坊国际风筝会、秦淮灯会、上海旅游节、中国开封菊花文化节、上海国际电影节、天水伏羲文化旅游节、北京国际电影节位列前十。

节会经济被誉为 21 世纪的"无烟产业"之一，在推动城市发展中占有越来越重要的位置，已成为现代城市竞争力的重要内容。在我国经济已由高速增长阶段转向高质量发展阶段的新形势下，提升办会水平、发展节会经济，对于铸就城市品牌、提升城市形象和竞争力等具有强大的促进作用。

但对于城市来说，"造节"不是一阵风，也不是盲目追风便可乘风直起，而是需要不断地沉淀和思考，找寻新业态背后的城市动能。越来越多的城市不满足于依托传统节庆恢复和扩大消费，"无节造节"新业态成为带人气、增流量、促消费的重要抓手。"造节"背后，是一座城市文化价值、社会价值和经济价值的巨大提升。对城市而言，无论是一场音乐节，还是一场马拉松，"造节"可以为城市基建、经济发展、文旅融合发展和城市影响力等各方面带来积极的影响。

首先品牌节会活动成为宣传推介城市旅游发展活力、展示城市旅游形象和市民文明素质的重要窗口，对塑造城市形象、打造城市名片、扩大城市影响力和提高城市知名度，具有重要现实意义。城市通过举办更多体现时尚与文化的节会赛事，结合当地丰富的旅游、生态资源推出更多沉浸式人文场景、社交场景和消费场景，能为"体育+旅游"丰富内容、提供新形式，有效推动体育运动、音乐与休闲旅游的有机结合。其次音乐节、体育赛事等活动可以吸引全国乃至世界游客，从而带动旅游、餐饮、住宿、交通等一系列消费，推动相关行业的经济复苏。以杭州马拉松为例，组织方能够通过赞助、冠名等途径获得收入；附近的酒店、民宿、餐饮较平常的客流量翻倍；赛事衍生的服饰、配件等潜在消费需求等，这些经济效益不容小觑。

近年各地各种"节"很多，但有些办了几届就"凉凉"，有些成为"圈地自萌"的秀场。一座城市想要"造节"成功，只有基础设施的硬实力，远远不够，关键在于所涉及的不同利益群体之间如何协同共建，主要包括当地政府、文旅企业和当地居民。旅游发展不能只依附于节事活动，当观众走出音乐节、跑完马拉松，便会对城市进行"审视"。能否吸引大众驻足、体验，并且来了又来，关键还在于城市本身能否练好"内功"，联合多方共同推进城市文旅深度融合发展。

一、公园节会现状

位于城市重要地段的城市公园，拥有良好的自然环境、人文环境和比较完备的服务设施而成为节会的重要举办地。节会活动的举办也成为开放式公园的重要经营运用资金的来源。

如深圳公园文化季始于2006年，经过多年的沉淀和发展，已成为"深圳市民的节日"。2024深圳公园文化季结合"山海连城绿美深圳"生态建设和"复合型、生活型、生态型"公园建设的要求，围绕自然、生活、文艺、体育的融合与创新，升级打造"音韵雅风""缤纷花事""自然派对""乐活潮玩"四大主题活动板块，市区公园联动举办超过1 000场各类互动。2024粤港澳大湾区花展、2024深圳簕杜鹃花展、2024深圳菊花展、公园户外音乐会、儿童音乐剧、热舞啤酒节、BOX艺术体验展、公园咖啡节、自然教育嘉年华、共建花园遛遛游园会、体育竞技、欢乐跑、郊野徒步等陆续跟市民见面。

2024年，成都天府新区在天府公园银杏广场和天府绿廊，举办天府新区首届"公园生活节"，涵盖"Hi森游园会、森森不息音乐会、森友运动会、野森物种市集"四大主题场景野趣十足，西南首个泡泡雨亲子舞台、百家创意市集、16个拥有鲜明个性和创新基因的优质品牌参与共创公园主题的游园互动打卡。为了让市民朋友更直观地感受天府新区的多元公园商业魅力，"公园生活节"特别联动周边新兴消费场景，共同打造并擦亮公园商业这一靓丽名片。主办方邀请了一片森林儿童博物馆、中国移动、广汇美术馆、迪卡侬、启星猫、盒马鲜生等优质品牌深度参与。"公园生活节"不只是同质化的都市度假地，而是一个汇聚了各种新鲜灵感的"公园＋生活""公园＋商业"创新策源地。

2013年3月，深圳湾公园日出剧场举办了"山海连城开放共享"2023深圳公园露营文化周，涵盖8大板块：开幕式、草地缤纷课、露营达人秀、共沐书香浴、绿野营歌、零废弃集市、自由低分贝音乐盒、创意集市。开幕式现场发布了公园露营文化周品牌logo，logo以帐篷的形状为灵感来源，将中华传统文化与国际化的时尚风格融为一体，实现古代与现代美学元素的情感共鸣。logo图形最上端代表帐篷的支架，中间部分形似田字形窗户，分别展现热情温暖的阳光、深圳市花簕杜鹃、山海连城的城市剪影、"众"人共享的多彩空间等四个部分。色块的拼接充满韵律，线条简洁大气。寓意深圳市民通过公园露营活动，可以诗意地栖居在繁华都市之中，尽享"山海连城开放共享"的多彩生活。

2023年北京以"融合·共生"为主题的2023年第三届北京森林城市艺术节暨第五届将府公园森林影像艺术季，北京市朝阳区联袂"中国国家地理·频道"打造一场为期3个月的文艺盛宴，为全体市民带来自然、空间、人文、艺术的融合体验，在城市森林中感受绿色生态的自然之美。将台乡与"中国国家地理·频道"进行战略合作签约。双方成为长期合作伙伴，发挥各自优势，以将府公园为起点，共同打造以公园场景为依托的"公园文化生态"IP品牌，旨在通过内容与产品实现公园城市的高质量发展目标。本届森林城市艺术季以影像艺术展作为活动核心环节，联合线上、线下共同打造三大板块7项主题的展览，分别为"微观世界、多彩生命、将台名片、共生森林、共生世界、城市客厅、自然之路"，重点展示生息于此的鸟类、植被相关影像，并且森林景观、户外生息场景的大型艺术装置同期展出。

2022年9月6日，上海浦江郊野公园第二届"花园生活节"开幕，开展了以"云上花园"为主题的线上系列节庆活动。系列活动主打"花园奇愈会""花园文体趴""花园研学游"三大主题。花园奇愈会以奇迹花园区为主打区域，举办"美好上海·花园生活"活动及国风文化节。花园文体趴充分利用公园游憩空间，举办皮划艇、青少年足球赛事、向日葵亲子跑、垂钓等体育休闲活动。花园研学游以奇迹花园和柳鹭田园为主打区域，联合打造一条"游、学、吃、住"为一体的精品路线，让游客感受公园的别样自然环境、特色餐饮文化、郊野艺术氛围，形成浦江郊野公园"帐篷研学营地"品牌。

二、节会组织中的问题与挑战

公园节会活动的组织，从无到有、从小到大，目前已出现一些较具社会知名度和影响力的城市文化品牌活动。但与此同时，受限于体制机制、资源投入、创新创意等主客观因素，也存在不少的问题和挑战。

（一）文化内涵挖掘不足，文化品位有待加强

从根本上说，公园的发展过程也是城市文化的发展过程的展现。公园规划建设本身就体现了规划建设者的文化意识，浸润着公园设计者的艺术构思和创意设计，进而展现为每个公园的文化个性。但公园在规划建设时，只是体现一种静态的文化或凝固的自然形态，其文化内涵需要深度的挖掘和崭新的呈现。由于文化挖掘形式还不够多样，展现与互动手段还不够吸引人，在手段上也未充分利用更多的高科技以达到更大的文化呈现效果，如在科普上，由于自然科学的声色光电等原理和人文社会科学的历史文化知识等科普工作的相对缺乏，影响了科普活动的参与面和吸引力。同时，作为城市公共空间，除了个别公园，大部分公园的基础文化设施如剧场、舞台、书吧、咖啡馆、茶吧等不齐备，也削弱了公园空间的文化品位和艺术氛围。

（二）社会文化过于大众化，高端化特色不够鲜明

综观世界著名的公园，如纽约中央公园和伦敦海德公园，它们之所以成为国

际知名的文化地标和旅游观光热点，并不完全在于其优美的自然环境，更在于中央公园"莎士比亚公园戏剧节"、海德公园"无座音乐会"等高端艺术活动的置入和活跃。反观大部分的公园节会，一般性的大众文化活动比重大，并以中老年人为参与主体，尽管也有各类草地音乐会这样的活动，但总体上类似的高端活动品牌太少，加上每年活动的创新、创意力度还不够大，高科技化、开放化、时尚化、国际化程度还差强人意，难以吸引更多层次群体的参与，使得社会参与活力难以实现更大的释放。

（三）市场社会力量调动不够，运行体制机制有待完善

国际上知名的公园节会品牌，其成功经验无不与市场社会力量的充分调用以及灵活有效的运行体制机制有着直接的关联。当前国内的公园节会多数为政府部门主办的公益类活动，政府主导的基本特点使得公园文化周的运营模式会受到有形无形的制约而难以取得更大的创新，如基于本身的"公益性"，无形中制约了对社会资源的汲取与利用；专业文化企业作为营利性机构，其本质属性及其商业诉求是与公园的"公益性"相背离的；而采取企业赞助、投放广告等形式吸引企业的支持，又受到公园不得进行商业活动等规定的限制，进而加剧了目前日益突出的活动经费筹集难的问题。

（四）市场营销推广不足，品牌知名度有待扩展

节会活动的知名度一方面与其本身的举办水平有着直接关系，另一方面也与其市场营销推广相连。但受到体制机制、资源投入等种种条件的限制，目前的宣传推广及其社会影响还主要局限在当地城市，在省内、全国乃至国际上的市场推广力度明显不足，营销推广的渠道、方式也较为单一，其时效性难以转化为持久的美誉度，以致知名的文化艺术团体和艺术家并不知晓其重要活动内容，这既降低了他们进行广泛深入合作的可能性，也影响了对外知名度的扩展，反过来也制约了公园节会的更大发展空间。

三、公园节会的发展方向

（一）根据"一园一特色"制定公园节会专项规划

由于公园节会主要依托公园这一空间载体，因此其规划的核心内容是各个主要公园的分项规划，也即依据每个公园的不同性质、功能及"一园一特色""错位发展"的主要思路，制定公园节会的分项规划；依托目前已经形成的三级公园体系，森林、郊野等自然公园以自然风光为主，回归和体现自然本色，尽量减少人为设计之意；综合性或专题性大中市政公园则应成为节会的主要承载平台，主会场致力于打造核心主打品牌，分会场则专注于培育系列精品项目子品牌，且在园林文化、社会文化活动的内容、形式、时间、资金、策划等方面突破现有的思维定式，拓展思路，勇于创新，使公园节会"常办常新"，每届均能带给市民一种全新的文化感受；社区公园则在加强绿化休憩、文体健身功能的同时，通过地方性的非遗展现等形式体现本土、地域特色。

（二）加大资源投入，积极探索市场化运作模式

（1）加大政府的资源投入。经费严重紧缺是公园运营的老大难问题，也是制约公园节会发展的最主要因素。对于政府主办的大型节会活动，政府需要投入更多的公共资金，为打造公园节会品牌创造更好的条件。积极争取市财政部门的支持，设立专项资金，用于公园文化设施的改善和活动的举办；争取市宣传文化事业专项基金和文化产业发展专项资金的支持，用于公园节会创意活动的开展，同时争取各级财政等部门对辖区公园活动的支持。公园节会举办期间，举文旅、城管、环卫等全系统之力，抽调相关人员支持筹备和组织；加大政府购买服务力度，同时争取社会专业人士、大学生、志愿者团体等支持。

（2）争取社会资金的投入。政府财政资金有限，要实现公园节会的可持续发展，还需要吸引社会资本、商业机构和民间团体参与。争取相关部门的支持，制订专项方案，扩大社会赞助、捐助的范围，增加社会资源投入，弥补资金不足。借鉴日本公园文化发展以及上海辰山草地广播音乐节的企业冠名赞助的经验，研究社会企业赞助的松绑政策；通过社会公益捐助、冠名赞助、给予企业一定广告空间和效应等形式，缓解活动经费不足，提升活动质量，实现双方共赢。

（3）积极走市场化、社会化运作路子。在不以营利为取向的前提下，树立市场经营意识，用经济的方式办文化，形成政府和社会良好的"伙伴关系"，积极探索市场化、社会化的运作模式；"政府搭台，社会唱戏"，积极引入优秀的有实力的专业文化企业和社会组织，加深长期合作空间，依托它们独特的资源和信息优势，承办、协办和自行开发相关主题活动，在给予它们直接补贴的同时，引导其申请多层级政府基金和获得更多社会资助，活动项目、经费筹集以社会为主、政府为辅，通过社会化运作，逐步由政府补贴转变为费用自给，培育有持续吸引力的重点活动品牌。

（三）空间上主分会场并举，时间上既集中又灵活

（1）全力办好主会场活动，打造公园节会核心品牌。基于城市中心公园，优越地理位置和人流量大等条件，以及独具特色的、在广大市民和游客中树立良好口碑和形象的公园活动，借鉴纽约中央公园"莎士比亚戏剧节"、伦敦海德公园音乐节、柏林森林音乐会等国内外著名公园文化周庆的成功经验，确立2~3个主会场，按照文化主题更加集中突出活动宁缺毋滥的思路，以专业化、国际化、高端化为标准，整合更优质的政府和社会资源，加强对主会场活动的精心策划，通过更具创新创意的方式，全力办好主会场活动，在继续提升已有的草地音乐节、花展等品牌活动的基础上，培育更多更优的品牌活动，以此为抓手提升公园节会的品位，打造最具社会能见度和影响力的公园节会核心品牌。

（2）适当扩展办好分会场，打造公园文化子品牌。为提高社会参与度，便捷广大市民近距离地接触公园节会活动，除了全力将主会场办出品位、办出品牌，在突出中心的同时，也要依据区域相对均衡而又实行总量控制的原则，调动各区县和社会各界的积极性，适度扩展、办好分会场，极大地扩展社会参与度。根据城乡公园发展现状，依托其辖区内较大、较有特色的若干公园设立分会场，同时根据人口的分布情况，在人口集聚度较高的厂区、社区公园设立分会场，满足不同人群参与活动的需求。着眼于整体品位提升，对分会场的数量予以一定限制，避免数量过多致使活动质量参差不齐和文化品位下降，同时确保有限的经费用于更有社会影响力的重点活动开展。对分会场实行较为严格的准入和考核机制，通

过形成严格的标准和评估机制，保证举办质量和整体形象。

（3）举办时间上既集中又灵活。结合城市的气候特点，一般以春季和秋季为集中举办时间，集中宣传、集聚人气、扩大影响，同时为方便广大市民参与，将公园不同时间举行的主题节会更好地结合起来，突出做好一个专项活动或主题活动，力求做到"一园一特色"，每个分会场公园具体举办时间依据各自的实际情况灵活而定，并通过媒体发布等多种方式加强对各个公园的举办时间、内容的宣传，使公园文化周在举办时间上既相对集中，又灵活延展，实现集中与分散、短时段与长时段相结合，打造永不落幕的公园节会品牌。

（四）强化科技化、创意化和国际化特色

增设参与性强的高科技文化项目内容，举办高水平的 VR、无人机、智能机器人、动漫游戏等高科技展示与互动活动。与文体旅游部门和各类文化体育中介组织、创意产业行业协会合作，开展滑板、攀岩等户外时尚极限活动，打造成为时尚运动中心；依托各地的特色产业和优势企业，合作开展产业类宣传、科普活动，展示城市发展力量；与观影民间组织合作，举办专题化、类型化的公园户外电影放映活动，吸引分众化的市民观众踊跃参与；广泛调动艺术家、设计师和知名的行业机构共同参与公园创意市集的举办，每年在大型公园公共空间营建具有原创性的、不同风格的临时性园林小品或特色文化设施，为市民和游客展示现代艺术的魅力；与城市规划部门合作，在公园举行区域规划和城市建筑展览等；与博物馆等机构及本土历史研究者合作，在每个作为会场的公园建造相关历史文化的园林小品，举办优秀非遗展演、社区历史展览和相关讲座活动，强化市民的城市家园感和社会共同体意识。通过在公园空间开展颇具新意的户外读书讲座、书籍封面设计展等公共阅读活动，将公园打造成创意阅读的大舞台；通过加强国际文化交流与合作凸显国际化色彩，可邀请国内外著名的园林园艺、文化艺术等人士，打造国内外公园文化交流与信息中心平台。引入国外知名公园节会品牌，提升公园文化活动的国际品位。

（五）借助各种渠道与平台，加强宣传推广

在每届公园节会的启动阶段，对传统媒体、主流网站、新媒体等进行活动板

块设置，对内容结构、重点项目及社会主体承办方案进行征集，这种媒体征集行为及对征集结果的媒体反馈本身也是一种社会宣传，有利于发动文化企业、社会组织和广大市民的参与，扩大在社会中的知晓度。

　　围绕重点公园、重点活动项目，进一步加大全媒体的宣传力度，一方面，邀请传统媒体作为协办单位，鼓励和支持节庆活动，在活动和宣传上可取得双重社会效益；充分给予主流传统媒体以宣传推介的同时，借助企业赞助经费，通过户外广告、车体广告、张贴海报、制作活动指南等渠道将文化活动的日程安排发放给媒体、游客。另一方面，顺应互联网时代新媒体快速发展的时代潮流，应用微信、微博、抖音、小红书等新媒体定向传播活动信息和精彩内容，积极筹办专门网站，上线 App 软件产品，完善微信公众号，使之成为发布信息、对外宣传的载体和平台。还可采用邀请形象代言人、"网络直播"等线上线下共同互动等方式，加强对活动内容和重点项目的及时宣传。

第三节　公园特许经营

一、国家公园特许经营

（一）我国国家公园特许经营的发展情况

当前我国国家公园特许经营尚处于起步阶段，在制度建设、实践探索方面仍面临一些困难。

2019 年 6 月，中共中央办公厅、国务院办公厅印发的《关于建立以国家公园为主体的自然保护地体系指导意见》中首次提出自然保护地控制区经营性项目特许经营，提出特许经营管理职责由自然保护地管理机构会同有关部门承担，对于特许经营收益分配机制要考虑自然资源所有者如何参与。

2020 年 10 月，中央机构编制委员会印发的《关于统一规范国家公园管理机构设置的指导意见》提出，国家公园由国家确立并主导管理，国家林草局负责国家公园设立、规划、建设和特许经营，仅提出环境友好型经营活动。

2022 年 9 月，财政部、国家林草局（国家公园局）制定发布的《关于推进国家公园建设若干财政政策的意见》明确可依托特许经营权等积极有序引入社会资本。

2023 年是我国提出"建立国家公园体制"10 周年。2013 年 11 月 12 日，十八届三中全会通过《中共中央关于全面深化改革若干重大问题的决定》，明确提出要"建立国家公园体制"。截至目前，中国已正式设立三江源、大熊猫、东北虎豹、海南热带雨林、武夷山等首批 5 个国家公园。

2023 年 1 月，国家林草局、财政部、自然资源部、生态环境部联合印发《国家公园空间布局方案》，明确了中国国家公园体系建设的时间表、路线图，遴选出 49 个国家公园候选区（含正式设立的 5 个国家公园），提出到 2035 年，基本完成国家公园空间布局建设任务，基本建成全世界最大的国家公园体系。方案明确提出，研究制定国家公园特许经营等配套法规；国家公园设立后整合组建统一的管理机构，履行国家公园范围内的生态保护、自然资源资产管理、特许经营管理、社会参与管理、宣传推介等职责，负责协调与当地政府及周边社区关系；鼓励当地居民或其举办的企业参与国家公园内特许经营项目。

目前《国家公园法》还未出台，在 2022 年 8 月国家林草局公布的《国家公园法（草案）》（征求意见稿）里仅对特许经营做了原则规定：一是明确了国家公园管理机构是特许经营的管理主体；二是规定国家公园范围内经营服务类活动实行特许经营，国家公园管理机构鼓励原住居民或者其主办的企业参与国家公园范围内特许经营项目；三是规定国家公园管理机构应当以招标、竞争性谈判等方式选择特许经营者，因生态安全或者公共利益等特殊情况，不适宜通过市场竞争机制确定特许经营者的情形除外；四是规定国家公园管理机构应当与特许经营者签订特许经营协议，并对特许经营活动进行监督；五是规定国家公园门票、特许经营等收入实行收支两条线，按照财政预算管理。

（二）国家公园特许经营的内容

特许经营主要指国家公园管理机构通过合同等方式，依法授权特定主体在国家公园范围内开展经营活动。根据特许人身份、特许经营的内容和法律属性，可以分为商业特许经营和政府特许经营。其中，国家公园的特许经营属于政府特许经营。人们在国家公园体验的向导式徒步旅游、登山、驾驶、骑行、独木舟、皮划艇、漂流、洞穴探险、滑雪、高空弹跳等活动，以及享受的餐饮、住宿、交通、购买商品、自然教育、拍摄等基础服务，都可能属于国家公园特许经营项目。

推行特许经营的目的主要有两方面，一是在符合国家公园宗旨的前提下，为访客欣赏和理解国家公园提供必要的服务和设施，维持国家公园的功能多样性，推动公园的可持续健康发展；二是承担部分国家公园运营成本，实现国家公园核心资源和价值的保护，强调资源的有偿利用，分担运营和保护国家公园的责任。

清华大学国家公园研究院院长杨锐比喻道："特许经营就像一把火，用好了可以烧火做饭，用不好可能变成野火；特许经营就像一匹马，驯化好了就是千里马，可以带我们走得很远，控制不好也可能变成一匹野马，产生很多问题。"同时，他提出生态保护第一，国家代表性、全民公益性是中国国家公园的三大基石，国家公园特许经营必须坚守四大原则：

第一条原则就是坚持生态保护第一和最严格保护，这是最重要的原则。

第二条原则是社区的优先受益权和优先经营权应该得到保障。社区治理是中国国家公园建设的难点，也可能变成最大的亮点，社区治理的成功与否直接关系到中国国家公园体制的成功与否。

第三条原则是为了保障全民公益性和全民普惠性，一定要防止特许经营变成垄断经营，要防止特许经营为少数人服务。

第四条原则是程序性原则，特许经营制度的决策过程要保持公开、公平、透明和可追溯。

（三）国家公园特许经营的案例

1. 美国国家公园特许经营

广义的国家公园体系是指国家公园服务管理局（NPS）管理的所有自然与文化遗产系统，目前涵盖24处国家战场公园，18处国家级游憩专用区，76处国家纪念地，120处国家历史公园，58处"国家公园"，10处国家海滨公园，以及其他国家级游憩用地，共计394个公园单位区域，幅员31.97万平方公里，占美国国土总面积的3.6%。狭义的国家公园体系是NPS管理的58座国家公园。

经过近150年的探索与发展，美国已建立起较为完善的国家公园管理体系。特许经营是美国国家公园商业服务的最主要类型，经营范围包括导游服务和旅行用品、零售经营等。特许经营是美国国家公园系统商业服务的最主要类型，开展最早、类型最全、业务范围最广，也是规模最大、涉及访客人数最多、盈利能力最强的服务类型。如今，美国国家公园系统在105处管辖地拥有500余份特许经营合同，其中在45个国家公园签订了298份特许经营合同，占合同总数的66%。合同数量最多的是黄石国家公园，拥有50份特许经营合同。

美国国家公园特许经营为游客提供了多项优质服务，主要包括食物、交通、住宿、购物以及其他服务。此外，特许经营为国家公园和周边社区带来了直接收益，吸纳就业约2.5万人，累计收入为每年13亿美元，上缴国家公园管理局的特许经营费为每年8 000万美元，上缴资金占收入比重为6.15%，2018年上缴特许经营费约1.2亿元。

美国国家公园特许经营管理体系主要由主管机构、咨询机构和监管机构共同组成。国家公园管理局是国家公园特许经营的主管机构。主要职责包括四项：一是审查合约履行情况和财务活动；二是评估游客设施、商品与服务质量；三是检查特许经营项目的安全、风险管理以及实施情况；四是批准并监管相关的服务定价与收费标准。国家公园管理局重点审查年收入超过 500 万美元或合同期超过 10 年的合同，由其确定合理的租赁出让权益，避免租赁出让权益过高而降低竞争性，国家公园管理局下属的 6 个地区局有权根据实际情况确定特许经营费。美国国家公园特许经营服务类型约 26 类，其中涉及导游服务和旅行用品、零售经营、交通运输、食品服务、租赁、住宿等特许经营项目较多，占全部特许经营项目的比重约为 75%。其中餐饮、住宿和零售是特许经营商的主要收入来源，金额占比高达 65%。

2. 海南热带国家公园特许经营

2020 年 12 月 2 日，海南省第六届人民代表大会常务委员会第二十四次会议审议通过并公布了《海南热带雨林国家公园特许经营管理办法》（以下简称《办法》），自 2021 年 3 月 1 日起施行。

《办法》分为总则、特许经营范围、特许经营者的确定、特许经营协议和相关义务、监督管理、法律责任、附则等七章，共三十六条。《办法》的特点和亮点主要体现在以下几个方面。

第一，明确了海南热带雨林国家公园特许经营的范围。海南热带雨林国家公园一般控制区内的经营服务活动实行特许经营，核心保护区内禁止开展经营服务活动。海南热带雨林国家公园管理机构（以下简称国家公园管理机构）依法授权公民、法人或者其他组织在一定期限和范围内开展经营活动，特许经营者依照特许经营协议和有关规定履行相关义务。未经国家公园管理机构授权，不得从事特许经营活动。对允许开展的特许经营活动，在坚持科学规划和严格保护的前提下，严格控制经营服务种类及数量，实行特许经营目录管理，规定了可以开展十大类符合海南热带雨林国家公园总体规划和专项规划的特许经营服务项目。

第二，规定了特许经营者的确定方式。规定国家公园管理机构原则上通过竞争方式确定特许经营者，并对可以不采取竞争方式的特许经营活动作了例外规定。

在竞争方式方面，主要包括招标、竞争性谈判或者竞争性磋商，以及法律法规规定的其他竞争方式；利用国家公园内国有自然资源和其他国有固定资产开展特许经营等五类项目应当依照有关规定通过招标确定特许经营者。同时，规定了需要授予土地等自然资源使用权、涉及固定资产投资的特许经营项目，由国家公园管理机构和所在地县级以上人民政府有关部门联合实施组合性特许，确定特许经营者。在非竞争性方式方面，主要规定了原住民利用自有或者本集体经济组织及其成员的房屋开展餐饮、住宿、商品销售等经营服务活动以及国家和省人民政府规定的其他经营服务活动，可以不通过竞争性方式确定特许经营者，并对申请特许经营的程序做了规定。

第三，明确了特许经营使用费的有关规定。一是规定了特许经营者应当依照约定缴纳特许经营使用费。二是规定了特许经营使用费标准的制定程序，由国家公园管理机构会同省财政部门制定，经省人民政府批准后施行。三是明确了免收或者减收特许经营使用费的三种情形，并规定具体办法由国家公园管理机构会同省财政部门制定，经省人民政府批准后施行。

第四，强化监督管理，保障特许经营活动依法有序进行。规定了国家公园管理机构及县级以上人民政府有关部门应当根据各自职责对特许经营活动进行监督管理。省人民政府应当建立由县级以上人民政府有关部门参加的特许经营协调机制，协调解决海南热带雨林国家公园内特许经营活动中的重大问题。同时，国家公园管理机构应当加强对特许经营者履行特许经营协议和相关义务、利用自然资源、保护生态环境等情况进行监督管理的四个方面内容作出具体规定。

2021年海南省林业局（海南热带雨林国家公园管理局）印发《海南热带雨林国家公园特许经营目录》，明确在海南热带雨林国家公园内开展经营服务活动，只允许在一般控制区内开展，经营项目必须符合特许经营规划要求，并列入《海南热带雨林国家公园特许经营目录》范围之内。热带雨林特许经营项目的经营者一般通过竞争方式确定，特许经营目录实行动态管理，第一批公布的特许经营目录共分9类47种。

（1）服务设施类：访客中心、博物馆、展示中心、停车场、自驾车（房车）

营地、帐篷营地、商业广告。

（2）销售商品类：商店、书屋、货摊。

（3）租赁服务类：汽车、自行车、房车、帐篷、望远镜、服装、解说设备。

（4）住宿餐饮类：餐饮店、驿站、民宿。

（5）文体活动类：漂流、攀岩、滑翔、蹦极、商业摄影、商业演艺、体育赛事、婚庆活动、森林光影空间艺术展现。

（6）生态体验、度假康养类：生态旅游、生态体验、森林康养、休闲度假。

（7）科普教育类：生态科普、自然教育、向导、导游、解说、培训。

（8）旅游运输类：摆渡车、观光游览车、游船、观光直升机、低空观光飞行器。

（9）标识类：在纪念品、社区居民生产的农林产品以及从国家公园内生产的空气、纯净水等商品包装上使用热带雨林国家公园标识或海南长臂猿标识。

国家层面应在《国家公园法》《自然保护地法》中明确特许经营的法律定位、基本原则和基本路径等相关内容；制定自然保护地特许经营配套法规，完善法律保障，对特许经营的合同、项目范围、项目分配流程、费用征收标准、监管制度等做出明确规定；编制特许经营管理相关技术指南，明确概念范畴、操作规程、技术导则。应尊重并科学利用公园内的自然与人文资源，结合功能分区和游客流量控制方案，编制特许经营项目专项规划或特许经营管理办法，对特许经营项目数量、类型、活动范围、经营时间等做出明确规定。规范管理流程，采取"专门管理、分级负责、统一监督、充分试点"的管理模式。同时建立反哺机制，按比例设置社区反哺资金，通过现金直补、教育基金、创业基金等形式改善原住民生活质量；孵化具有鲜明原住民社区特色的商品和服务，特许经营项目向原住民个体及集体进行适度倾斜，并开展相关培训，增强原住民生态保护意识、产业转型发展知识与技能，提升原住民文化认同感和凝聚力。建立信息公开机制，赢得原住民的信任，探索社区共建共管共享机制。

二、城市公园特许经营

放眼全球，美国纽约布莱恩特公园、美国纽约中央公园、日本南池袋公园等国外城市公园运营过程中，不仅关注公园的生态景观功能、休闲功能，而且可以成为多功能综合体，使城市公园具备更高的经济价值，形成公园与周边城市区域功能联动发展机制，赋能城市发展。国际前沿的先进经验表明，活力旺盛的公园无一不是真正融入城市居民的生活。这些公园在官方政策的支持和社会力量的积极推动下，通过在投资、策划、建设、运营阶段利益相关者的多方参与，匹配更实用的休闲设施、提供更周到的公园服务、引入更专业的养护团队、开发更完善的监测系统、策划更有趣的公园活动，吸纳越来越多的人参与到公园的全生命周期。

（一）我国城市公园特许经营的发展情况

《国务院关于创新重点领域投融资机制鼓励社会投资的指导意见》（国发〔2014〕60号）第四条第十二款，"积极推动社会资本参与市政基础设施建设运营。通过特许经营、投资补助、政府购买服务等多种方式，鼓励社会资本投资城镇供水、供热、燃气、污水垃圾处理、建筑垃圾资源化利用和处理、城市综合管廊、公园配套服务、公共交通、停车设施等市政基础设施项目，政府依法选择符合要求的经营者"。

《基础设施和公用事业特许经营管理办法》（国家发展改革委等六部委令第25号）第二条，"中华人民共和国境内的能源、交通运输、水利、环境保护、市政工程等基础设施和公用事业领域的特许经营活动，适用本办法"；第三条，"本办法所称基础设施和公用事业特许经营，是指政府采用竞争方式依法授权中华人民共和国境内外的法人或者其他组织，通过协议明确权利义务和风险分担，约定其在一定期限和范围内投资建设运营基础设施和公用事业并获得收益，提供公共产品或者公共服务"。

根据《住房和城乡建设部关于印发〈城市公园配套服务项目经营管理暂行办法〉的通知》（建城〔2016〕36号）第十条，"支持和鼓励社会资本进入城市公园配套服务领域，提倡公园配套服务项目品牌化连锁经营、整体打包专业化运营模式"；第十二条，"符合条件的城市公园配套服务项目可实施特许经营。特许经营者的选定、经营期限等应符合《基础设施和公用事业特许经营管理办法》

等法规规定"。

根据《国务院关于创新重点领域投融资机制鼓励社会投资的指导意见》（国发〔2014〕60号）、《基础设施和公用事业特许经营管理办法》（国家发展和改革委员会等六部委令第25号）、《住房和城乡建设部关于印发〈城市公园配套服务项目经营管理暂行办法〉的通知》（建城〔2016〕36号）等有关文件规定，项目适宜采用特许经营模式实施。

2024年3月28日，国家发展改革委、财政部等六部门制定的新版《基础设施和公用事业特许经营管理办法》发布，将特许经营期限由原来的最高30年延长到40年。这对公用事业特许经营来说，是一个明显的支持信号。

（二）城市公园特许经营案例

1. 重庆陈家桥社区体育文化公园特许经营

2022年9月公开招标，2022年10月中标结果公示，中标人是重庆星盛体育文化发展有限公司，投入的建筑安装工程费700万元，特许经营年限28年，拟投入的年运营成本76万元／年。

项目采用了BOT（建设－运营－移交）模式，政府零投资，企业可通过市场化、专业化的建设运营实现盈利，实现市民、企业、政府三方受益。该公园用地权属原为"市土储"所有，通过政策支持以"零地价"取得地块使用权。公园建有标准网球场3片、少儿网球训练球场3片、篮球场2片、羽毛球场9片及其他室内场馆1800平方米，满足体育爱好者全时段运动。为更好地服务基层体育赛事和群众性健身运动，该体育公园配套建有多功能厅、体能室、多个卫生间和淋浴室以及60余个停车场，根据规划，该体育公园的收费场地将视情况设置免费公益时段。

该公园形成了区政府"零建设投入，零管护投入"的建设和运维模式，为在现有财力下，推进群众关注度高、需求迫切的公园建设提供了经验探索和范本。

2. 重庆金州公园特许经营项目

2023年9月公开招标，2023年10月中标结果公示，中标人是重庆渝高科技产业（集团）股份有限公司，项目总投资（建设期投资）不低于8002万元，项目特许经营期为 29 年。

金州公园占地 600 亩，公园运营以共享与使用者付费结合、社会效益与经济效益结合为基本思路，以园区运营理念来运营公园，打造"一座开放的公园 MALL"。

按公园功能布局分为体育运动、儿童游乐、文创科教、岛居生活和亲子拓展 6 个主题运营空间，利用建筑、户外空间、景观等艺术载体，营造情景式、沉浸式、体验式、代入式消费新场景。

金州公园将按季度、月度、日常 3 个维度组织运营活动。做到月月有活动、季季有特色、全年可持续。季度主题 IP 活动，包括春节灯会、春季花展、啤酒音乐节、金秋运动季。月度主题活动包括 3 月影展、4 月露营音乐节、7 月主题教育月、11 月动漫节，同时配置常规的阅读书展、围炉煮茶、自然教育、亲子游乐等。同时打造 3 大运营空间：草坪空间为露营野餐、音乐会、发布会、婚礼等活动场景载体；林下空间主要开展数字夜游、丛林民宿、丛林探险解密、野营等；水体空间开展桨板、水翼板、龙舟等水上活动。

参考文献

[1] 张宇，张梦雅，于惠洋，等. 场景营城的经济学思考及路径研究 [J]. 先锋，2020（8）：39-41.

[2] 吴军，营立成. 成都路径：场景赋能公园城市生态价值转化 [J]. 决策，2023（9）：12-15.

[3] 朱晓敏，宋志坚. 成都中心城区滨河绿道场景营造策略探析 [J]. 现代园艺，2024，47（7）：123-126.

[4] 张嘉慧. 公园城市理念下城市绿地空间场景营造研究 [J]. 城市建筑，2022，19（24）：177-181.

[5] 刘琼. 公园城市消费场景研究 [J]. 城乡规划，2019（1）：65-72.

[6] 崔晋. 浅析成都践行公园城市理念下的商业场景营造 [J]. 四川建筑，2023，43（5）：56-70.

[7] 廖桂英，陈强，陈雯，等. 以水体为主线构建公园人文消费场景的应用及思考 [J]. 水电站设计，2023，39（1）：32-36.

[8] 田蓉. 构建文旅新场景新业态 助推公园城市建设 [J]. 先锋，2020（3）：14-17.

[9] 李忠. 践行"两山"理论 建设美丽健康中国：生态产品价值实现问题研究 [M]. 北京：中国市场出版社，2021.

[10] 刘晨晖，谢旻珂，孟世玉，等. 超大城市公园开放共享全流程实践的国际经验与启示 [J]. 风景园林，2024，31（2）：41-47.

[11] 凌雯倩，朱勇，徐勤怀. 城市公园管理的国内外经验与实践启示 [C] // 中国城市规划学会风景环境规划设计专业委员会2023年会论文集，2023.

[12] 张艺凡，孙世界. 城市公园对文化消费空间集聚的影响研究：以成都主城为例 [J]. 中国园林，2023，39（8）：83-89.

[13] 张圣红. 理园于节，绎事予众：上海城市公园中的节事文化 [C] // 中国风景园林学会2015年会论文集，2015.

[14] 闫颜，舒旻，王梦君，等. 我国国家公园特许经营政策研究及对策建议 [J]. 自然保护地，2024（2）：1-9.

[15] 耿松涛，张鸿霞，严荣. 我国国家公园特许经营分析与运营模式选择 [J]. 林业资源管理，2021（5）：10-19